Creo 8.0
实战从入门到精通

布克科技 谭雪松 周克媛 ◎编著

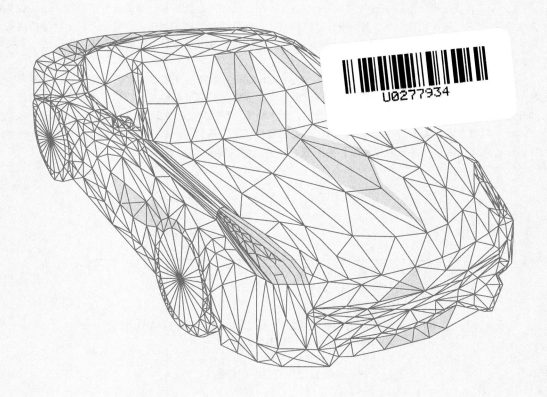

人民邮电出版社

北 京

图书在版编目（ＣＩＰ）数据

Creo 8.0实战从入门到精通 / 谭雪松，周克媛编著
. -- 北京 : 人民邮电出版社，2024.3
ISBN 978-7-115-63197-8

Ⅰ．①C… Ⅱ．①谭… ②周… Ⅲ．①工业产品－计算
机辅助设计－应用软件 Ⅳ．①TB472-39

中国国家版本馆CIP数据核字(2024)第015871号

内 容 提 要

Creo 是美国 PTC（Parametric Technology Corporation，参数技术公司）开发的大型 CAD/CAM/CAE 集成软件，广泛应用于工业产品造型设计、机械设计、模具设计、加工制造、有限元分析、功能仿真及关系数据库管理等方面。Creo 8.0 具有更加完善、友好和直观的用户界面，新增的设计功能也进一步拓展了软件的应用范围，强化了设计能力。

本书理论与实例相结合，全面介绍使用 Creo 8.0 进行三维产品开发的基本方法和技巧，主要内容包括 Creo 8.0 设计概述、绘制二维图形、创建基础实体特征、创建工程特征、特征的操作和参数化设计、曲面及其应用、组件装配设计及工程图等。通过学习本书，读者可全面掌握参数化设计的基本原理和方法。

本书内容丰富，条理清晰，实例典型，针对性强，可作为各类院校机械类、模具类专业相关课程的教材，也可以作为从事产品开发设计工作的工程设计人员的自学参考书。

◆ 编　　著　布克科技　谭雪松　周克媛
　　责任编辑　李永涛
　　责任印制　胡　南
◆ 人民邮电出版社出版发行　　北京市丰台区成寿寺路 11 号
　　邮编　100164　　电子邮件　315@ptpress.com.cn
　　网址　https://www.ptpress.com.cn
　　北京九州迅驰传媒文化有限公司印刷
◆ 开本：787×1092　1/16
　　印张：20　　　　　　　　　　2024 年 3 月第 1 版
　　字数：512 千字　　　　　　　2024 年 11 月北京第 2 次印刷

定价：99.90 元

读者服务热线：(010)81055410　印装质量热线：(010)81055316
反盗版热线：(010)81055315
广告经营许可证：京东市监广登字 20170147 号

前　言

作为当今流行的三维实体建模软件之一，Creo 的工具丰富、功能强大，随着生产加工自动化水平的不断提高，其在我国设计加工领域里的应用越来越广泛。为了帮助读者迅速掌握软件的使用方法和基本技巧，编者根据自己使用该软件进行产品开发的基本经验和心得体会编写了本书，以帮助读者循序渐进地掌握使用 Creo 进行大型产品开发的基本方法。

内容和特点

本书从基础入手，深入浅出地介绍 Creo 8.0 的主要功能和用法，引导读者熟悉软件中各种工具的用法，并掌握各种设计方法与技巧的应用。书中内容新颖丰富，包含绘制二维图形、三维实体建模、三维曲面建模、创建参数化模型、组件装配设计及创建工程图等主要设计单元。本书叙述清晰，对学习难点做了详细的介绍，所选练习内容涵盖软件的主要功能和命令，可以极大地缩短读者学习的时间，达到事半功倍的效果。

本书突出实用性，强调理论与实践相结合，具有以下特色。

（1）在充分考虑课程教学内容及特点的基础上组织内容，书中不仅介绍 Creo 8.0 的基础理论知识，而且提供丰富的范例解析，便于教师采取"边讲边练"的方式教学。

（2）在内容的组织上突出实用的原则，编者精心选取 Creo 8.0 的常用功能及与 CAD 技术密切相关的知识构建本书的内容体系。

（3）以典型案例贯穿全书，将理论知识融入大量的实例中，使读者在实际应用中掌握理论知识，提高操作技能。

配套资源及用法

本书配套资源主要包括以下两个部分。

1. ".prt" 模型文件

本书案例需要使用到的模型文件都收录在配套资源的"素材"文件夹下，读者可以在设计前先打开这些文件。

2. ".avi" 视频文件

本书部分典型案例的设计过程被录制成了视频文件，并收录在配套资源的"操作视频"文件夹下。

参与本书编写工作的还有沈精虎、宋一兵、冯辉、董彩霞、管振起等。由于编者水平有限，书中难免存在疏漏之处，敬请读者批评指正。

感谢您选择了本书，也欢迎您把对本书的意见和建议告诉我们，电子邮箱：liyongtao@ptpress.com.cn。

布克科技

2023 年 7 月

目　录

第1章　Creo 8.0 设计概述

【学习目标】
- 了解 Creo 的典型设计思想。
- 明确 Creo 8.0 的设计环境及基本操作。
- 明确 Creo 8.0 的图层管理方法。

船舶、汽车和航空航天等高精尖的技术领域中有大量复杂的技术问题，为 CAD（computer-aided design，计算机辅助设计）软件的发展提供了强大的推动力，其中参数化设计理论是 CAD 技术在设计理念上的重要突破。

1.1　Creo 的典型设计思想

美国 PTC 率先使用参数化设计理论开发的 Creo 软件，使建模工作变得简单、高效，下面介绍 Creo 的典型设计思想。

1.1.1　知识准备

1. 模型的描述方式

在 CAD 软件中，模型的描述方式先后经历了从二维图形到三维模型，从直线、圆弧等简单的几何元素到曲线、曲面和实体等复杂几何元素的发展历程。图 1-1 展示了 CAD 技术中"打点—连线—铺面—填实"（即从曲线、曲面到实体的过程）的重要建模原理。

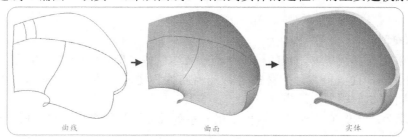

图1-1　建模原理

CAD 软件在发展过程中先后使用过多种模型描述方式，介绍如下。

(1) 二维模型。

二维模型使用平面图形来表达模型，二维模型信息简单、单一，对模型的表达不全面。图 1-2 所示是工业生产中的零件图（局部），这种图形不但制作不方便，而且识读也很困难。

(2) 三维线框模型。

三维线框模型使用空间曲线组成的线框来表达模型，主要表达物体的外形，它只能表达基本的几何信息，无法实现 CAM（computer-aided manufacturing，计算机辅助制造）及 CAE（computer-aided engineering，计算机辅助工程）技术，如图 1-3 所示。

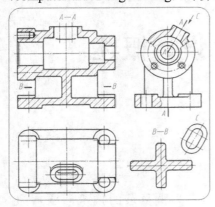

图1-2 零件图（局部）

图1-3 三维线框模型

（3）曲面模型。

曲面模型使用 Bezier、NURBS（non-uniform rational B-spline，非均匀有理 B 样条）等参数曲线组成的自由曲面来表达模型，对物体表面的表达更完整、精确，为 CAM 技术的开发奠定了基础，但是它难以准确地表达零件的质量、质心及惯性矩等物理属性，不便于 CAE 技术的实现。不过在现代设计中，用户可以方便地对曲面模型进行实体化操作，以获得实体模型，如图 1-4 所示。

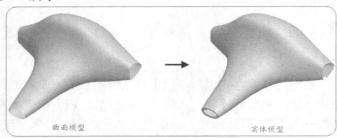

图1-4 曲面模型的实体化

（4）实体模型。

实体模型采用与真实事物一致的模型结构来表达模型，所见即所得，直观简洁。它不仅能表达模型的外观，而且能表达物体的各种几何属性和物理属性，是实现 CAD/CAM/CAE 技术一体化不可缺少的模型表达方式。

图 1-5 所示为汽车的实体模型，该模型由一系列独立设计的零件组装而成。

图1-5 汽车的实体模型

> **要点提示**　在现代生产中，三维实体模型从用户需求、市场分析出发，以产品设计制造模型为基础，在产品整个生命周期内不断扩充、不断更新版本，是产品生命周期中全部数据的集合。三维实体模型便于在产品生命周期的各阶段实现数据信息的交换与共享，为产品设计中的全局分析创造了条件。

2.　Creo 的典型设计思想概述

Creo 突破了传统的 CAD 设计理念，提出了实体造型、参数化设计、特征建模及全相关单一数据库的新理论。使用 Creo 进行三维建模，操作简便，易于实现设计意图的变更。

(1)　实体造型。

三维实体模型除了表达模型的外部形状，还表达模型的质量、密度、质心及惯性矩等物理信息，能够精确地表达零件的全部几何属性和物理属性。使用 Creo 可以方便地创建实体模型，使用软件的各个功能模块可以更加深入、全面地操作和分析计算模型。

(2)　参数化设计。

根据参数化设计原理，用户在设计时不必准确地定形和定位组成模型的图元，只需绘制大致轮廓，然后修改各图元的定形尺寸和定位尺寸，系统根据尺寸再生模型后即可获得理想的模型形状，这种通过图元的尺寸参数来确定模型形状的设计过程称为尺寸驱动。它只需修改模型某一尺寸参数的数值，即可改变模型的形状和大小。

> **要点提示**　参数化设计还提供了多种约束工具，使用这些工具可以方便地使新创建的图元和已有图元保持平行、垂直及居中等位置关系。总之，在参数化设计思想的指引下，模型的创建和修改都变得非常简单和轻松，这也使学习大型 CAD 软件不再是一项艰苦而麻烦的工作。在参数化设计中，参数是一个重要的概念，在模型中设置参数后，模型就具有更高的设计灵活性和可变性。

(3)　特征建模。

特征是设计者在一个设计阶段创建的全部图元的总和。它可以是模型上的重要结构（如圆角），也可以是模型上切除的一段材料，还可以是用来辅助设计的一些点、线和面。

①　特征的分类。

Creo 中的特征分为实体特征、曲面特征和基准特征 3 类，其详细对比如表 1-1 所示。

表 1-1　　　　　　　　　　　　　特征的分类

种类	特点	示例
实体特征	（1）具有厚度和质量等物理属性。 （2）分为加材料和减材料两种类型。前者在已有的模型上增加新材料，后者在已有的模型上切减材料。 （3）按照在模型中的地位不同，实体特征分为基础特征和工程特征。前者用于创建基体模型，如拉伸特征和扫描特征等；后者用于在已有的模型上创建各种具有一定形状的典型结构，例如倒圆角特征、孔特征和旋转特征等	孔特征 倒圆角特征 旋转特征

3

种类	特点	示例
曲面特征	（1）没有质量和厚度，但是具有较为复杂的形状。 （2）主要用于围成模型的外形。将符合设计要求的曲面实体化后可以得到实体特征。 （3）曲面可以裁剪，去掉多余的部分；也可以合并，将两个曲面合并为一个曲面。 （4）曲面可以根据需要隐藏，这时它在模型上不可见	
基准特征	（1）主要用于设计中的各种参照。 （2）基准平面：用作平面参照。 （3）基准曲线：具有规则形状的曲线。 （4）基准轴：用作对称中心参照。 （5）基准点：用作点参照。 （6）坐标系：用来确定坐标中心和坐标轴	

② 特征建模原理。

在 Creo 中，特征是模型组成和操作的基本单位。创建模型时，设计者总是采用搭积木的方式在模型上依次添加新的特征。修改模型时，首先找到不满意的细节所在的特征，然后对其进行修改。由于组成模型的各个特征相对独立，在不违背特定特征之间基本关系的前提下再生模型，即可获得理想的设计结果。

图 1-6 所示为一个模型的建模过程示例。

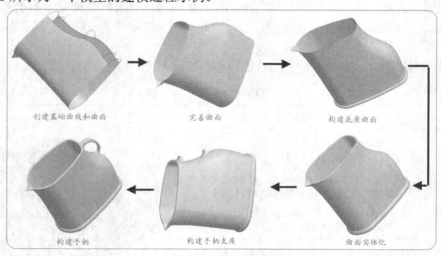

图1-6　建模过程示例

（4）全相关单一数据库。

Creo 采用单一数据库来管理设计中的基本数据。单一数据库是指软件中的所有功能模块共享同一个公共数据库。根据单一数据库的设计原理，软件中的所有模块都是全相关的，这就意味着在产品开发过程中对模型任意一处所做的修改都将写入公共数据库，系统将自动更新所有工程文档中的相应数据，包括装配体、设计图样及制造数据等。

若修改了某一零件的三维实体模型，则该零件的工程图会立即更新，在装配组件中，该零件对应的元件也会自动更新，甚至在数控加工中的加工路径都会随之更新。

3. Creo 的典型应用

Creo 是由众多功能完善、相对独立的功能模块组成的，每一个模块都有独特的设计功能，用户可以根据需要调用其中的模块进行设计，各个模块创建的文件有不同的文件扩展名。

选择菜单命令【文件】/【新建】，打开图 1-7 所示的【新建】对话框。在该对话框中可以选择要创建的项目类型，不同项目类型的相关说明如表 1-2 所示。

图1-7　【新建】对话框

表 1-2　　　　　　　　　　　　　　新建工程的项目类型

项目类型	功能	文件扩展名
布局	创建布局文件，用于装配	.cem
草绘	使用草绘模块创建二维草图	.sec
零件	使用零件模块创建三维实体零件和曲面	.prt
装配	使用装配模块对零件进行装配	.asm
制造	使用制造模块对零件进行数控加工、开模等生产过程	.mfg
绘图	由零件或装配组件的三维模型生成工程图	.drw
格式	创建工程图及装配布局图等的格式模板	.frm
记事本	创建工程图文件中的布局	.lay

（1）绘制二维图形。

二维图形是创建三维模型的基础，在创建基准特征和三维特征时，通常都需要绘制二维图形，这时系统会自动切换至草绘环境。在三维设计环境下，用户也可以直接读取在草绘环境下绘制并存储的二维图形文件来继续设计。

(2) 创建三维模型。

三维建模的基础工作是绘制符合设计要求的截面图，然后使用软件提供的基本建模方法来创建模型。将图 1-8 左图所示的截面沿着与截面垂直的方向拉伸即可获得三维模型，结果如图 1-8 右图所示。

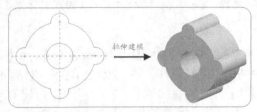

图1-8　使用二维图形创建三维模型

创建三维模型是使用 Creo 进行产品设计和开发的主要目标。在创建三维模型时，主要综合利用实体建模和曲面建模两种方法。实体建模的原理清晰，操作简便，而曲面建模复杂多变，用法更加灵活，两者交互使用可以发挥各自的优势，找到最佳的设计方案。

图 1-9 所示的叶片模型，其基体部分结构简单，采用实体建模方式创建；而叶片的形状比较复杂，首先由两个曲面围成其外形轮廓，然后将其实体化。

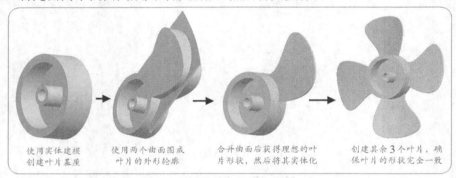

图1-9　叶片模型

(3) 装配零件。

装配是将多个零件按实际的生产流程组装成部件或完整的产品的过程。按照装配要求，用户还可以临时修改零件的尺寸参数，并且使用分解图的方式来显示所有零件相互之间的位置关系，非常直观。图 1-10 所示为一个齿轮部件的装配示例。

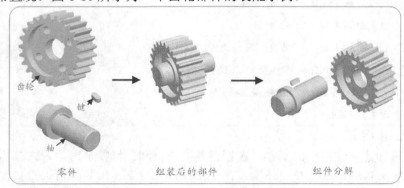

图1-10　齿轮部件的装配示例

（4）创建工程图。

在生产第一线中常需要将三维模型变为二维平面图形，即工程图。使用工程图模块可以直接由三维实体模型生成二维工程图。系统提供的二维工程图包括一般视图（即通常所说的三视图）、局部视图、剖视图及投影视图等视图类型。设计者可以根据零件的表达需要灵活选择所需的视图类型，图 1-11 所示为零件的工程图样。

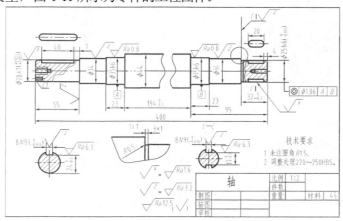

图1-11　零件的工程图样

（5）机械仿真。

机械仿真主要指根据零件的物理属性模拟其运动过程并进行动力学分析等，从而获得运动动画及分析结果，如图 1-12 所示。Creo 提供了专门的仿真设计模块，其内容丰富，功能强大。通过机械仿真可以观察机构在运行时是否具有干涉现象，各个部件是否达到预期的运动效果，同时为零件的设计和修改提供直接的参考依据。

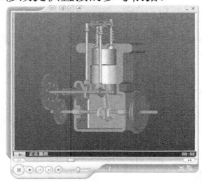

图1-12　机械仿真

（6）数控加工。

近年来，大型 CAD/CAM/CAE 软件的不断推出和更新，数控加工的复杂程度大大降低，数控程序的编写过程也得到了简化。使用 Creo 提供的数控加工模块可以方便地完成典型零件的数控加工。数控加工模块首先使用三维实体模型作为技术文件，以便捷地创建刀具路径，并对加工过程进行动态模拟，如图 1-13 所示，最后创建可供数控设备直接使用的数控程序。

（7）模具设计。

在现代生产中，模具的应用相当广泛。例如，在模型锻造、注塑加工中都必须首先创建具有与零件外形相适应的模膛结构的模具。模具生产是一项比较复杂的工作，不过由于大型 CAD 软件的广泛应用，模具生产过程也逐渐规范有序。Creo 具有强大的模具设计功能，使用模具设计模块设计模具简单方便。图 1-14 所示为一个典型零件的模具元件。

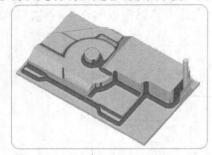

图1-13　数控加工动态模拟

图1-14　模具元件

以上仅列出了 Creo 典型应用的基本情况，Creo 是一个大型设计软件，其功能模块相当丰富，有许多模块的应用相当专业，用户在设计中可以根据需要进行选择。

1.1.2　范例解析——体验 Creo 的设计思想

下面通过实例来介绍 Creo 的设计思想。

1.　体验实体模型设计思想。

(1)　启动 Creo 8.0。

(2)　选择菜单命令【文件】/【打开】，打开素材文件"素材\第 1 章\pen_box.prt"，这是一个笔筒模型，如图 1-15 所示。

(3)　在【分析】功能区的【模型报告】工具组中单击 质量属性 按钮，打开【质量属性】对话框，设定模型的密度为 2.3g/cm^3，然后单击底部的 预览(P) 按钮，分析模型的物理属性，如图 1-16 所示。该对话框列出了模型的体积、曲面面积和质量等物理属性参数。

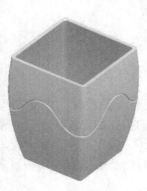

图1-15　笔筒模型

图1-16　【质量属性】对话框

通过该实例可知，利用 Creo 创建的三维模型不仅仅是一幅图像，其中还包含模型重要的几何物理信息。深刻理解实体模型的这一特性，能够帮助用户更好地利用三维实体模型指导工业分析和生产过程。

2. 理解尺寸驱动。

(1) 选择菜单命令【文件】/【打开】，打开素材文件"素材\第 1 章\triangle.sec"，这是一个三角形，三角形上的所有尺寸都已在图中标出，如图1-17 所示。

(2) 双击角度尺寸"77.80"，将其修改为"60.00"，然后按 Enter 键，图形将依据新的尺寸自动改变图线的长度并调整图形的形状，结果如图1-18 所示。

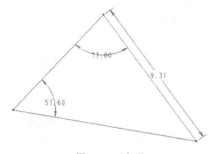

图1-17　三角形

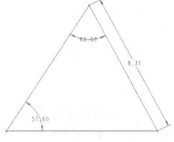

图1-18　再生结果（1）

(3) 使用同样的方法将角度尺寸"57.60"修改为"60.00"，获得一个等边三角形，结果如图 1-19 所示。

(4) 将尺寸"9.31"修改为"100.00"，按 Enter 键后得到边长为 100 的等边三角形，结果如图 1-20 所示。

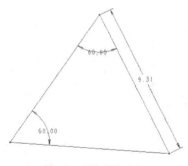

图1-19　再生结果（2）

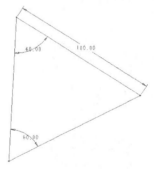

图1-20　再生结果（3）

有了尺寸驱动的设计理念后，设计者不必再拘泥于线条的长短及角度的大小等烦琐工作。把粗放、宏观的工作交给设计者完成，把细致、精确的工作交给计算机完成，这样就增强了设计的人性化。

3. 了解特征建模原理的应用。

(1) 选择菜单命令【文件】/【打开】，打开素材文件"素材\第 1 章\Cover.prt"。

(2) 从模型树窗口中查看模型的特征构成，可见该模型上依次创建了拉伸特征、壳特征和拔模特征，如图 1-21 所示。

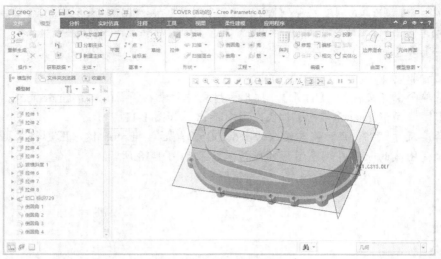

图1-21　模型的特征构成

(3)　按住　Ctrl　键选择模型树窗口中底部的一组倒圆角特征后，在其上单击鼠标右键，在弹出的快捷菜单中选择【删除】命令，在弹出的【删除】对话框中单击　确定　按钮，将这组特征从模型中删除，此时模型树窗口中也不再有该组倒圆角特征，如图 1-22 所示。

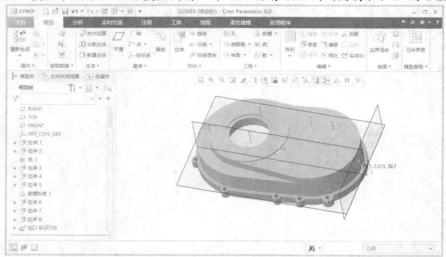

图1-22　删除倒圆角特征

(4)　使用同样的方法从下至上依次删除其他特征，观察该模型是怎样通过搭积木的方式由各种特征组合而成的，如图 1-23 所示。

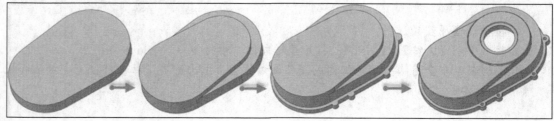

图1-23　特征建模过程

要点提示　特征建模是当前 CAD 技术中十分引人注目的理念，采用特征建模构建的模型不但具有清晰的结构，更为重要的是设计者可以随时返回到先前已经完成的特征并对其重新完善，完成后再转移到其他特征创建工作中。

1.2　Creo 8.0 的设计环境和基本操作

熟练掌握 Creo 8.0 的设计环境和基本操作是使用 Creo 进行设计的基础。本节主要介绍 Creo 8.0 设计环境的组成和功能，重点说明软件界面中各主要设计工具的使用方法。

1.2.1　知识准备

1. Creo 8.0 的用户界面

Creo 8.0 的用户界面内容丰富、友好且极具个性。用户从用户界面可以方便地访问各种资源，包括访问本地计算机上的数据资料及通过浏览器以远程方式访问网络上的资源。

初次打开的 Creo 8.0 用户界面如图 1-24 所示。

图1-24　初次打开的 Creo 8.0 用户界面

Creo 8.0 的用户界面主要分为以下 4 个部分。

- 快速启动工具栏：用于进行新建文件、打开文件等快捷操作。
- 系统功能区：用于进行文件管理、模型显示设置及系统外观设置等操作。
- 资源管理区：用于访问本地文件资源。
- 交互式会话区：用于访问网络或搜索指定目录下的文件。

2. 三维设计环境

Creo 是一个集成的设计软件，在不同的设计模块下，设计界面也不相同，但是其基本布局格式是相似的。下面以三维设计环境为例对其设计环境构成进行介绍。

在快速启动工具栏中单击 （新建）按钮，然后单击鼠标中键，进入三维设计环境，可以看到这时的设计界面已经改变。打开一个已经设计完成的三维模型，如图 1-25 所示。

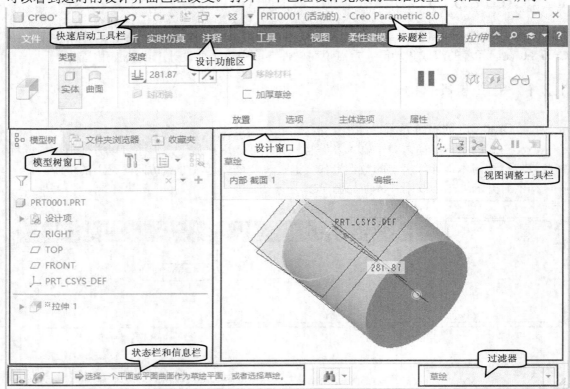

图1-25 三维设计环境

(1) 标题栏。

界面顶部的标题栏中显示了当前打开文件的名称。

Creo 允许同时打开多个文件，这多个文件分别显示在独立的窗口中，文件名后面括注"活动的"为活动窗口，如图 1-26 所示，可以对其进行编辑操作。Creo 只允许有一个活动窗口，单击任意一个窗口标题栏即可将其设置为活动窗口。

图1-26 标题栏

(2) 设计功能区。

Creo 将每一个设计模块划分为若干个功能区，分别以选项卡的形式进行组织，如【模型】【分析】【注释】【工具】等；每个功能区包含若干工具组，例如【模型】功能区包含【基准】【形状】【工程】等工具组；每个工具组中又放置了若干按钮，例如在【形状】工具组中包含 （拉伸）、 等按钮，如图 1-27 所示。

图1-27　设计功能区

(3)　模型树窗口。

Creo 为设计者提供了一个非常优秀的特征管家——模型树窗口，这里展示模型的特征构成，是分析和编辑模型的重要辅助工具。模型树按照模型中特征创建的先后顺序展示模型的特征构成，这不但有助于用户充分理解模型的结构，也为修改模型时选择特征提供了最直接的方法，如图 1-28 所示。

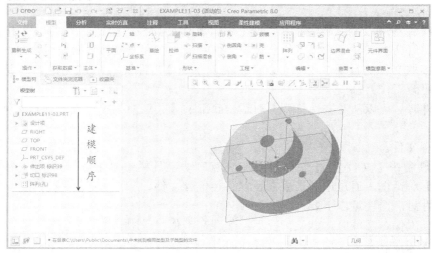

图1-28　模型树窗口

(4)　设计窗口。

在设计窗口中绘制和编辑模型及进行其他设计工作，这里是完成设计工作的重要舞台。

(5)　状态栏和信息栏。

状态栏和信息栏是用户和计算机进行信息交流的主要场所。在设计过程中，系统通过信息栏向用户提示当前正在进行的操作，以及需要用户继续执行的操作。这些信息通常结合不同的图标给出，代表不同的含义，如表 1-3 所示。设计者在设计过程中要养成随时浏览系统信息的习惯。

表 1-3　信息栏给出的基本信息

提示图标	信息类型	示例
⇨	系统提示	⇨选取一个平面或曲面以定义草绘平面。
•	系统信息	•显示约束时：右键单击禁用约束。
⊠	错误信息	⊠不能放置要创建的特征。
⚠	警告信息	⚠警告：拉伸_2完全在模型外部；模型未改变。

(6)　过滤器。

过滤器是过滤设计界面中特定的图元类型，如【基准】【几何】等，执行过滤操作后，只有当前留下的图元类型可以被选中和编辑。

3. 文件操作

【文件】主菜单主要用于常用的文件操作。Creo 中的文件操作与其他软件有所差异，下面重点介绍其中常用的操作。

(1) 新建文件。

选择菜单命令【文件】/【新建】，打开【新建】对话框，通过该对话框来选择不同的功能模块进行设计。

> **要点提示**　为新建文件命名时，不能使用中文字符，通常使用见名知义的英文单词。同时，文件名中也不能有空格。如果文件名由多个单词组成，则可在单词之间使用下划线等字符连接。

(2) 打开文件。

选择菜单命令【文件】/【打开】或在快速启动工具栏中单击 （打开）按钮，打开【文件打开】对话框，并导航到工作目录。工作目录是指在安装软件时设定，系统在默认情况下存放和读取文件的目录。用户可以选择菜单命令【文件】/【管理会话】/【选择工作目录】命令来更改工作目录。

打开文件时，可以从【文件打开】对话框底部的【类型】下拉列表中选择文件类型，以方便查找。

(3) 保存文件。

选择菜单命令【文件】/【保存】或在快速启动工具栏中单击 （保存）按钮，打开【保存对象】对话框，通过该对话框来设置路径保存文件。

保存文件时，需注意以下要点。

① 第 1 次保存文件时，默认情况下都保存在工作目录中。

② 每个文件仅在第 1 次执行保存操作时打开【保存对象】对话框，再次保存时只能存储在原来的位置。如果需要更换文件保存路径，可以选择菜单命令【文件】/【另存为】/【保存副本】来更换。

③ Creo 只能使用在新建文件时的文件名保存文件，不允许在保存时更改文件名，如果需要更换文件名，可以选择菜单命令【文件】/【管理文件】/【重命名】来更换。

④ Creo 每执行一次存储操作并不是简单地用新文件覆盖原文件，而是在保留文件前期版本的基础上新增一个文件。在同一项设计任务中多次存储的文件将在文件名末尾添加序号加以区别，序号数字越大，文件版本越新。例如，同一作品经过 3 次保存后的文件名分别为 "prt0004.prt.1" "prt0004.prt.2" "prt0004.prt.3"。

(4) 保存文件副本。

选择菜单命令【文件】/【另存为】/【保存副本】，可以将当前文件以指定的格式保存到另一个存储位置，此时弹出【保存副本】对话框，首先设定文件的存储位置，还能重新命名文件名称，然后在【类型】下拉列表中选择保存文件的类型，即可保存文件副本。

> **要点提示**　保存文件副本时，用户可以在【类型】下拉列表中选择不同的输出文件格式，这是 Creo 与其他 CAD 系统的文件交互接口，可进行文件格式的转换。例如，可以把二维草绘文件输出为能被 AutoCAD 系统识别的 ".dwg" 文件，把三维实体模型文件输出为能被虚拟现实建模语言识别的 ".wrl" 文件。

（5）　备份文件。

选择菜单命令【文件】/【另存为】/【保存备份】，打开【备份】对话框，利用该对话框可以将当前文件保存到另外一个存储目录中。建议用户养成随时备份的好习惯，以确保设计成果的安全。

（6）　重命名文件。

选择菜单命令【文件】/【管理文件】/【重命名】，打开【重命名】对话框，输入新的文件名称即可。该对话框中两个单选项的用途介绍如下。

- 【在磁盘上和会话中重命名】：同时对磁盘上和会话中的文件进行重命名，这种更改文件名称的方法将彻底修改文件的名称。
- 【在会话中重命名】：只对会话中的文件进行重命名，一旦退出系统，结束进程后，命名就会失效，而在磁盘上的文件依然保留原来的名称。

（7）　关闭文件。

选择菜单命令【文件】/【关闭】或在快速启动工具栏中单击 ⊠（关闭）按钮，可以关闭该文件的设计界面。注意，关闭后的文件仍然停留在设计进程中，用户不能创建与之同名的新文件。

（8）　拭除文件。

通过拭除操作可以从进程中清除文件。选择菜单命令【文件】/【管理会话】/【拭除当前】，可以从进程中拭除当前打开的文件，同时关闭当前设计界面；选择菜单命令【文件】/【管理会话】/【拭除未显示的】，可以清除系统曾经打开、现在已经关闭但仍然保留在进程中的文件。

> **要点提示**　从进程中拭除文件很重要。打开一个文件并对其进行修改后，即使并未保存修改结果，但是关闭该文件再重新打开得到的文件却是修改过的版本。这是因为修改后的文件虽然被关闭，但是仍然保留在进程中，而系统总是打开进程中文件的最新版本。只有将进程中的文件拭除后，才能打开修改前的文件。

（9）　删除文件。

删除文件用于将文件从磁盘上彻底删除。选择菜单命令【文件】/【管理文件】/【删除旧版本】，系统将保留该文件的最新版本，删除其余所有早期的版本。例如，有 prt0004.prt.1、prt0004.prt.2 和 prt0004.prt.3 3 个版本，执行删除旧版本命令后会删除 prt0004.prt.1 和 prt0004.prt.2；选择菜单命令【文件】/【管理文件】/【删除所有版本】，将删除与之相关的全部文件。

4.　视图操作

【视图】菜单主要用于设置模型的显示效果，内容包括模型的显示状态、显示方式及模型的视角等。

（1）　重新生成视图。

在快速启动工具栏中单击 （刷新）按钮，可以对视图区进行刷新操作，清除视图进行修改后遗留在模型上的残影并用新参数重建模型。

（2）　调整模型视角。

设置观察模型的视角。三维建模时，可以从不同的角度观察模型，获得更多模型上的细节信息。在【视图】功能区的【方向】工具组中单击 （已保存方向）按钮，从下拉列表中选择系统预先设定的视角来观察模型；单击 （标准方向）按钮，可以以标准视角（正等轴测图）显示模型。

表 1-4 列出了从不同视角下观察模型的效果。

表 1-4 模型视角

标准视角	BACK	BOTTOM	FRONT	LEFT	RIGHT	TOP
从侧向观察模型获得的轴测投影效果图	从模型背面向前观察到的结果	从模型底部向上观察得到的结果	从模型前面向后面观察到的结果	从模型左侧向右观察到的结果	从模型右侧向左观察到的结果	从模型顶部向下观察到的结果

(3) 视图相关操作。

在三维设计环境中，常需要对模型进行移动、缩放和旋转等操作。在【视图】功能区的【方向】工具组中有以下 4 个工具用于缩放视图。

- ：放大图形。单击该按钮后，框选需要放大的区域即可将其放大。
- ：缩小图形。单击该按钮一次，图形就缩小一定比例。
- 平移：平移图形。单击该按钮后，可以拖动图形在界面内移动。
- 平移缩放：单击该按钮，弹出【视图】对话框，利用该对话框可以全面调整模型的移动、旋转和缩放参数。

将鼠标的 3 个功能键与 Ctrl 键和 Shift 键配合使用，可以在 Creo 系统中定义不同的快捷操作，使用这些快捷键进行操作将更加简单方便。

表 1-5 列出了鼠标功能键在不同的模型创建阶段的用途。

表 1-5 鼠标功能键的基本用途

使用类型		鼠标功能键		
		鼠标左键	鼠标中键	鼠标右键
二维草绘模式（鼠标按键单独使用）		1. 绘制连续直线（样条曲线）。 2. 绘制圆（圆弧）	1. 终止绘制圆（圆弧）。 2. 完成一条直线（样条曲线），开始绘制下一直线（样条曲线）。 3. 取消绘制相切弧	弹出快捷菜单
三维模式	鼠标按键单独使用	选择模型	旋转模型（无滚轮的按中键或有滚轮的按滚轮）。 缩放模型（有滚轮的转动滚轮）	在模型树窗口或工具箱中单击，将弹出快捷菜单
	与 Ctrl 键或 Shift 键配合使用	无	与 Ctrl 键配合且上下移动鼠标，缩放模型； 与 Ctrl 键配合且左右移动鼠标，旋转模型； 与 Shift 键配合且移动鼠标，平移模型	无

 鼠标功能键与 Ctrl 键或 Shift 键配合使用是指在按住 Ctrl 键或 Shift 键不放同时操作鼠标功能键。

(4)　模型的显示样式。

系统提供了 6 种模型显示样式，这些样式可以分别用于不同的设计环境。在【视图】功能区的【模型显示】工具组中单击 （显示样式）按钮，利用下拉菜单中的选项可以设置模型的显示样式，如表 1-6 所示。

表 1-6　　　　　　　　　　　　　三维模型的 6 种显示样式

工具按钮	带反射着色	带边着色	着色
模型特点	带反射着色模型，增加倒影效果	带边着色模型，突出显示边线	着色模型，立体感好
示意图			
工具按钮	消隐	隐藏线	线框
模型特点	消隐模型，不显示被遮挡的边线	隐藏线模型，弱化被遮挡的边线	线框模型，立体感差
示意图			

(5)　设置图元颜色。

绘图时，系统为每一类图元设置了默认颜色，如果要修改为其他颜色，可以在快速启动工具栏中单击鼠标右键，在弹出的快捷菜单中选择【自定义快速访问工具栏】命令，打开【Creo Parametric 选项】对话框，在左侧列表框中选择【系统外观】选项，然后在右侧列表中选择要定义的要素，为其设置理想的颜色，如图 1-29 所示。

图1-29　【Creo Parametric 选项】对话框

1.2.2 范例解析——常用文件操作练习

下面结合实例介绍 Creo 的文件管理方法。

1. 设置工作目录。
(1) 在计算机的任意硬盘分区上建立"Creo 工作目录"文件夹。
(2) 选择菜单命令【文件】/【管理会话】/【选择工作目录】，打开【选择工作目录】对话框，浏览到刚创建的文件夹将其设置为工作目录，以后系统将在这里存取文件。
(3) 将素材文件"素材\第 1 章\electromotor.prt.1"复制到新设置的工作目录中。
2. 打开文件。
   选择菜单命令【文件】/【打开】，系统自动定位到工作目录，打开文件"electromotor.prt"，这是一个电机模型，如图 1-30 所示。

图1-30 电机模型

3. 保存文件。
(1) 选择菜单命令【文件】/【保存】，在打开的【保存对象】对话框中单击 确定 按钮，保存文件。
(2) 打开"Creo 工作目录"文件夹，可以看到其中有"electromotor.prt"和"electromotor.prt.2"两个文件。这说明保存文件时，其旧版本依旧存在。
(3) 选择菜单命令【文件】/【保存】，保存文件"electromotor.prt.3"。

> **要点提示** 对于 Windows 10 操作系统，需要在打开的窗口顶部选择【查看】选项，然后在【显示/隐藏】分组框中选择【文件扩展名】复选项才能看到文件名最后的".1"".2"等扩展名。

4. 保存副本。
(1) 选择菜单命令【文件】/【另存为】/【保存副本】，打开【保存副本】对话框，为文件指定新的文件存储位置。
(2) 在【新文件名】文本框中输入副本名称"e_motor"。注意这里必须输入新名称。
(3) 在【类型】下拉列表中选取文件类型为【IGES (*.igs)】，如图 1-31 所示，然后单击 确定 按钮，关闭对话框。
(4) 选择菜单命令【文件】/【打开】，在【文件打开】对话框底部选择文件类型为【IGES (.igs,,iges)】，在弹出的对话框中单击 确定 按钮，打开刚才保存的曲面模型，模型树中显示为"导入特征 标识 5"，如图 1-32 所示。

图1-31　【保存副本】对话框

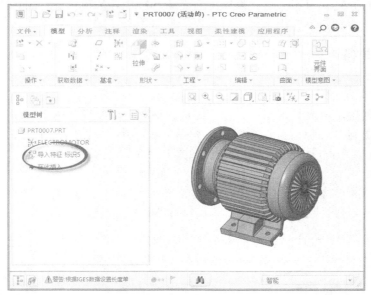

图1-32　导入特征

5.　备份文件。

选择菜单命令【文件】/【另存为】/【保存备份】，打开【备份】对话框，将文件存放到另一个存储目录下，建议备份时不要更改文件名称，以免引起混乱。

6.　重命名文件。

(1)　选择菜单命令【文件】/【管理文件】/【重命名】，打开【重命名】对话框，设置新文件名为"e_motor"，并选择【在磁盘上和会话中重命名】单选项。

(2)　浏览工作目录，可以看到全部文件已经重命名为"e_motor"。

7.　删除文件。

(1) 选择菜单命令【文件】/【管理文件】/【删除旧版本】，将模型的所有旧版本删除。

(2) 系统询问删除文件的名称，单击鼠标中键确认。

(3) 浏览工作目录，可以看到仅剩下最新文件"e_motor"。

8. 拭除文件。

(1) 选择菜单命令【文件】/【管理会话】/【拭除当前】，确认系统的询问，将当前从进程中拭除，但是仍然保留在磁盘上，这是拭除与删除的区别。

(2) 选择菜单命令【文件】/【管理会话】/【拭除未显示的】，将拭除启动系统以来打开过的所有，将进程清空，此时系统会给出拟拭除的名称列表。

> **要点提示** 从进程中拭除文件不同于删除文件。拭除文件的操作很重要，一方面操作完成后，可以减少内存中的数据量，缓解内存负担；另一方面，可以避免模型之间的干扰，特别是在组件装配时。在设计过程中的一个设计阶段完成后，建议养成定期拭除文件的好习惯。

1.3 图层及其应用

使用 Creo 设计大型产品时，用户常常会感觉到用户界面上的设计工作区太小。如果模型上的特征数量较多，在有限的设计界面上有太多几何图元交错重叠，不仅影响图面的美观和整洁，也为设计工作带来诸多不便，这时可以使用图层来管理这些设计要素。

1.3.1 知识准备

1. 层树窗口

在 Creo 中使用层树来管理图层。在三维设计环境中，在模型树窗口顶部右侧的下拉菜单中选择【层树】选项可以展开层树窗口，如图 1-33 所示。在层树模式下，在该下拉菜单中选择【设计树】选项可以返回模型树窗口，如图 1-34 所示。

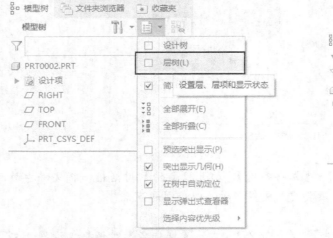

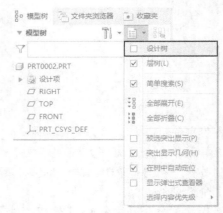

图1-33　层树窗口与模型树窗口切换（1）　　　　图1-34　层树窗口与模型树窗口切换（2）

在层树窗口中列出了系统提供的 8 个默认图层，介绍如下。

- 【01_PAT_ALL_DTM_PLN】：该图层放置零件上的所有基准平面。

- 【01_PAT_DEF_DTM_PLN】：该图层放置零件上的系统定义的默认基准平面。

- 【02_PAT_ALL_AXES】：该图层放置零件上的所有基准轴线。
- 【03_PAT_ALL_CURVES】：该图层放置零件上的所有基准曲线。
- 【04_PAT_ALL_DTM_PNT】：该图层放置零件上的所有基准点。
- 【05_PAT_ALL_DTM_CSYS】：该图层放置零件上的所有坐标系。
- 【05_PAT_DEF_DTM_CSYS】：该图层放置零件上的系统定义的默认坐标系。
- 【06_PAT_ALL_SURFS】：该图层放置零件上的所有曲面特征。

单击图层前面的 ▸ （展开）按钮，可以展开图层中的内容。

2. 图层的操作

使用图层可以方便地管理上面放置的项目。用户可以向图层中添加不同的项目，也可以从选定的图层中删除项目，此外还可以隐藏图层中的项目。

在层树窗口中的任一图层上单击鼠标右键，弹出图 1-35 所示的快捷菜单，该菜单提供了图层中的常用操作，其中常用命令的含义介绍如下。

- 【隐藏】：隐藏选定图层，重画视图后图层上放置的对象将不可见。
- 【新建层】：用户新建图层。
- 【删除层】：删除指定的图层。
- 【重命名】：重命名选定的图层。
- 【层属性】：选择该命令后，弹出【层属性】对话框，利用该对话框向图层中添加或删除项目。
- 【复制项】：复制图层中的所有项目。
- 【粘贴项】：在指定图层上粘贴复制的项目。
- 【选择层】：选择该图层。
- 【层信息】：系统使用信息窗口显示选定图层的信息。
- 【搜索】：选择该命令后，弹出【搜索】对话框，利用该对话框搜索符合要求的图层。
- 【保存状况】：保存图层设置状态。
- 【重置状况】：重新设置图层状态。

下面介绍图层的几种常用操作。

(1) 新建图层。

在图 1-35 所示的快捷菜单中选择【新建层】命令，弹出图 1-36 所示的【层属性】对话框，在【名称】文本框中可以为图层设置一个便于记忆的名称，在【层标识】文本框中可以为图层设置一个图层标识 ID。

图1-35　快捷菜单

(2) 向图层中添加或删除项目。

在【层属性】对话框的【内容】选项卡中单击 包括... 按钮后，可以在模型树或实体模型上选择对象并将其加入该图层，同时也可以单击选择层树中已有的图层，将其作为新建图层的嵌套子图层加入其中。

单击 排除... 按钮后，从列表框中选择项目可将其从图层中排除，但是该项目仍显示在项目列表中，还可以随时重新加入。如果单击 移除 按钮，则将其从【项】列表框中删除，如图 1-37 所示。

图1-36 【层属性】对话框（1）

图1-37 【层属性】对话框（2）

（3） 显示或隐藏图层中的项目。

图层的一个重要作用是用来管理其上项目的显示状态，用户可以根据需要隐藏和重新显示其上放置的项目。隐藏图层的操作比较简单，在指定图层上单击鼠标右键，在弹出的快捷菜单中选择【隐藏】命令即可，隐藏的图层标识前面的图标为灰色。

在隐藏的图层上单击鼠标右键，在弹出的快捷菜单中将增加【取消隐藏】命令，选择该命令可以取消对图层的隐藏，重新显示图层上放置的项目。

> **要点提示** 如果一个对象被放置到多个图层中，并且在这些图层中被分别设置为不同的显示状态，则只有所有图层都设置为"显示"时，该对象才可见，只要一个图层上设置为"隐藏"状态，该对象不可见。

（4） 保存图层设置文件。

将选定的对象放置到特定图层，并设置了图层的显示状态后，如果希望下次打开模型时仍然保留这些图层状态，就必须保存图层的设置信息。在任意图层上单击鼠标右键，在弹出的快捷菜单中选择【保存状况】命令即可。选择【重置状况】命令可以恢复保存操作前的状态。如果保存图层状态后，图层设置并未发生改变，则这两个命令不可用。

1.3.2 范例解析——过滤器和图层的应用

下面结合实例介绍过滤器和图层的应用。

1. 选择菜单命令【文件】/【打开】，打开素材文件"第 1 章\素材\lucky.prt"，这是一个六角幸运星模型，如图 1-38 所示。

> **要点提示** 模型上有许多基准曲线，这些基准曲线在设计完成后已经结束了其历史使命，需要将其隐藏起来。如果逐一选择这些对象，既烦琐又容易出错。这时可以借助过滤器来操作，非常简便。

2. 在模型树窗口顶部右侧的下拉菜单中选取【层树】复选项，可以展开层树窗口。
3. 在图层管理器窗口中的任意位置单击鼠标右键，在弹出的快捷菜单中选择【新建层】命令，如图 1-39 所示，打开【层属性】对话框。
4. 在界面底部右侧的过滤器菜单中选择【曲线】选项，如图 1-40 所示，这样在模型上只能选中曲线特征，其他对象都被滤去。
5. 按住鼠标左键框选整个模型，则所有曲线被选中，如图 1-41 所示。同时，这些被选中的曲线会加入【层属性】对话框中，如图 1-42 所示。

图1-38　六角幸运星模型　　　　　　　　　　　图1-39　新建图层

图1-40　使用过滤器

图1-41　选中全部曲线

图1-42　【层属性】对话框

6. 在界面底部右侧的过滤器菜单中选择【基准平面】选项，按住鼠标左键框选整个模型，则所有基准平面被选中，如图 1-43 所示，并且加入【层属性】对话框中。

7. 使用同样的方法把坐标系加入【层属性】对话框中，最后单击 确定(0) 按钮。

8. 在层树中新建图层并单击鼠标右键，在弹出的快捷菜单中选择【隐藏】命令，隐藏图层上的全部要素。

9. 滚动鼠标中键适当刷新视图，可以看到模型上的所有曲线都已经隐藏，结果如图 1-44 所示。

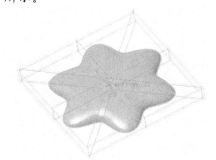

图1-43　选中基准平面

图1-44　隐藏图层后的结果

使用过滤器可以滤去模型上的大部分对象，通常在需要选定对象时启用，以缩小选择范围。在选定一类对象后，还可以把不需要的部分排除在外。过滤器列表中的项目种类和数量在不同设计环境下也会有所差异。

1.4 小结

随着 CAD 技术的进步和成熟，CAD 软件的发展日新月异，从早期的二维模型到当今的三维实体模型乃至产品模型，CAD 技术历经了多次技术革命，其中以特征造型、参数化设计思想最引人注目。Creo 作为参数化设计软件的典型代表，其功能强大，应用广泛。与早期版本相比，Creo 8.0 在强化了设计功能的同时，进一步改善了用户界面，使之更加友好，更加人性化和智能化。通过学习本章，读者应该重点领会 Creo 的典型设计思想，特别要理解实体建模、特征造型及参数化设计等先进设计理念的基本原理，为以后的深入学习打下坚实的理论基础。

Creo 8.0 用户界面包含设计功能区、模型树窗口、设计窗口及信息栏等。其中，设计功能区中提供了大量设计工具和命令，用于完成各种设计操作。模型树窗口用于展示模型的特征构成，并为编辑模型提供入口。

Creo 是一个功能强大的集成软件系统，由于用户的使用情况千差万别，在学习和使用的过程中难免会遇到困难，这时应该多向有经验的用户请教。Creo 是实用性很强的软件，只有在设计实践中才能熟练掌握软件的使用。一些重要操作及高级功能还需要读者在实践中逐渐体会和探索。只有反复实践，才能真正得心应手地使用软件。

1.5 习题

1. 简述 Creo 系统的特点。
2. 什么是特征？为什么说特征是模型的基本单位？
3. 简述特征建模的基本原理。
4. 使用 Creo 进行设计时，怎样能方便地改变模型的形状和大小？
5. 使用 Creo 能够完成哪些设计工作？
6. 模型有哪 6 种显示样式？各有何特点？
7. 动手练习并熟悉软件的操作界面。

第2章 绘制二维图形

【学习目标】
- 熟悉二维绘图环境及其设置。
- 掌握常用二维绘图工具的用法。
- 理解约束的概念及其应用。
- 掌握绘制复杂二维图形的一般流程和技巧。
- 明确二维图形和三维实体模型之间的关系。

现代设计中，二维平面设计与三维空间设计相辅相成。Creo 8.0 虽然以其强大的三维设计功能著称，但其二维设计功能依然突出，特别是其中蕴涵的尺寸驱动、关系及约束等设计思想在现代设计中占有重要的地位。二维设计和三维设计密不可分，只有熟练掌握了二维草绘设计工具的用法，三维造型设计才能游刃有余。

2.1 二维草绘基础

Creo 提供了一个开放的人性化二维环境，可以帮助设计者高效率地绘制出高质量的二维图形。开始设计之前，首先需要熟悉相关的设计知识。设计过程中，用户要能够熟练使用系统提供的设计工具创建图形，同时还要灵活使用各种辅助工具优化设计环境。

2.1.1 认识二维图形

一幅完整的二维图形包括几何图素、约束和尺寸 3 种图形元素，图形上显示的内容较多，如图 2-1 所示。绘图前，用户必须明确认识这 3 种元素。

1. 几何图素

几何图素是组成图形的基本单元，它由【草绘】功能区中的绘图工具绘制而成，主要类型有直线、圆、圆弧、矩形及样条线等。几何图素中还包括可以单独编辑的下层对象，例如线段的端点、圆弧的圆心和端点，以及样条曲线的控制点等，如图 2-2 所示。

几何图素是二维图形最核心的组成部分。当由二维图形创建三维模型时，二维图形的几何图素直接决定了三维模型的形状和轮廓。

2. 约束

约束是 Creo 的一种典型的设计理念，是施加在一个或一组图元之间的一种制约关系，从而在这些图元之间建立联系，以便达到修改图形时"牵一发而动全身"的设计目的。合理地使用约束会大大简化设计方法，提高设计效率，约束的示例如图 2-3 所示。

3. 尺寸

尺寸是对图形的定量标注，通过尺寸可以明确图形的形状、大小及图元之间的相互位置关系，示例如图 2-4 所示。当然，由于 Creo 采用"尺寸驱动"作为核心设计思想，因此尺寸的作用远不只此，通过尺寸和约束的联合使用，可以更加便捷地规范图形形状。

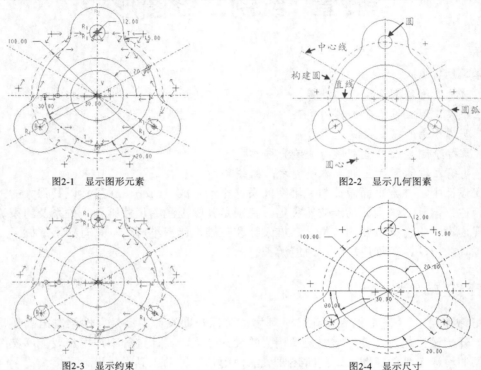

图2-1 显示图形元素　　　　　　　　　　图2-2 显示几何图素

图2-3 显示约束　　　　　　　　　　　　图2-4 显示尺寸

> **要点提示** 在设计过程中，要注意使用【视图】功能区中【显示】工具组中的工具和设计界面右下角的过滤器来对图形元素进行筛选，以便进行设计工作。

2.1.2 认识二维与三维的关系

二维图形是纯平面图形。在 Creo 设计中，单纯绘制并使用二维图形的情况并不多见，更多的是使用二维绘图方法来创建三维图形的截面图，这一过程在三维建模中称为"二维草图绘制"，简称"二维草绘"。

1. 截面图

截面图也称剖面图，是指模型被与轴线正交的平面剖切后的横截面图。根据三维实体建模原理，三维模型一般都是由具有确定形状的二维图形沿着轨迹运动或将一组截面依次相连生成的。

2. 三维建模原理

三维建模的基础工作就是绘制符合设计要求的截面图，然后使用软件提供的基本建模方法来创建模型。如图 2-5 所示的截面，将其沿着与截面垂直的方向拉伸即可创建图 2-6 所示的三维模型。

图2-5　截面

图2-6　三维模型

2.1.3　认识二维设计环境

启动 Creo 8.0 后，单击界面左上角的 （新建）按钮，打开【新建】对话框，选择【草绘】单选项，如图 2-7 所示，然后单击 确定 按钮即可进入二维草绘环境，如图 2-8 所示。

图2-7　【新建】对话框

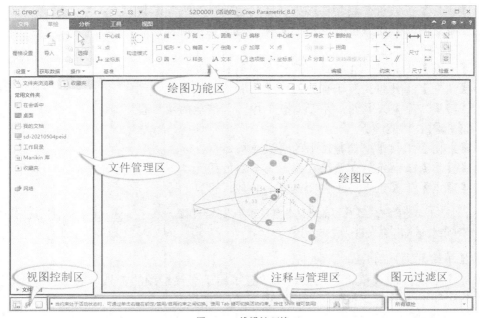

图2-8　二维设计环境

Creo 8.0 的二维设计环境主要包括以下内容。

- 绘图功能区：分为【草绘】【分析】【工具】【视图】等功能模块，每个模块中汇集了常用的设计工具。
- 文件管理区：展开其中的文件树可以随时和外界进行文件交互。
- 注释与管理区：显示设计过程中系统输出的信息及其历史记录，提示鼠标指针当前指示对象的功能。
- 图元过滤区：过滤图形上不同种类的图元，例如几何图素、尺寸和约束等。
- 绘图区：完成绘图操作并显示绘制的结果。
- 视图控制区：设置视图显示方式等。

1. 绘图功能区简介

(1) 【草绘】功能区。

【草绘】功能区包含绘制草图需要的各种工具。

- 【获取数据】工具组：导入外部图形文件，如 ".sec" 和 ".dwg" （由 AutoCAD 绘制）文件等。
- 【操作】工具组：选择、剪切、复制和粘贴对象。
- 【基准】工具组：创建基准点、基准线和基准平面等特征。
- 【草绘】工具组：绘制点、线、圆、样条线及文本等二维图形元素。
- 【编辑】工具组：对绘制的图形进行分割、修改及删除段等操作。
- 【约束】工具组：在选定对象之间添加 "相等" "平行" 等约束条件。
- 【尺寸】工具组：在图形上标注尺寸。
- 【检查】工具组：检查图形中交叠、封闭等的几何属性。

(2) 【分析】功能区。

- 【测量】工具组：测量图形上长度、角度和距离等参数。
- 【检查】工具组：检查图形上交叠、封闭等几何属性。

(3) 【工具】功能区。

- 【关系】工具组：在选定的尺寸之间创建关联关系。
- 【调查】工具组：用于查看历史记录和消息日志等。
- 【实用工具】工具组：用于向软件中添加其他的实用程序。

(4) 【视图】功能区。

- 【方向】工具组：调整图形的观察方向。
- 【显示】工具组：设置要在图形中显示的图元类型。
- 【窗口】工具组：用于关闭或激活功能区窗口。

 对于有滚轮的三键鼠标，滚动滚轮可以缩小或放大视图，在按住 Shift 键的同时按住鼠标中键移动鼠标指针可以移动视图。

2. 【草绘】工具简介

【草绘】功能区的【草绘】工具组中放置了用于直接绘图的工具，其中带有 ˙ （下拉）按钮的为组合工具，单击该按钮可以展开更多的同类工具。

- ⫿ ：选择工具。在对图形进行编辑操作前，单击下方的扩展按钮可以使用【依次】【链】【所有几何】【全部】等选择模式。如果按住 Ctrl 键，则一次可以选择多个对象。

- 线▾：直线工具组。用于绘制线链（一组首尾相连的直线）、相切线。
- 矩形▾：矩形工具组。用于绘制各类矩形及平行四边形。
- 圆▾：圆工具组。用于绘制中心和半径确定的圆、与已知圆同心的圆、经过 3 个点的圆、与 3 个对象相切的圆及椭圆。
- 弧▾：圆弧工具组。用于绘制经过 3 个点的圆弧，同心圆弧，已知圆心、半径和端点的圆弧，与 3 个对象相切的圆弧及圆锥曲线。
- 椭圆▾：椭圆工具组。用于创建椭圆。
- 圆角▾：圆角工具组。用于在两图元连接处创建与之分别相切的圆形圆角及椭圆形圆角。
- 倒角▾：倒角工具组。用于在两图元连接处创建倒角。
- 样条：样条线工具。用于创建具有多个控制点并且形状可以调节的样条曲线。
- 文本：文本工具。用于在图形中创建文字。
- 偏移：偏移工具。通过将已知图形偏移一定距离来创建新图形。
- 加厚：加厚工具。将二维图形加厚生成实体特征。
- 选项板：选项板工具。用于创建多边形和星形等特殊形状。
- 中心线：中心线工具。用于创建各类中心线。
- 点：点工具。用于创建点。
- 坐标系：坐标系工具。用于创建坐标系。

2.1.4　尺寸驱动和约束

在绘制由线条组成的二维图形时，用户通常会遇到不少麻烦。例如，在绘图过程中出现了错误怎么修正，是不是需要使用"橡皮擦"擦掉重画？在绘制一条长度为 10mm 或角度为 35°的线段时，是否需要精确地保证这些尺寸？怎样简便地绘制出两条平行且等长的线段？

学习完下面的应用实例后再回过头来思考这些问题就很简单。

应用实例——绘制正五边形

下面将通过 Creo 的尺寸驱动思想和约束来绘制一个正五边形，以此来帮助读者建立对两者的基本感性认识。

1. 新建名为"figure1"的草绘文件。
2. 在【草绘】工具组中单击 ～线 按钮，随意绘制一个五边形图案，完成后单击鼠标中键。此时不必考虑线段的长度和位置关系，结果如图 2-9 所示。
3. 在【约束】工具组中单击 相等 按钮，然后单击图 2-9 中的线段 1 和线段 2，在两者之间添加等长约束条件，结果如图 2-10 所示。
4. 按照同样的方法，在线段 2 和线段 3 之间添加等长约束条件，结果如图 2-11 所示。

要点提示　在【视图】功能区的【显示】工具组中单击 （显示尺寸）按钮，可以在二维图形中显示尺寸标注；单击 （显示约束尺寸）按钮则可以显示约束标记。添加等长约束条件后，图形上将显示等长约束标记"="。

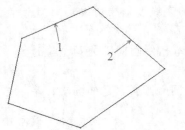

图2-9 绘制基础图形

图2-10 添加等长约束条件（1）

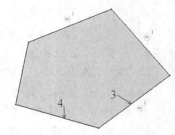

图2-11 添加等长约束条件（2）

5. 在线段 3 和线段 4 之间添加等长约束条件，结果如图 2-12 所示。在线段 4 和线段 5 之间添加等长约束条件，至此，五边形的 5 条边长度均相等，结果如图 2-13 所示。

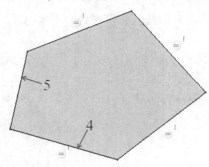

图2-12 添加等长约束条件（3）

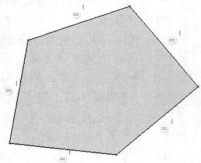

图2-13 最终结果

6. 在【草绘】功能区的【尺寸】工具组中单击 ↔（尺寸）按钮，按照图 2-14 所示选择参照，标注角度尺寸，结果如图 2-15 所示。

① 单击该边线

② 单击该边线

③ 单击鼠标中键

图2-14 选择参照

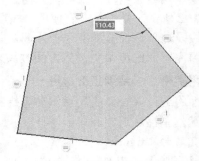

图2-15 标注尺寸（1）

 在【视图】功能区中的【显示】工具组中单击 （显示尺寸）按钮才能看到标注的尺寸。在绘制二维图形时，系统会自动标注尺寸，这些尺寸叫弱尺寸。弱尺寸过多会影响图形的整洁，此时可以选择菜单命令【文件】/【选项】/【选项】，打开【Creo Parametric 选项】对话框，在左侧的列表框中选择【草绘器】选项，然后在右侧的【对象显示设置】分组栏中取消选择【显示弱尺寸】复选项，如图 2-16 所示。

7. 按照同样的方法再标注一个角度尺寸，结果如图 2-17 所示。
8. 双击角度尺寸，打开尺寸输入文本框，将两处的尺寸数值修改为"108"，结果如图 2-18 所示。此时图形已经具备正五边形的雏形。

图2-16 【Creo Parametric 选项】对话框

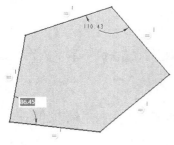

图2-17 标注尺寸（2）

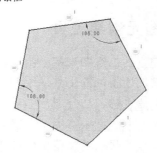

图2-18 修改尺寸

9. 在【约束】工具组中单击 ┼水平 按钮，然后单击图形的下边线，为其添加水平约束条件，使之处于水平位置，结果如图 2-19 所示。

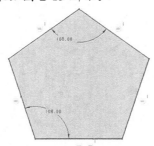

图2-19 添加水平约束条件

10. 单击 ↔（尺寸）按钮打开尺寸标注工具，选中底边线，然后在线段外空白处单击鼠标中键，标注边长尺寸，如图 2-20 所示。

11. 双击边长尺寸，将其数值修改为"100"。至此一个边长为 100、正向放置的正五边形就绘制完成了，结果如图 2-21 所示。

图2-20　标注边长尺寸

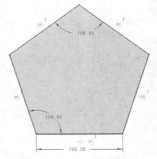

图2-21　完成图形绘制

 通过上例可以看出，尺寸驱动和约束增强了设计的智能化。用户只需要将设计目的以"尺寸"或"约束"等指令格式交给系统，系统就能够严格按照这些条件来绘制准确的图形。这不但减轻了用户的负担，还提高了设计效率，保证了设计的准确性。

2.2　图元的创建和编辑

学习二维绘图的核心是掌握各种绘图工具和编辑工具的用法，并能在设计过程中灵活选择正确的工具来绘制图形。

2.2.1　图元创建工具

一幅完整的二维图形都是由一组直线、圆弧、圆、矩形及样条线等基本图元组成的。这些图元分别使用不同的工具来绘制。

1．创建直线

直线的绘制方法十分简单，通过两点即可绘制一条直线。首先确定线段的起点，然后确定线段的终点，最后单击鼠标中键即可。

系统提供了以下两种创建直线工具。

- ＼ 线链　L：最基本的设计工具，经过两点绘制线段，用于创建线链。
- ＼ 直线相切：绘制与两个图元相切的直线。

图2-22所示是两种创建直线的示例。

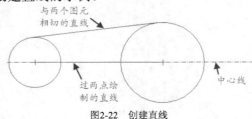

图2-22　创建直线

2．创建圆

圆在二维图形中的应用也相当广泛，虽然完全确定一个圆只要圆心和半径就足够，但是由于实际设计中往往通过图形之间的相互关系来绘图，所以系统提供以下4种创建方法。

- ⊙ 圆心和点：根据圆心和半径绘制圆。
- ◎ 同心　：绘制与已知圆同心的圆。

- 　○ 3点　　：经过 3 个已知点来绘制圆。
- 　○ 3相切　　：绘制与 3 个图元相切的圆。

图 2-23 所示是利用上述 4 种方法绘制圆的示例。

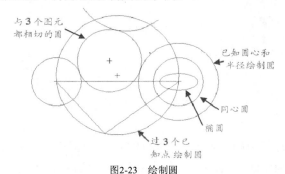

图2-23　绘制圆

3.　创建矩形

在 Creo 中可以创建以下矩形，示例如图 2-24 所示。

- 　□ 拐角矩形　　R　：根据两对角的位置绘制矩形。首先单击确定矩形的一个顶点，然后拖动鼠标指针单击确定矩形的另一个对角点。
- 　◇ 斜矩形　　：首先绘制一条斜线作为矩形的一条边，然后沿着与该边线垂直的方向拖动鼠标指针，确定斜矩形的另一条边。
- 　□ 中心矩形　　：先单击一点确定矩形中心，然后拖动鼠标指针确定矩形的长和宽，再次单击完成矩形的绘制。
- 　▱ 平行四边形　　：首先绘制一条斜线作为平行四边形的一条边，然后拖动鼠标指针确定平行四边形的另一条边和形状，再次单击完成平行四边形的绘制。

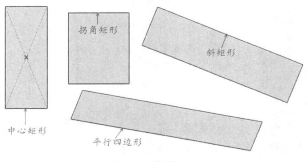

图2-24　绘制矩形

4.　创建圆角

连接两个图元时，在交点处除了采用尖角连接，还可以使用圆弧连接，这样图形更加美观，同时通过这样的二维图形创建的三维模型可以省去创建倒圆角特征的步骤，从而简化设计过程。

系统提供了以下 4 种创建圆角工具。

- 　◟ 圆形　：在两个图元连接处创建圆角，并保留原来的线条。
- 　◟ 圆形修剪　：在两个图元连接处创建圆角，并修剪多余的线条。
- 　◟ 椭圆形　：在两个图元连接处创建椭圆角，并保留原来的线条。

● ╰ 椭圆形修剪 ：在两个图元连接处创建椭圆角，并修剪多余的线条。

圆角（椭圆角）的创建过程比较简单，选择放置圆角的两条边后即可放置圆角，然后根据需要修改圆角半径，示例如图 2-25 所示。

图2-25　绘制圆角

5.　创建圆弧

绘制圆弧和绘制圆有一定的相似性，也包括圆心和半径这两个主要参数，但是由于圆弧实际上是圆的一部分，因此还需要确定其起点和终点。实际设计中，通常根据参照来定位圆弧，系统提供以下 5 种绘制圆弧的方法。

● ⌐ 3点/相切端 ：通过 3 点创建圆弧。
● ╲ 圆心和端点 ：通过圆心和端点来创建圆弧。
● ╲ 3 相切 ：创建与 3 个图元均相切的圆弧。
● ⟫ 同心 ：创建与已知圆或圆弧同心的圆弧。
● ⌒ 圆锥 ：创建锥圆弧。

采用以上工具创建的圆弧如图 2-26 所示。

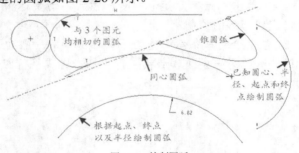

图2-26　绘制圆弧

6.　创建样条线

样条线是一条具有多个控制点的平滑曲线，其最大的特点是可以灵活进行形状设计，在曲线绘制完成后还可以通过编辑的方法修改曲线形状。

（1）绘制样条线。

在【草绘】工具组中单击 ∿ 样条 按钮，然后依次单击样条线经过的控制点，最后单击鼠标中键，完成图形的绘制，结果如图 2-27 所示。

图2-27　绘制样条线

（2）编辑样条线。

样条线绘制完成后，最简单的修改方式是拖动曲线上的控制点来调整曲线的外形，如图 2-28 所示。

图2-28　编辑样条线

7.　创建点和坐标系

点可以作为曲线设计的参照。坐标系在三维建模中应用较为广泛，可以作为定位参照。它们的创建比较简单，在【草绘】工具组中单击 ╳点 按钮即可在绘图区中放置点；单击 ↗坐标系 按钮可在绘图区中放置坐标系，如图 2-29 所示。

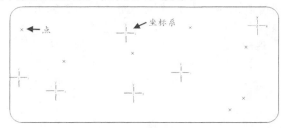

图2-29　创建点和坐标系

8.　创建文字

在【草绘】工具组中单击 A文本 按钮，打开文本设计工具，即可创建文字。

(1)　基本方法。

首先根据系统提示选择一点以确定文字行的起始点，然后继续选择第二点确定文本的高度和方向，此时弹出图 2-30 所示的【文本】对话框，利用该对话框确定文字的属性参数，例如字体、间距及长宽比等，接着输入文本内容创建文字。最后修改文字高度线的尺寸来调节文字大小。

图2-30　【文本】对话框

注意对文字方向的理解，如果从起始点开始向上确定第二点，这时创建文字的效果如图 2-31 所示；如果从起始点开始向下确定第二点，这时创建文字的效果如图 2-32 所示。

图2-31　设置第二点（1）

图2-32　设置第二点（2）

（2）沿曲线放置文字。

在【文本】对话框中选择【沿曲线放置】复选项，然后选择参照曲线，可以将文字沿着该曲线放置。通常选择事先创建好的样条曲线或基准曲线作为参照曲线，如图 2-33 所示。单击 （调整方向）按钮可以调整文本的放置方向，如图 2-34 所示。

图2-33　沿曲线放置文字（1）

图2-34　沿曲线放置文字（2）

（3）修改文字。

如果需要修改已经创建的文字，则选择修改对象后，在【草绘】功能区的【编辑】工具组中单击 修改 按钮，打开【文本】对话框，重新设置属性参数和再生文字即可。

9. 创建图案

在【草绘】工具组中单击 选项板 按钮，打开【草绘器选项板】窗口，如图 2-35 所示，该窗口提供了多边形、轮廓、形状和星形 4 种类型的图案，利用它们可以简单快捷地绘制出形状规则且对称的图形。

在【草绘器选项板】窗口下部的形状列表框中双击需要绘制的图案，待鼠标指针在绘图区变为 形状后，拖动即可绘制图形，同时出现图 2-36 所示的【导入截面】功能区，利用它设置参数可以对图案进行缩小、放大及旋转等操作。

图2-35　【草绘器选项板】窗口

图2-36　【导入截面】功能区

各种图案的示例如图 2-37 所示。

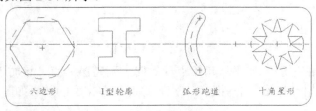

图2-37　图案示例

2.2.2　图元编辑工具

使用基本工具创建的图元并不一定正好符合设计要求，有时需要对其进行截断和修剪等操作，为了提高绘图效率，还可以对图形进行复制操作，这些都是对图形进行编辑。

1.　修剪工具

使用修剪工具可以将一个图元分割为多条线段，并裁去其中不需要的部分，最后获得理想的图形。在实际绘图过程中，用户总是将设计工具和修剪工具交替使用。

系统提供了以下 3 种修剪工具。

- 分割：在选定的参考点处将图元分割为两段。
- 删除段：删除选定的图元。
- 拐角：将图元修剪到指定参照的顶点，或者将图元延伸后修剪到指定参照的顶点。

（1）分割工具。

在二维绘图环境下，系统会自动把相交的图元在相交处截断，通常不需要使用分割工具。但在三维绘图环境下绘制二维图形时，有时需要使用该工具将图元在选定的参考点处截断。

（2）删除段工具。

删除段工具的使用比较简单，单击需要删除的图元即可将其删除。如果待删除的图元较多，可以拖动鼠标画出轨迹线，凡与轨迹线相交的图元都会被删除。

（3）拐角工具。

拐角工具用于将选定的两个图元在交点处修剪，如果两图元尚未相交，则将其延伸到交点处再修剪。选取图 2-38 所示的对象，延长这两条不相交的线段，然后在交点处修剪掉未被选中一侧的线条，结果如图 2-39 所示。

　　　　　图2-38　选择对象（1）

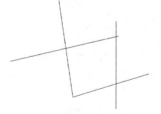
　　　　　图2-39　修剪图形（1）

对于已经相交的线段，单击拐角按钮后，选择图 2-40 所示的参照，直接在交点处修剪掉未被选中一侧的线条，结果如图 2-41 所示。

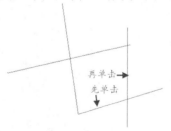
　　　　　图2-40　选择对象（2）

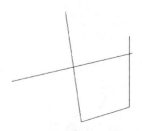
　　　　　图2-41　修剪图形（2）

2. 复制工具

在创建具有对称结构的二维图形时，可以先绘制图形的一半，然后通过镜像复制的方法创建另一半。还可以对图形进行缩小、放大及旋转等创建与已知图形形状上相近的图形。

（1）镜像复制图形。

在【草绘】功能区的【编辑】工具组中单击 镜像 按钮，打开镜像复制工具。选择中心线作为参照，如图 2-42 所示；镜像复制选定的图形，镜像复制后的图形与原图形之间添加了对称的约束条件，如图 2-43 所示。

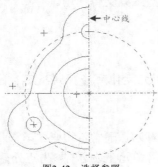

图2-42 选择参照

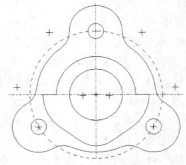

图2-43 镜像复制结果

（2）旋转与调整大小。

用户可以对选定的图形进行旋转、缩小和放大等操作以创建新的图形。在【草绘】功能区的【编辑】工具组中单击 旋转调整大小 按钮，打开【旋转调整大小】功能区。这时图上将出现 3 个控制手柄，分别用于移动、旋转和缩放图形，如图 2-44 所示。

如果要精确缩放和旋转图形，可以在图 2-45 所示的【旋转调整大小】功能区中输入参数。

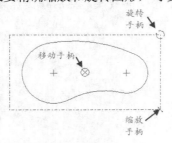

图2-44 控制手柄

图2-45 【旋转调整大小】功能区

将图 2-44 所示图形旋转 90°后的结果如图 2-46 所示，缩小图形后的结果如图 2-47 所示。

图2-46 旋转图形

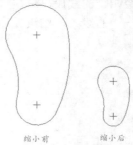

图2-47 缩小图形

移动手柄兼做旋转中心，按住鼠标右键拖动该手柄可以移动其位置，从而调整图形的旋转中心。

2.2.3　范例解析——绘制手柄图案

本例主要介绍综合使用多种绘图工具和编辑工具绘制二维图形的方法，最终的设计结果如图 2-48 所示。

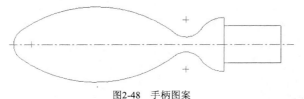

图2-48　手柄图案

1. 新建名为 "figure2" 的草绘文件。
2. 绘制基本图元。

(1) 使用 中心线 工具绘制一条水平中心线，如图 2-49 所示。

(2) 使用 线 工具绘制一条线段，如图 2-50 所示。

图2-49　绘制水平中心线　　　　　　　　　　　　图2-50　绘制线段

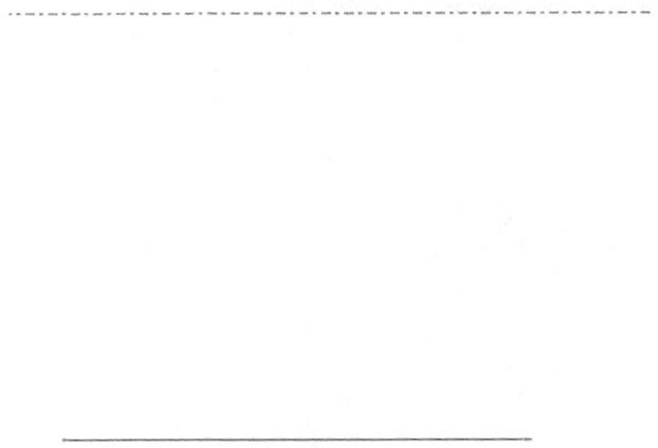

(3) 使用 圆心和点 工具绘制一个圆，如图 2-51 所示。该圆的圆心位于中心线上，半径自行设定。

(4) 使用 圆心和点 工具绘制另一个圆，如图 2-52 所示。该圆的圆心也位于中心线上，半径比步骤（3）中的圆略小。

图2-51　绘制圆（1）　　　　　　　　　　　　　图2-52　绘制圆（2）

(5) 使用 3相切 工具绘制一个圆，该圆与已经创建的两个圆及线段相切，如图 2-53 所示。

使用 ○ 3相切 工具绘制相切圆时，在图元上单击选择的位置与绘图结果有一定关系，单击位置最好靠近绘图完成后的相切点位置。在本例中应该依次选择图 2-54 所示的点来创建图形。

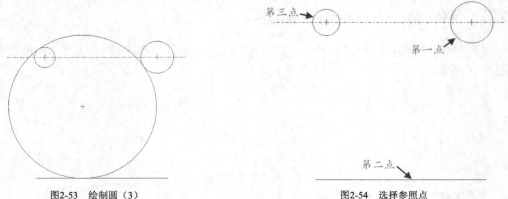

图2-53　绘制圆（3）　　　　　　　　　　　　图2-54　选择参照点

（6）　使用 ∠线 工具绘制两条竖直线段和一条水平线段，如图 2-55 所示。

（7）　使用 ○ 3点 工具绘制一个圆。首先在已知圆上选择两点，拖动圆使之与这两个圆相切，然后在圆外适当位置选择第三点，结果如图 2-56 所示。

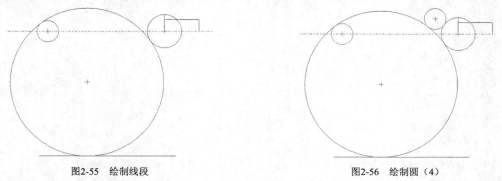

图2-55　绘制线段　　　　　　　　　　　　　图2-56　绘制圆（4）

3.　修剪和复制图形。

（1）　使用 ∠删除段 工具删除多余的线条，保留图 2-57 所示的图形。

使用 ∠删除段 工具删除线条时，可以拖动鼠标画出轨迹线，凡与该轨迹线相交的线条都将被删除，这样可以提高设计效率。

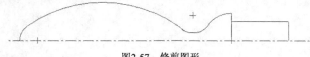

图2-57　修剪图形

（2）　框选步骤（1）创建的所有线条作为复制对象，在【草绘】功能区的【编辑】工具组中单击 ∬镜像 按钮，打开镜像设计工具，选取中心线作为镜像参照，镜像结果如图 2-48 所示。

2.3　约束工具的使用

约束工具用于按照特定的要求规范一个或多个图元的形状和相互关系，从而建立图元之间的内在联系。系统提供了丰富的约束工具，但每种约束工具应用的条件和效果并不相同。

2.3.1 约束工具的种类

在【草绘】功能区的【约束】工具组中一共有 9 种约束工具。如果【视图】功能区的【显示】工具组中的 ⊞（显示约束尺寸）按钮为按下状态，则约束创建成功后将在图形上显示约束符号。

- ┤ 竖直：竖直约束。让选中的图元处于竖直状态，如图 2-58 所示。
- ┼ 水平：水平约束。让选中的图元处于水平状态，如图 2-59 所示。

图2-58 竖直约束

图2-59 水平约束

- ⊥ 垂直：垂直约束。让选中的两个图元处于垂直状态，如图 2-60 所示。
- ⌀ 相切：相切约束。让选中的两个图元处于相切状态，如图 2-61 所示。

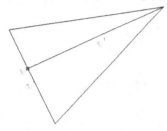

图2-60 垂直约束

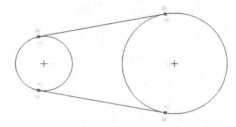

图2-61 相切约束

- ↘ 中点：中点约束。将点置于线段中央，如图 2-62 所示。
- ⊶ 重合：重合约束。将选定的两点对齐或将点放置到直线上，或者将两条直线对齐，如图 2-63 所示。

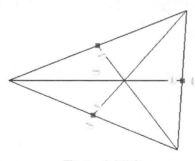

图2-62 中点约束

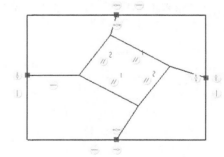

图2-63 重合约束

- ⋈ 对称：对称约束。将选定的图元关于参照（如中心线等）对称布置，如图 2-64 所示。
- ═ 相等：相等约束。使两条直线或圆（圆弧）之间具有相同长度或相等半径，如图 2-65 和图 2-66 所示。

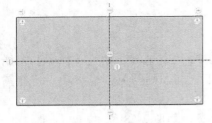

图2-64　对称约束

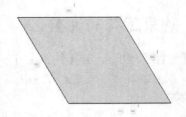

图2-65　相等约束（1）

- 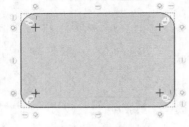 　平行约束。使两个图元相互平行，如图 2-67 所示。

图2-66　相等约束（2）

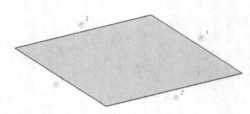

图2-67　平行约束

2.3.2　约束冲突及解决

以下 3 种情况会产生约束之间及约束和标注尺寸之间的冲突。

- 标注尺寸时出现了封闭尺寸链。
- 标注约束时，在同一个图元上同时施加了相互矛盾的多个约束。
- 尺寸标注和约束对图元具有相同的约束效果。

一旦出现了约束冲突，系统首先删除弱尺寸来解决冲突，当解决失败后会打开图 2-68 所示的【解决草绘】对话框让设计者解决。

通常的做法是直接单击　删除(D)　按钮，删除当前添加的约束，或者从约束或尺寸列表中选择一个对象将其删除。

当标注尺寸发生冲突时，可以单击　尺寸 > 参考(R)　按钮，将选择的尺寸转换为参考尺寸（尺寸上带有"参考"字样），这样该尺寸仅仅作为设计参考使用，不具有尺寸驱动的效应。

图2-68　【解决草绘】对话框

2.3.3　范例解析——使用约束工具规范图形形状

下面结合范例说明约束工具在设计中的应用。

1. 新建文件。选择菜单命令【文件】/【新建】，新建名为"figure3"的草绘文件。

2. 确保【视图】功能区的【显示】工具组中的 ▣ （显示尺寸）按钮为未选中状态（浅色背景），关闭图形上的所有尺寸显示；确保 ▣ （显示约束尺寸）按钮为选中状态，打开所有约束显示。

3. 使用基本绘图工具绘制图 2-69 所示的图形，此时不必考虑尺寸的准确性。

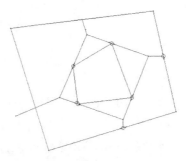

图2-69　参考图形

4. 在【约束】工具组中单击 ⊷重合 按钮，打开重合约束工具，首先单击图 2-70 所示的端点 1，然后单击线段 2，将端点放置在线段上，结果如图 2-71 所示。

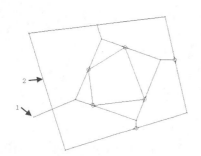

图2-70　选择参照（1）

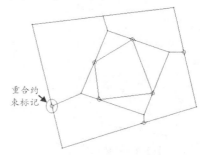

图2-71　重合约束（1）

5. 单击 ∥平行 按钮，在图 2-72 所示的两个图元之间添加平行约束条件。首先选择线段 1，然后选择线段 2，结果如图 2-73 所示（注意图上的约束标记）。

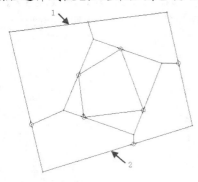

图2-72　选择参照（2）

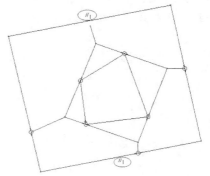

图2-73　平行约束（1）

6. 由于图形重新调整，用户可能看到上端有段线段和图形分离，如图 2-74 所示。使用 ⊷重合 工具将其约束到线段上，结果如图 2-75 所示。

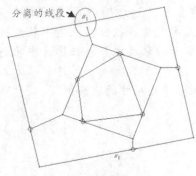

图2-74 选择参照（3）

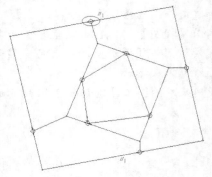

图2-75 重合约束（2）

7. 单击 // 平行 按钮，在图 2-76 所示的两个图元之间添加平行约束条件。首先选择线段 1，然后选择线段 2，结果如图 2-77 所示。

 注意施加在不同对象组之间的同类约束，使用的是不同的标记下标，以便进行区分。

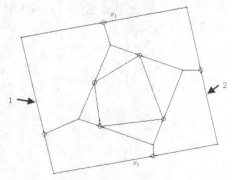

图2-76 选择参照（4）

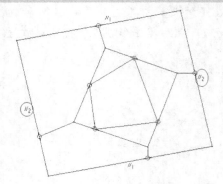

图2-77 平行约束（2）

8. 使用 = 相等 工具在图 2-78 所示的 4 条线段之间添加相等约束条件。在添加相等约束条件时必须注意顺序，需要两两依次添加，即先在线段 1 和线段 2 之间添加（先选择线段 1，后选择线段 2），再在线段 2 和线段 3 之间添加（先选择线段 2，后选择线段 3），最后在线段 3 和线段 4 之间添加（先选择线段 3，后选择线段 4），结果如图 2-79 所示。

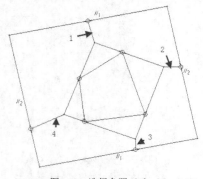

图2-78 选择参照（5）

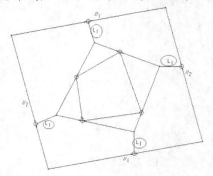

图2-79 相等约束（1）

9. 使用 — 重合 工具将图 2-80 所示线段的端点约束到对应线段的中点上。先选择线段的端点 1，再选择线段 2，结果如图 2-81 所示。（注意此时出现的约束标记。）

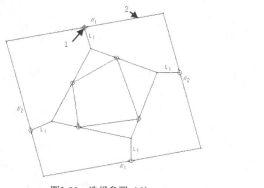

图2-80　选择参照（6）

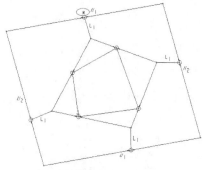

图2-81　重合约束（3）

10. 使用同样的方法将另外 3 处线段的端点约束到对应线段的中点处，结果如图 2-82 所示。

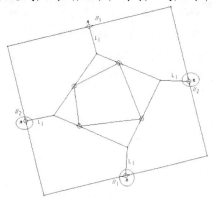

图2-82　重合约束（4）

11. 使用 ▭ 相等 工具在图 2-83 所示的 4 条线段之间添加相等约束条件，结果如图 2-84 所示。

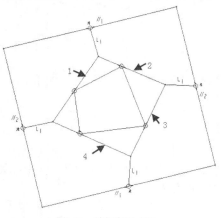

图2-83　选择参照（7）

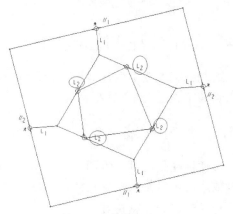

图2-84　相等约束（2）

12. 使用 ▭ 重合 工具将图 2-85 所示的 4 处线段的端点约束到对应线段的中点处，结果如图 2-86 所示。

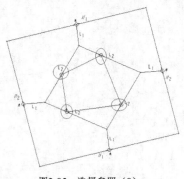

图2-85　选择参照（8）

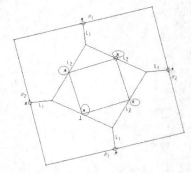

图2-86　重合约束（5）

要点提示　如果在添加约束时出现操作不成功的情况，可以适当更改操作顺序。另外，经过约束之后，图 2-86 所示图形最里面的四边形已经是等边四边形了，如果还要添加等长约束条件，就会发生约束冲突。

13. 在图 2-87 所示的边线上添加水平约束条件。
14. 在图 2-88 所示的边线上添加竖直约束条件。

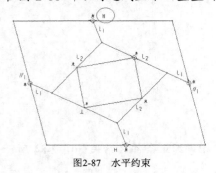

图2-87　水平约束

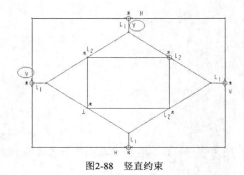

图2-88　竖直约束

2.4　尺寸标注和修改

　　绘制完基本图形后，需要进行尺寸标注，再根据设计需要修改尺寸，再生图形。尺寸用于准确确定图形的形状和大小。

2.4.1　尺寸标注

　　尺寸标注是绘制二维图形过程中不可缺少的步骤之一，通过尺寸标注可以获得图形的具体参数，还可以修改图形尺寸，然后使用"尺寸驱动"的方式再生图形。

1.　弱尺寸和强尺寸

　　弱尺寸是指系统自动标注的尺寸。创建弱尺寸时，系统不会给出相关的提示信息。同时，当用户创建的尺寸与弱尺寸发生冲突时，系统将自动删除发生冲突的弱尺寸，同样也不会给出提示信息。弱尺寸显示为灰色。

　　强尺寸是指用户使用尺寸标注工具标注的尺寸。系统对强尺寸具有保护措施，不会擅自删除，当遇到尺寸冲突时会提醒设计者自行解决。

2. 标注线性尺寸

在绘图过程中，使用【尺寸】工具组中的 ↔（尺寸）工具可以完成各种类型的尺寸标注。在这些尺寸中，线性尺寸最为常见，其主要类型和标注方法如下。

（1）标注线段长度：单击线段，在放置尺寸的位置处单击鼠标中键，示例如图 2-89 所示。

（2）标注两点间距：选择两点，在放置尺寸的位置处单击鼠标中键，示例如图 2-90 所示。

图2-89　标注线段长度

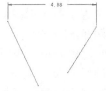

图2-90　标注两点间距

（3）标注平行线间距：选择两条平行直线，在放置尺寸的位置处单击鼠标中键，示例如图 2-91 所示。

（4）标注点到直线的距离：先选择点，再选择直线，然后在放置尺寸的位置处单击鼠标中键，示例如图 2-92 所示。

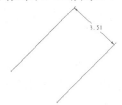

图2-91　标注平行线间距

图2-92　标注点到直线的距离

（5）标注两个圆或圆弧的距离：既可以标注它们两条水平切线之间的距离，也可以标注两条竖直切线之间的距离，示例如图 2-93 和图 2-94 所示。

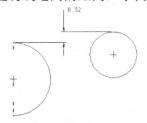

图2-93　标注两个圆或圆弧的距离（1）

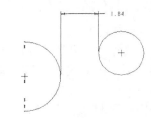

图2-94　标注两个圆或圆弧的距离（2）

3. 标注直径和半径尺寸

对于圆（圆弧）来说，既可以标注其直径尺寸，也可以标注其半径尺寸，主要依据设计需要而定。

（1）标注直径尺寸：在需要标注直径尺寸的圆（圆弧）上双击鼠标左键，然后在放置尺寸的位置处单击鼠标中键，示例如图 2-95 所示。

（2）标注半径尺寸：在需要标注半径尺寸的圆（圆弧）上单击鼠标左键，然后在放置尺寸的位置处单击鼠标中键，示例如图 2-96 所示。

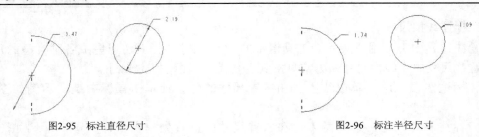

图2-95　标注直径尺寸　　　　　　　　　　　　　图2-96　标注半径尺寸

4.　标注角度尺寸

如果要标注两个图元围成的角度尺寸，可以使用以下两种方法。

（1）标注两条相交直线的夹角：单击鼠标左键选择需要标注角度尺寸的两条直线，然后在放置尺寸的位置处单击鼠标中键，示例如图 2-97 所示。

（2）标注圆弧角度：首先选择圆弧起点，然后选择圆弧终点，接着选择圆弧本身，然后在放置尺寸的位置处单击鼠标中键，示例如图 2-98 所示。

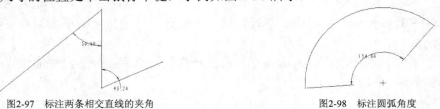

图2-97　标注两条相交直线的夹角　　　　　　　　　图2-98　标注圆弧角度

2.4.2　尺寸修改

根据尺寸驱动理论，当对图形完成尺寸标注后，可以通过修改尺寸数值的方法来修正设计意图，系统将根据新的尺寸再生设计结果。

1.　修改单个尺寸

如果修改单个尺寸，那么直接双击该尺寸（强尺寸或弱尺寸），打开输入文本框，在其中输入新的尺寸数值后，系统立即使用该数值再生图形，重新获得新的设计结果。

2.　修改一组尺寸

修改单个尺寸后，系统会立即再生图形。如果对该尺寸的修改比例太大，再生后的图形会严重变形，不便于对其进行进一步操作。这时可以使用【编辑】工具组中的 修改 来修改图形，方法如下。

（1）选中需要修改的尺寸，然后在【编辑】工具组中单击 修改 按钮，打开【修改尺寸】对话框，如图 2-99 所示。

（2）如果需要同时修改其他尺寸，就选中这些尺寸将其添加到【修改尺寸】对话框中。

（3）如果希望修改完所有的尺寸后再重生图形，那么可以在【修改尺寸】对话框中取消对【重新生成】复选项的选择。如果希望所有尺寸等比例放大或缩小，可以选择【锁定比例】复选项。

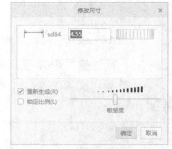

图2-99　【修改尺寸】对话框

要点提示　锁定比例主要针对同一种类型的尺寸，例如修改某一个线性尺寸后，拟被修改的所有线性尺寸都以同样的比例修改。修改某一个角度尺寸后，拟被修改的所有角度尺寸也都以同样的比例修改。

(4) 通过在数值文本框中输入新尺寸或者调节文本框右侧旋钮的方式修改尺寸。

(5) 单击 确定 按钮，完成修改，获得再生后的图形。

2.4.3 范例解析——绘制对称图案

本例将介绍各类二维设计工具在绘图中的综合应用，练习使用尺寸来约束和规范图形形状的基本方法，最后创建的结果如图 2-100 所示。

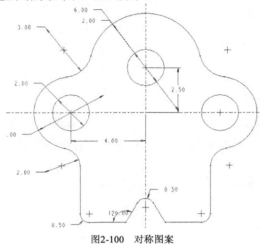

图2-100　对称图案

1. 新建名为 "figure4" 的草绘文件。

2. 绘制基本图元。

(1) 使用 中心线 工具绘制中心线，结果如图 2-101 所示。

(2) 使用 圆心和点 工具绘制 4 个圆，结果如图 2-102 所示。

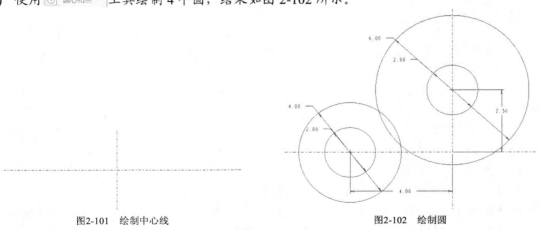

图2-101　绘制中心线　　　　　　　　　　　　　图2-102　绘制圆

(3) 使用 线 工具绘制线段，结果如图 2-103 所示。

(4) 使用 圆心和点 工具绘制圆，并在新绘制的圆与相邻圆之间添加相切约束，结果如图 2-104 所示。

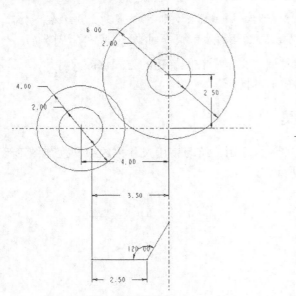

图2-103　绘制线段　　　　　　　　　　　　　　　图2-104　绘制圆并添加相切约束（1）

(5) 继续使用 圆心和点 　工具绘制圆，并在新绘制的圆与相邻图元之间添加相切约束，结果如图 2-105 所示。

(6) 使用 　圆形修剪 　工具创建圆角，结果如图 2-106 所示。

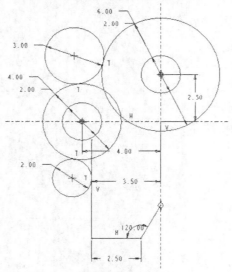
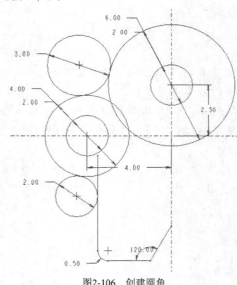

图2-105　绘制圆并添加相切约束（2）　　　　　　　图2-106　创建圆角

3. 修剪图形。

(1) 使用 删除段 工具修剪多余线条，结果如图 2-107 所示。

(2) 选择除中心小圆以外的所有图元作为复制对象，在【编辑】工具组中单击 镜像 按钮，选择竖直中心线作为镜像参照，结果如图 2-108 所示。

 要点提示　　选择复制对象时，可以首先框选全部图元，然后按住 Ctrl 键选择要从已选图元中排除的图元（例如本例中的中心小圆）。

(3) 使用 █ 圆形修剪 工具创建圆角，最终设计结果如图 2-100 所示。

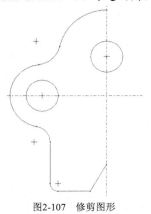

图2-107　修剪图形

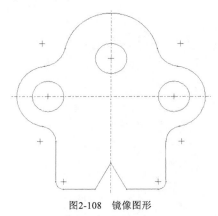

图2-108　镜像图形

2.5　综合实战训练

本节将介绍一组典型二维图形的创建过程，帮助读者进一步熟悉各种二维图形的绘制方法，巩固练习基本设计工具和约束工具的使用。

2.5.1　绘制图案一

心形图案是一种最常见的装饰图形，该图案具有流畅的线条连接和对称的结构。从结构上看，心形图案由一组光滑圆弧连接构成，并且从结构上看是左右对称的。在设计过程中，设计者重点使用了圆弧工具。首先创建右半图形，然后通过镜像复制的方法创建左半图形。设计者为了获得光滑的曲线连接，使用了相切约束工具。

本例设计完成后的结果如图 2-109 所示。

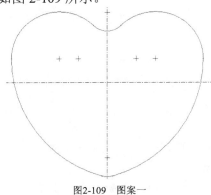

图2-109　图案一

1. 新建名为"figure5"的草绘文件。
2. 绘制中心线。

使用 █ 中心线 工具绘制一条水平中心线和一条竖直中心线，结果如图 2-110 所示。

3. 绘制圆。
(1) 使用 ◎ 圆心和点 工具绘制圆，并标注相应的尺寸，结果如图 2-111 所示。

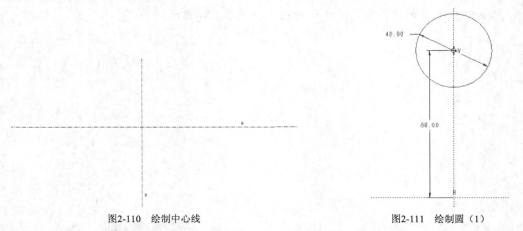

| 图2-110　绘制中心线 | 图2-111　绘制圆（1） |

绘制完第 1 个图元后，应立即对其进行尺寸标注，将该尺寸作为设计的基础尺寸，这样可以避免尺寸修改前后数值差异太大而导致图形变形。

(2)　继续绘制图 2-112 所示的第 2 个圆。绘制时要确保两个圆相切。

(3)　继续绘制第 3 个圆，该圆的半径与第 1 个圆的相等，结果如图 2-113 所示。

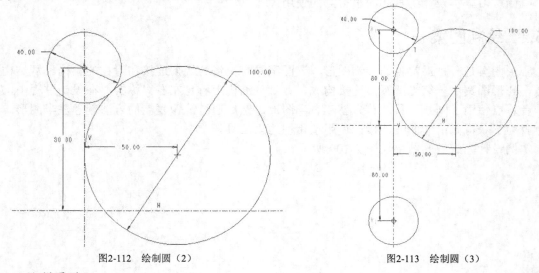

| 图2-112　绘制圆（2） | 图2-113　绘制圆（3） |

4.　绘制圆弧。

(1)　使用 ⌒ 3点/相切端 工具绘制一段圆弧，圆弧的两个端点分别落在步骤 3 的（1）、（2）绘制的圆上，如图 2-114 所示。

(2)　在【约束】工具组中单击 ✓ 相切 按钮，在新绘制的圆弧和两个圆之间加入相切约束，结果如图 2-115 所示。

5.　修剪图元。

使用 ⌀ 删除段 工具修剪多余线条，结果如图 2-116 所示。

6.　镜像复制图形。

(1)　在绘图区框选前面创建的所有图元作为复制对象。

(2)　在【编辑】工具组中单击 ⑾ 镜像 按钮。

(3) 选择竖直中心线作为镜像参照，结果如图 2-117 所示。

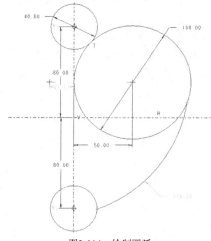

图2-114 绘制圆弧

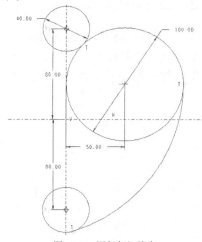

图2-115 添加相切约束

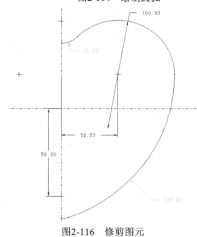

图2-116 修剪图元

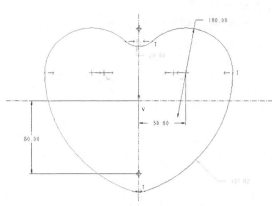

图2-117 镜像复制图形

7. 修整图形。

适当调整图形中尺寸参数的大小和位置，结果如图 2-118 所示。

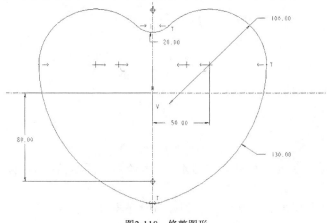

图2-118 修整图形

2.5.2 绘制图案二

本例将继续介绍绘制对称图形，最终的设计结果如图 2-119 所示。

本例所设计的图案从结构上看也是左右对称的。其设计重点还是使用圆弧工具和镜像复制工具。首先创建右半图形，然后通过镜像复制的方法创建左半图形。

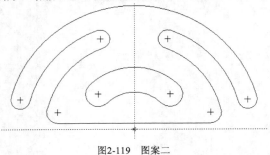

图2-119 图案二

1.　新建名为"figure6"的草绘文件。
2.　绘制中心线。

按照图 2-120 所示绘制 5 条中心线。

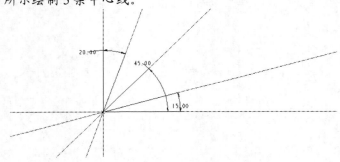

图2-120 绘制中心线

3.　绘制圆弧。

(1)　使用 　圆心和端点　 工具绘制一段圆弧，结果如图 2-121 所示。

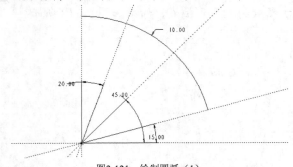

图2-121 绘制圆弧（1）

(2)　继续使用 　同心　 工具绘制两段与步骤（1）绘制的圆弧同心的圆弧，结果如图 2-122 所示。

(3)　继续使用 　3点/相切端　 工具绘制两段半圆弧，结果如图 2-123 所示。

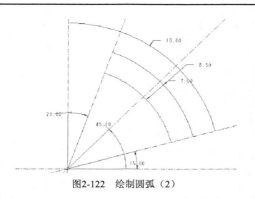

图2-122 绘制圆弧（2）

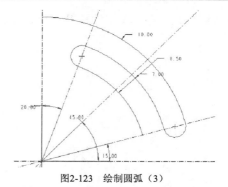

图2-123 绘制圆弧（3）

 要点提示 使用 [3点/相切端] 工具绘制圆弧时，选择前面创建的圆弧的两个端点作为第一点和第二点，拖动鼠标指针将第三点放置在前两点的连线上，这样绘制的圆弧就是半圆弧。

(4) 继续绘制两段圆弧，结果如图 2-124 所示。

(5) 使用 [3点/相切端] 工具绘制半圆弧，结果如图 2-125 所示。

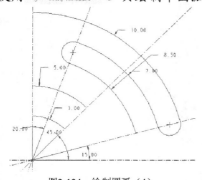

图2-124 绘制圆弧（4）

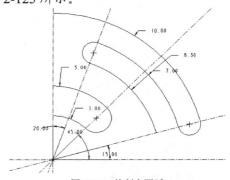

图2-125 绘制半圆弧

4. 绘制直线和圆弧。

(1) 使用 [线] 工具绘制一条直线，结果如图 2-126 所示。

(2) 使用 [3点/相切端] 工具绘制圆弧，结果如图 2-127 所示。

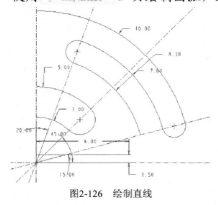

图2-126 绘制直线

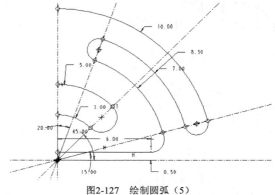

图2-127 绘制圆弧（5）

5. 镜像复制图形。

(1) 在绘图区框选前面创建的所有图元作为复制对象。

(2) 在编辑功能区单击 [镜像] 按钮。

(3) 选择竖直中心线作为镜像参照，结果如图 2-128 所示。

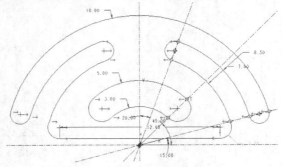

图2-128　镜像复制图形

6. 修整图形。

适当调整图形中尺寸参数的大小和位置，如图 2-129 所示。

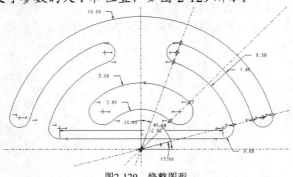

图2-129　修整图形

2.5.3　绘制图案三

本例继续介绍综合使用多种工具绘图的方法，最终的设计结果如图 2-130 所示。

1. 新建名为 "figure7" 的草绘文件。
2. 创建辅助图元。

(1) 绘制图 2-131 所示的中心线。

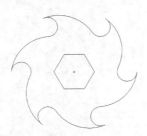

图2-130　图案三

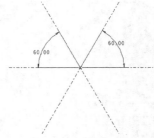

图2-131　绘制中心线

(2) 单击 ⊙ 圆心和点　和 ◎ 同心　按钮，绘制图 2-132 所示的同心圆。

(3) 选中刚绘制的圆，长按鼠标右键，在弹出的上滑面板中单击 按钮将其转换为构造圆，结果如图 2-133 所示。

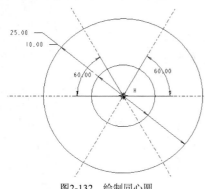

图2-132　绘制同心圆

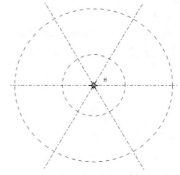

图2-133　转换为构造圆

3.　绘制正六边形。

(1)　单击 ✓线 按钮，绘制图 2-134 所示的边长任意的六边形。

(2)　在【约束】工具组中单击 相等 按钮，选择六边形的任意两边添加相等约束，如图 2-135 所示。

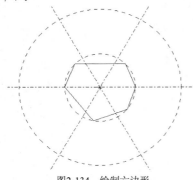

图2-134　绘制六边形

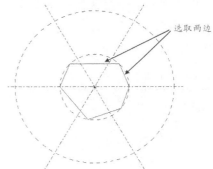

选取两边

图2-135　添加相等约束（1）

(3)　继续在其他各边之间添加相等约束，结果如图 2-136 所示。

 如果要简单快捷地创建正六边形，可以使用【草绘】工具组中的 选项板 工具，在弹出的【草绘器选项板】对话框的【多边形】选项卡中双击【六边形】选项，然后在绘图区中拖动鼠标指针即可。

4.　绘制圆。

使用 ⊙圆心和点 工具绘制图 2-137 所示的 6 个圆。注意确保各圆半径相等。

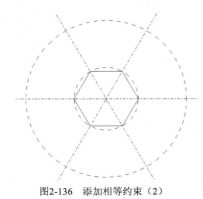

图2-136　添加相等约束（2）

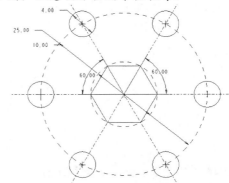

图2-137　绘制 6 个圆

57

5. 创建连接圆弧。

(1) 单击 🔲 3点/相切端 按钮，绘制图 2-138 所示的圆弧。

(2) 在连接圆的圆弧之间添加相切约束，结果如图 2-139 所示。

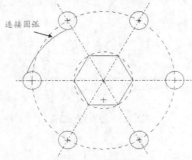

图2-138 绘制圆弧

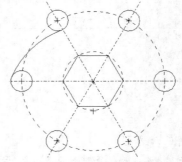

图2-139 添加相切约束

(3) 按照图 2-140 所示标注连接圆弧的半径尺寸。

(4) 重复以上操作，创建其他连接圆弧，结果如图 2-141 所示。

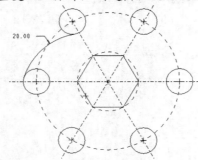

图2-140 标注尺寸

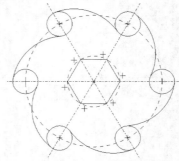

图2-141 创建其他连接圆弧

6. 剪裁图元。

单击 ⤢ 删除段 按钮，打开剪裁图元工具，选择需要剪去的线条，最终的设计结果如图 2-130 所示。

2.5.4 绘制图案四

本例将介绍叶片图案的绘制过程，最终的设计结果如图 2-142 所示。

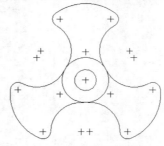

图2-142 图案四

1. 新建名为 "figure8" 的草绘文件。

2. 创建基本图元。

(1) 绘制辅助线 L1、L2、L3、L4、L5，结果如图 2-143 所示。

(2) 以 L2 和 L5 的交点为圆心绘制两个同心圆，如图 2-144 所示。

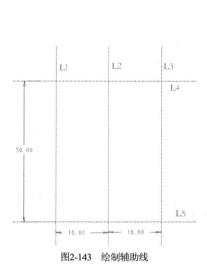

图2-143 绘制辅助线

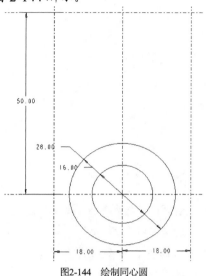

图2-144 绘制同心圆

(3) 分别以 L4 与 L1、L3 的交点为圆心，绘制两个等直径的圆 R1 和 R2，结果如图 2-145 所示。

(4) 继续绘制两个圆，该圆与大圆、小圆和 L5 相切，结果如图 2-146 所示。

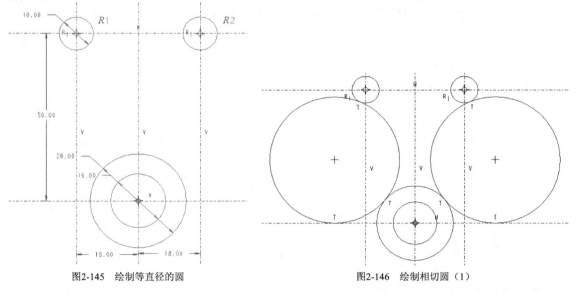

图2-145 绘制等直径的圆   图2-146 绘制相切圆（1）

要点提示 这里不宜采用 ⊙ 3 相切 工具绘制 3 个相切圆，因为 L5 为辅助线。可以任意绘制一个圆，然后依次使用 ⌒ 相切 约束工具使之分别与 3 个图元都相切。

(5) 继续绘制一个与两小圆 R1 和 R2 均相切的圆，结果如图 2-147 所示。

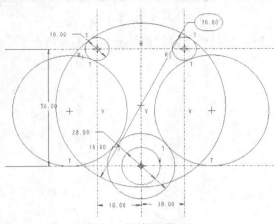

图2-147　绘制相切圆（2）

要点提示　该圆除了与两个小圆相切，还有直径尺寸为 70.00，因此设计结果是唯一的。在绘图时，可能会出现约束冲突，此时可以删除与该圆相关的其他约束。

(6)　修剪图形上的多余线段，结果如图 2-148 所示。

3.　复制风扇叶片。

(1)　框选全部图线，然后按住 Ctrl 键排除图 2-149 所示的圆及 5 条辅助线。

(2)　在【操作】工具组中单击 （复制）按钮，复制选中的图形，然后单击 （粘贴）按钮粘贴图形。当鼠标指针的形状变为 时，在绘图区中拖动即可创建图形副本。

(3)　按住鼠标右键将图形的移动手柄移动到下部小圆中心处，结果如图 2-150 所示。

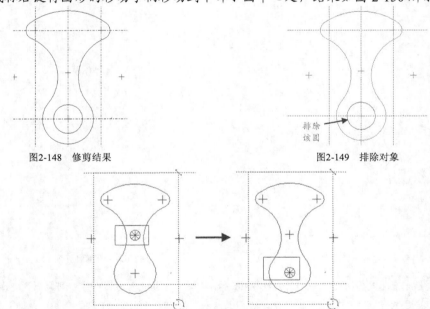

图2-148　修剪结果　　　　　　　　　　　　　　图2-149　排除对象

图2-150　调整旋转中心

(4)　按住鼠标左键拖动复制图形的移动中心，将其与原图形下部的小圆中心对齐，如图 2-151 所示。

(5)　在【粘贴】功能区中输入缩放因子和旋转角度，如图 2-152 所示。

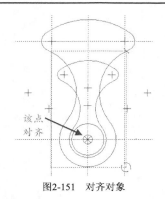

图2-151　对齐对象

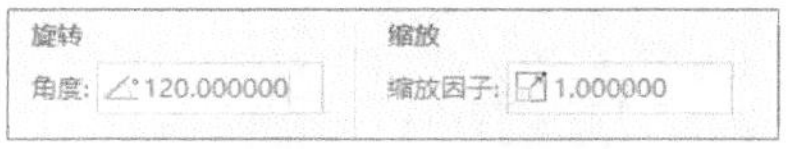

图2-152　设置参数（1）

(6) 单击 ✓（确定）按钮，生成的结果如图 2-153 所示。

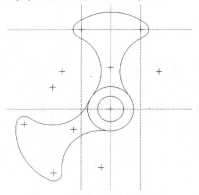

图2-153　缩放并旋转对象（1）

(7) 再次单击 📋（粘贴）按钮，粘贴图形。当鼠标指针的形状变为 ⬚ 时，在绘图区中拖动即可创建图形副本。

(8) 按住鼠标左键拖动复制图形的移动中心，将其与原图形下部的小圆中心对齐，如图 2-154 所示。

(9) 在【粘贴】功能区中输入缩放因子和旋转角度，如图 2-155 所示。

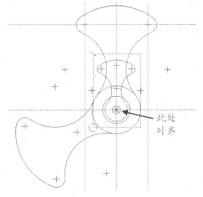

图2-154　设置移动中心

图2-155　设置参数（2）

(10) 单击 ✓（确定）按钮后，生成的结果如图 2-156 所示。

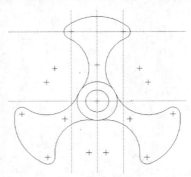

图2-156　缩放并旋转对象（2）

删除辅助线，最后的设计结果如图 2-142 所示。

2.6　小结

无论怎样复杂的二维图形都由直线、圆、圆弧、样条线和矩形等基本图元组成。系统为每一种图元提供了多种创建方法，在设计时用户可以根据具体情况进行选择。创建二维图形后，一般还要使用修改、裁剪及复制等工具进一步编辑图元，最后才能获得理想的图形。

约束工具是二维草绘中极其有效的一种设计工具。首先应该明确约束工具的类型及适用条件，然后在设计中合理使用约束工具来简化设计过程。尺寸是二维图形的主要组成部分之一，首先应该掌握各种类型的尺寸的标注方法及编辑方法，最后还应掌握尺寸与约束冲突的解决技巧。

二维图形是三维设计的基础，设计过程中充分体现了 Creo 的参数化设计思想。学习基本设计工具用法的同时，要充分理解尺寸驱动及约束的含义和设计意义，同时掌握提高绘图效率的基本技巧。希望读者熟练掌握这些设计工具的用法，为后面学习三维建模奠定良好的基础。

2.7　习题

1.　什么叫弱尺寸？什么叫强尺寸？两者有何区别？
2.　什么是约束？使用约束绘图有什么优势？
3.　简要说明二维图形在三维建模中的主要作用。
4.　使用约束工具绘制奥运五环图案。
5.　绘制图 2-157 所示的二维图形（圆的直径自定）。

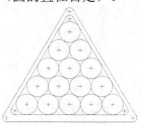

图2-157　二维图形

第3章　创建基础实体特征

【学习目标】
- 掌握拉伸建模的基本原理。
- 掌握旋转建模的基本原理。
- 掌握扫描建模的基本原理。
- 掌握混合建模的基本原理。

三维实体模型是现代设计生产中最常见的模型形式，其建模原理具有典型的代表性，是后文学习曲面建模的基础。基础实体特征相当于机械加工中的零件坯料，是后续加工的基础和载体。本章将介绍三维实体建模的一般原理及相关的设计技巧。

3.1　拉伸建模原理

拉伸建模是将指定的截面沿特定方向拉伸来创建特征，其基本建模原理具有典型的代表性，为其他建模方法提供了理论基础。

3.1.1　知识准备

1.　三维建模环境

在快速启动工具栏中单击 □（新建）按钮，打开【新建】对话框，在【类型】分组框中选择【零件】单选项，在【子类型】分组框中选择【实体】单选项，如图 3-1 所示，单击 确定 按钮后即可进入三维草绘环境。

图3-1　【新建】对话框

Creo 8.0 的三维建模环境如图 3-2 所示，它与二维建模环境类似，主要包括以下元素。

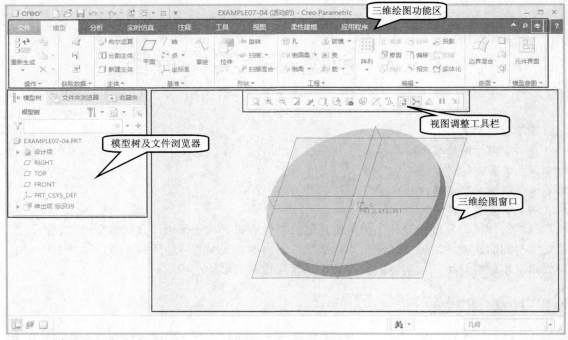

图3-2　Creo 8.0 的三维建模环境

- 三维绘图功能区：放置绘图时使用的主要工具集，包括【文件】【模型】【分析】【注释】【视图】等。
- 模型树及文件浏览器：用作模型树窗口时，将展示模型的特征构成；用作文件浏览器时，可以展开其中的文件树结构，和外界进行文件交互。
- 视图调整工具栏：使用其中的设计工具可以调整三维空间中的视图布局。
- 三维绘图窗口：用来显示当前绘制的三维模型，是设计的舞台。与二维绘图窗口不同，三维模型不但可以移动和缩放，还能在空间中旋转。

【模型】功能区中汇集了三维建模时使用的主要工具，主要包括以下内容。其中，带有（下拉）按钮的为组合工具，单击该按钮可以展开工具包。

- 【操作】工具组：实现重新生成模型及对模型的各种编辑操作。
- 【获取数据】工具组：用来导入外部数据，创建三维模型。
- 【主体】工具组：实现对模型的分割、布尔运算等操作。
- 【基准】工具组：用来创建基准点、基准轴等基准特征。
- 【形状】工具组：使用拉伸、扫描、扫描混合等建模工具创建基础特征。
- 【工程】工具组：用来创建孔、壳等具有工程结构的特征。
- 【编辑】工具组：集成了对各种曲面和实体的编辑工具。
- 【曲面】工具组：集成各种曲面工具来创建曲面特征。
- 【模型意图】工具组：使用参数化设计工具创建参数模型。

2.　创建基准特征

基准特征是一种重要的辅助设计工具，主要用作创建模型时的设计参照。基准特征主要包括基准平面、基准点、基准轴及坐标系等。【模型】功能区的【基准】工具组中提供了各类基准特征的创建工具。

(1) 基准特征的显示控制。

基准特征是一种几何特征，在设计时可以根据需要为不同类型的基准特征分别设置不同的显示状态，从而保持设计窗口清晰、整洁。使用【视图】功能区中【显示】工具组里的工具可以设置各种基准特征的显示状态。

 要点提示 单击选中按钮将显示该类基准，单击取消选中按钮将关闭显示。

- ☑（平面显示）：显示或隐藏设计窗口中的所有基准平面。
- ☑（轴显示）：显示或隐藏设计窗口中的所有基准轴。
- ☑（点显示）：显示或隐藏设计窗口中的所有基准点。
- ☑（坐标系显示）：显示或隐藏设计窗口中的所有坐标系。
- ☑（注释显示）：显示或隐藏设计窗口中的所有注释。
- ☑（尺寸背景显示）：显示或隐藏设计窗口中的所有尺寸背景。
- ☑（平面标记显示）：显示或隐藏设计窗口中的所有基准平面标记（名称）。
- ☑（轴标记显示）：显示或隐藏设计窗口中的所有基准轴标记（名称）。
- ☑（点标记显示）：显示或隐藏设计窗口中的所有基准点标记（名称）。
- ☑（坐标系标记显示）：显示或隐藏设计窗口中的坐标系标记（名称）。
- ☑（旋转中心）：显示或隐藏设计窗口中的旋转中心标记（名称）。
- ☑（透明度控制）：根据需要设计模型的透明度。从下拉菜单中可以设置【实体主体】【面组】【网格化】模型的透明度数值。

(2) 创建基准平面。

在进行三维建模时，常常需要新建基准平面作为设计参照，例如作为草绘平面等。在【基准】工具组中单击☑（平面）按钮即可启动基准平面创建工具。

要准确确定一个基准平面的位置，必须指定必要的设计参照和约束条件，表 3-1 列出了创建基准平面时通常使用的约束条件和参照。

表 3-1　　　　　　　　　　　基准平面的约束条件和参照

约束条件	约束条件的用法	与之搭配的参照
穿过	基准平面穿过选定的参照	轴、边、曲线、点/顶点、平面及圆柱
垂直	基准平面与选定的参照垂直	轴、边、曲线及平面
平行	基准平面与选定的参照平行	平面
偏移	基准平面由选定的参照偏移生成	平面、坐标系
相切	基准平面与选定的参照相切	圆柱

【练习3-1】：　创建基准平面。

1. 创建第 1 个基准平面。

(1) 打开素材文件"第 3 章\素材\datum.prt"，如图 3-3 所示。

(2) 在【基准】工具组中单击☑（平面）按钮，打开【基准平面】对话框。

(3) 选择基准平面 RIGHT（如图 3-3 所示），其名称将会出现在【参考】列表框中，在底部的【平移】文本框中设置平移数值为"100.00",如图 3-4 所示。

图3-3　打开的模型

图3-4　【基准平面】对话框（1）

(4) 单击 确定 按钮,将选定的基准平面平移指定的距离来创建新的基准平面,结果如图 3-5 所示。

2. 创建第 2 个基准平面。

(1) 单击 ▱ （平面）按钮,打开【基准平面】对话框。

(2) 在模型上选择轴线 A_1,其名称将会出现在【参考】列表框中,选择该选项,在其右侧的可用约束条件下拉列表中选择【穿过】选项,如图 3-6 所示。

图3-5　新建基准平面（1）

图3-6　【基准平面】对话框（2）

(3) 按住 Ctrl 键选择基准平面 FRONT,将其添加到【参考】列表框中,在其右侧的可用约束条件下拉列表中选择【偏移】选项,在底部的【旋转】文本框中输入旋转角度为"75.0",如图 3-7 所示。

(4) 单击 确定 按钮,创建经过选定的基准轴并与选定的基准平面成指定角度的基准平面,结果如图 3-8 所示。

图3-7　【基准平面】对话框（3）

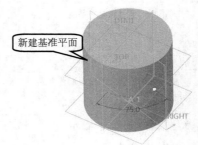

图3-8　新建基准平面（2）

(3) 创建基准轴。

基准轴一般用于表示圆、柱体等的对称中心,还可以作为模型装配时的参照。在【基准】工具组中单击 ╱轴 按钮即可启动基准轴创建工具。

①　使用一个参照创建基准轴。

选择基准轴工具后会打开【基准轴】对话框，选择实体上的一条边线，接受系统默认的
【穿过】约束条件后，可创建通过该边线的基准轴 A_1，如图 3-9 和图 3-10 所示。

图3-9　【基准轴】对话框（1）

图3-10　创建基准轴（1）

选择圆柱面后，选择【穿过】约束条件，也可以仅使用一个参照创建经过柱面中心的基
准轴，如图 3-11 和图 3-12 所示。

图3-11　【基准轴】对话框（2）

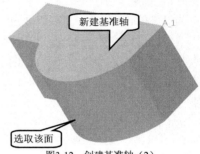

图3-12　创建基准轴（2）

②　使用两个参照创建基准轴。

选择基准平面 RIGHT 后，接受系统默认的【穿过】约束条件，然后按住 Ctrl 键的同时
选择基准平面 FRONT，接受系统默认的【穿过】约束条件，这样就创建了过两平面交线的
基准轴 A_1，如图 3-13 和图 3-14 所示。

图3-13　【基准轴】对话框（3）

图3-14　创建基准轴（3）

(4)　创建基准曲线。

基准曲线可以用作曲面边界或扫描为轨迹线等，最常用的方法是草绘基准曲线。在【基
准】工具组中单击 ╲ （草绘）按钮，弹出【草绘】对话框，任意选择一个基准平面作为草

绘平面，如图 3-15 所示，单击 草绘 按钮后进入草绘模式。

使用二维绘图工具在草绘平面上绘制曲线即可创建基准曲线，如图 3-16 所示。

图3-15 【草绘】对话框

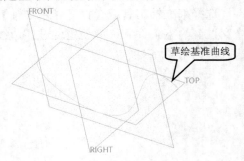

图3-16 创建基准曲线

(5) 创建基准点。

基准点主要用于辅助创建基准轴、基准曲线等，还可以用来在三维设计中设置特定位置的参数。在【基准】工具组中单击 点 按钮即可启动基准点创建工具。

选择基准曲线作为基准点的放置参照，并选用【比率】偏移方式，设置基准点位于曲线长度比率为 0.5 的位置，如图 3-17 所示，最后创建的基准点如图 3-18 所示。

图3-17 【基准点】对话框

图3-18 创建基准点

(6) 创建坐标系。

坐标系是设计中的公共基准，用来精确定位特征的位置，也是模型装配时的重要参照。在【基准】工具组中单击 坐标系 按钮，打开【坐标系】对话框，利用该对话框可以指定 3 个参照来创建放置于这 3 个参照交点处的坐标系（选择多个参照时按住 Ctrl 键），如图 3-19 和图 3-20 所示。

图3-19 【坐标系】对话框

图3-20 创建坐标系

3.　拉伸建模工具和原理

拉伸是指将封闭截面围成的区域按照与该截面垂直的方向添加或去除材料，以此来创建实体特征的方法。拉伸原理同样适用于曲面的创建。

(1)　拉伸设计工具。

在【形状】工具组中单击 （拉伸）按钮，打开【拉伸】功能区，如图 3-21 所示。

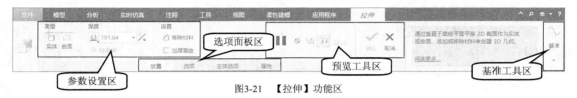

图3-21　【拉伸】功能区

【拉伸】功能区中包括以下 4 个区域。

- 参数设置区：用于设置创建拉伸特征的主要参数。
- 预览工具区：用于预览设计效果。
- 基准工具区：打开基准工具，创建各类基准特征。
- 选项面板区：打开弹出式面板设置其他参数，例如在启动拉伸工具后，系统会自动展开【放置】选项卡，提示用户选择草绘平面。

(2)　拉伸建模原理。

拉伸建模是最简单直观的建模方法，用于将选定的截面沿特定方向拉伸来创建实体特征。其设计方式灵活多样，具体应用如表 3-2 所示。

表 3-2　　　　　　　　　　　　　拉伸设计的应用

序号	要点	原理图	说明
1	增加材料		从零开始或在已有实体的基础上拉伸出新的实体
2	切减材料		在已有实体的基础上切去部分材料
3	加厚草绘		仅将草绘截面加厚一定尺寸来创建实体特征
4	嵌套截面拉伸		可以使用相互之间不交义的嵌套截面来创建实体特征

4. 创建拉伸实体特征的基本步骤

创建一个拉伸实体特征通常包含以下步骤。

(1) 选择草绘平面。

草绘平面主要用来绘制二维图形。启动拉伸设计工具后，选项面板区中的【放置】选项卡被激活（显示为蓝绿色背景），提示用户先选择草绘平面。

① 草绘平面的种类。

草绘平面是绘制并放置截面图的平面，在实际设计中可以选择基准平面 TOP、FRONT 或 RIGHT 作为草绘平面，也可以选择已有实体上的平面作为草绘平面，还可以新建基准平面作为草绘平面。表 3-3 列出了 3 种草绘平面的选择示例。

表 3-3　　　　　　　　　　　　　　草绘平面的选择

序号	要点	选择参照	绘制截面图	创建拉伸实体
1	选择基准平面 TOP、FRONT 或 RIGHT	草绘平面	草绘截面	
2	选择已有实体上的平面	草绘平面	草绘截面	
3	新建基准平面	草绘平面	草绘截面	

通常情况下，用户指定草绘平面后，系统会快速转入草绘界面（由两根正交的构造线定义的平面），此时可以使用基本草绘工具绘制草图，如图 3-22 所示。此时在视图调整工具栏中单击 （草绘视图）按钮，可以把草绘平面定向到与屏幕平行的位置，以方便用户精确作图，如图 3-23 所示。

② 详细定义草绘平面。

如果要更加细致地定义草绘平面，可以在选项面板区中展开【放置】选项卡，然后单击 定义... 按钮，打开【草绘】对话框，如图 3-24 所示。

 启动拉伸设计工具后，在绘图窗口空白处长按鼠标右键（按住鼠标右键停留 3 秒左右），弹出快捷菜单，选择 （定义内部草绘）命令，也可以打开【草绘】对话框，该方法更加简便。选择 （曲面）命令，可以创建曲面特征；选择 （加厚草绘）命令，可以创建加厚草绘特征。

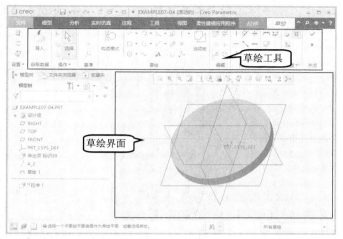

图3-22 草绘界面

图3-23 定向后的草绘平面

此时【平面】选择框被激活，所选平面将作为草绘平面。如果选择了错误的平面，可以在文本框中单击鼠标右键，然后在弹出的快捷菜单中选择【移除】命令，再重新选择，如图3-25 所示。

直接单击 使用先前的 按钮可以使用创建上一个特征时使用的草绘平面，简化了设计过程。

图3-24 【草绘】对话框

图3-25 移除平面

(2) 设置草绘视图方向。

在【草绘】对话框中指定草绘平面后，其边缘会出现一个用来确定草绘视图方向的彩色箭头，表示将草绘平面的那一侧朝向设计者，这就是草绘视图方向，如图 3-26 所示。

图 3-27 所示的模型有正反两面，正面是平整的，背面有一条十字凹槽。如果选择模型正面（平整表面）为草绘平面，此时标识草绘视图方向的箭头指向模型背面，放置草绘平面后，将其正面朝向设计者，如图 3-28 所示。

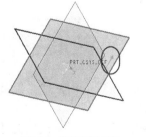

图3-26 草绘视图方向

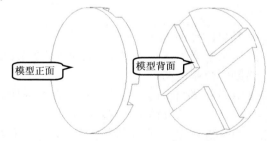

图3-27 模型正反面

在【草绘】对话框中单击 反向 按钮，标识草绘视图方向的箭头指向模型正面，放置草绘平面后，将其背面朝向设计者，如图 3-29 所示。

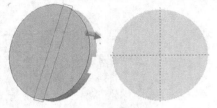

图3-28　放置结果（1）

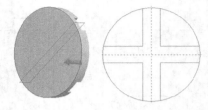

图3-29　放置结果（2）

（3）设置放置参照。

选择草绘平面并设定草绘视图方向后，草绘平面的放置位置并未唯一确定，还必须设置一个参考平面来准确放置草绘平面。通常选择与草绘平面垂直的平面作为参考平面。

在【草绘】对话框中激活【参考】文本框，然后选择符合要求的参考平面，再在【方向】下拉列表中选择一个方向来放置草绘平面。

参考平面相对于草绘平面的位置，有以下 4 种。

- 【上】：参考平面位于草绘平面的上方。
- 【下】：参考平面位于草绘平面的下方。
- 【左】：参考平面位于草绘平面的左侧。
- 【右】：参考平面位于草绘平面的右侧。

表 3-4 列出了在选择草绘平面和参考平面后，选择不同的方向参照后获得的不同放置效果。注意放置草绘平面后，此时参考平面已经积聚为一条直线。

表 3-4　　　　　　　　　　　　　草绘平面的放置效果

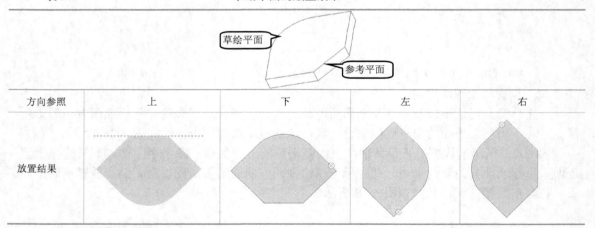

方向参照	上	下	左	右
放置结果				

（4）绘制草绘截面。

放置好草绘平面后，转入二维草绘界面绘制截面图。

① 绘制闭合截面图。

通常使用闭合截面来创建特征，组成截面的图元依次相接，自行封闭，线条之间不能交叉，图 3-30 所示为不正确的闭合截面图。

使用 分割 和 删除段 工具裁去多余线段，即可得到无交叉线的闭合截面，这就是正确的闭合截面图，如图 3-31 所示。

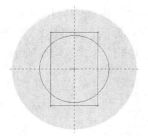

图3-30　不正确的闭合截面图（1）

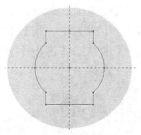

图3-31　正确的闭合截面图（1）

② 草绘曲线与实体边线围成闭合截面。

用户也可以使用草绘曲线和实体边线共同围成闭合截面，此时要求草绘曲线和实体边线对齐。图 3-32 所示的草绘图元未与实体边线对齐，故不是闭合截面图。图 3-33 所示的草绘图元与实体边线对齐，故能够围成闭合截面图。

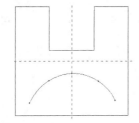

图3-32　不正确的闭合截面图（2）

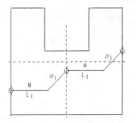

图3-33　正确的闭合截面图（2）

此时，草绘曲线可以明确将实体表面分为两个部分，并且用一个黄色箭头指示将哪个区域作为草绘截面。单击黄色箭头，可以将另一个区域作为草绘截面，示例如图 3-34 所示。

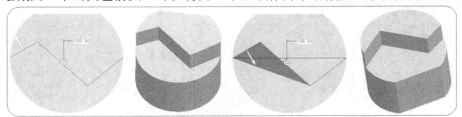

图3-34　使用不同草绘截面创建模型

③ 使用开放截面。

如果创建的特征为加厚草绘特征，这时对截面是否闭合没有明确要求，既可以使用开放截面创建特征，也可以使用闭合截面创建特征，示例如图 3-35 和图 3-36 所示。

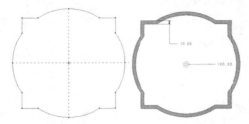

图3-35　使用闭合截面创建加厚草绘特征

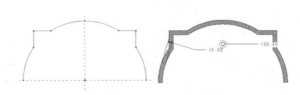

图3-36　使用开放截面创建加厚草绘特征

(5) 确定特征生成方向。

绘制草绘截面后，系统用一个彩色箭头标识当前特征的生成方向。创建加材料特征时，默认特征生成方向指向实体外部；创建减材料特征时，默认特征生成方向指向实体内部。

要改变特征生成方向，可以直接单击表示特征生成方向的箭头，如图 3-37 所示；也可以在参数设置区中单击【深度】参数右侧的 （调整方向）按钮，如图 3-38 所示。

图3-37　更改特征生成方向（1）　　　　图3-38　更改特征生成方向（2）

（6）设置拉伸深度。

通过设定特征的拉伸深度可以确定特征的大小。在参数设置区中单击 ⊥（可变）按钮旁边的下拉按钮，打开深度设置工具，其用法如表 3-5 所示。

表 3-5　　　　　　　　　　　　　　　特征深度的设置

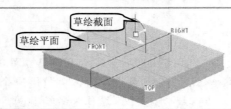

序号	图形按钮	含义	示例图	说明
1	⊥（可变）	直接输入数值确定拉伸深度		单击文本框右侧的下拉列表，可以从最近设置的深度参数中选择数值
2	⊟（对称）	在草绘平面两侧生成拉伸特征		每侧拉伸深度为输入数值的一半
3	≡（到下一个）	拉伸至特征生成方向上的下一个曲面为止		常用于将草绘平面拉伸至形状不规则的曲面

序号	图形按钮	含义	示例图	说明
4	（穿透）	特征穿透模型		一般用于创建移除材料特征，穿透所有材料
5	（穿至）	特征以指定的曲面作为参照，拉伸到该曲面	拉伸至该面	通常选择平面和曲面作为参照
6	（到参照）	拉伸至选定的参照	拉伸至该边	可以选择点、线、平面或曲面作为参照

3.1.2　范例解析——创建支架模型

本例主要使用拉伸建模工具创建图 3-39 所示的支架模型。

图3-39　支架模型

1. 单击 （新建）按钮，新建名为 "zhijia" 的零件文件，随后进入三维建模环境。
2. 创建基准平面 DTM1。
(1) 在【基准】工具组中单击 （基准平面）按钮，打开【基准平面】对话框，选择基准平面 RIGHT 为参考平面，如图 3-40 所示。
(2) 将基准平面 RIGHT 平移 "25"，创建基准平面 DTM1，如图 3-41 所示。
3. 创建拉伸实体特征。
(1) 在【形状】工作组中单击 （拉伸）按钮，打开拉伸设计工具，展开【放置】选项卡，单击 定义... 按钮，打开【草绘】对话框，选择新建基准平面 DTM1 作为草绘平面，然后单击 草绘 按钮，进入二维草绘模式。

图3-40　【基准平面】对话框

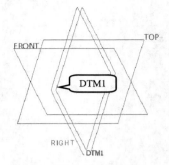

图3-41　新建基准平面 DTM1

(2)　按照图 3-42 所示绘制 4 个圆，注意其相对位置关系。

(3)　使用 ∿线 工具绘制两条直线，使用 ☌相切 工具确保直线与两圆相切，结果如图 3-43 所示。

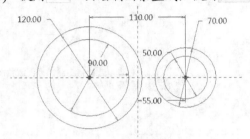

图3-42　绘制圆

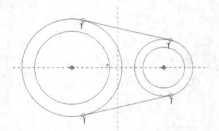

图3-43　直线与两圆相切

(4)　配合使用 ⚊分割 和 ✂删除段 工具裁去图形上的多余线条，保留图 3-44 所示的截面图，完成后在【草绘】功能区的右侧单击 ✓（确定）按钮，退出二维草绘模式。

(5)　按照图 3-45 所示设置拉伸参数，最后创建的模型如图 3-46 所示。

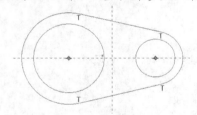

图3-44　裁去多余的线条

图3-45　设置拉伸参数

4.　镜像复制拉伸实体特征。

(1)　选中创建的拉伸实体特征，在【编辑】工具组中单击 ❳❲镜像 按钮，打开镜像复制工具。

(2)　选择基准平面 RIGHT 作为镜像基准平面，结果如图 3-47 所示。

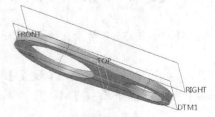

图3-46　创建的拉伸实体特征

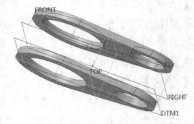

图3-47　镜像复制结果

5.　创建第 2 个拉伸实体特征。

(1) 单击 （拉伸）按钮，启动拉伸工具。

(2) 选择基准平面 RIGHT 作为草绘平面，随后进入二维草绘模式。

(3) 按照以下步骤绘制草绘截面图。

- 单击【草绘】工具组中的 投影 按钮，选择模型的内圆边线，创建两个圆形截面，如图 3-48 所示。注意每个圆需要分两次选择，每次选中半个圆周。

- 继续单击 圆心和点 按钮，绘制图 3-49 所示的两个同心圆并创建尺寸，完成后退出二维草绘模式。

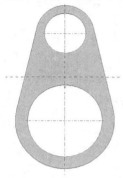

图3-48 创建圆形截面

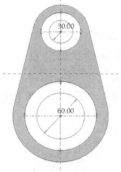

图3-49 绘制圆

(4) 按照图 3-50 所示设置拉伸参数，最终创建的结果如图 3-39 所示。

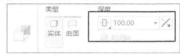

图3-50 设置拉伸参数

3.1.3 提高训练——创建基座模型

下面介绍图 3-51 所示的基座模型的创建方法。

图3-51 基座模型

1. 单击 （新建）按钮，新建名为 "jizuo" 的零件文件，进入三维建模环境。

2. 创建第 1 个拉伸实体特征。

(1) 启动拉伸设计工具，选择基准平面 FRONT 作为草绘平面。

(2) 在草绘平面上绘制两个同心圆，然后双击直径尺寸，修改其数值如图 3-52 所示。

(3) 将拉伸深度数值设为 "450"，创建图 3-53 所示的拉伸模型。

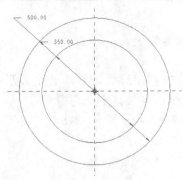

图3-52　绘制草绘截面

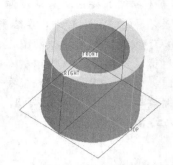

图3-53　创建拉伸模型

3.　创建第 2 个拉伸实体特征。

(1)　启动拉伸设计工具，选择图 3-54 所示的模型上表面作为草绘平面，进入草绘模式。

(2)　在草绘平面上绘制图 3-55 所示的截面图，完成后退出草绘模式。

图3-54　选取草绘平面

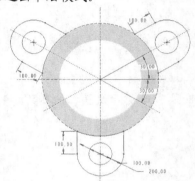

图3-55　绘制草绘截面

> **要点提示**　该截面由 3 个完全相同的闭合图形组成。绘图时综合使用了各种绘图工具及多种约束工具。具体绘图过程可以参考本书素材的视频文件，把握绘图要领。正确的草绘截面如图 3-56 所示。

(3)　设置特征深度为 "50.00"。

(4)　默认的特征生成方向指向实体的外侧，如图 3-57 所示。

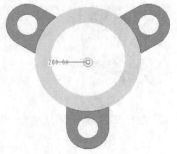

图3-56　草绘截面

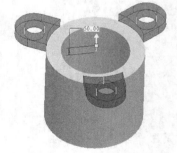

图3-57　默认特征生成方向

(5)　调整特征生成方向，使之指向实体内侧，如图 3-58 所示。

(6)　单击鼠标中键，创建实体特征，结果如图 3-59 所示。

图3-58　调整后的方向

图3-59　创建结果

4.　创建基准平面。

(1)　在【基准】工具组单击 ▱ （平面）按钮，打开【基准平面】对话框。

(2)　选择基准平面 RIGHT 为参照，设置【平移】距离为"300.00"，如图 3-60 所示。

(3)　观察模型上代表移动方向的箭头，如果发现其指向右侧，则将【基准平面】对话框中的【平移】距离设置为"－300.00"，以确保在基准平面 RIGHT 的左侧创建基准平面。

(4)　单击鼠标中键，最后创建的基准平面 DTM1 如图 3-61 所示。

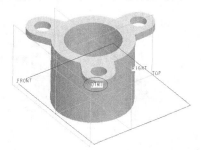

图3-60　选择参照

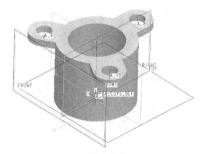

图3-61　新建基准平面

> **要点提示**　由于目前模型上没有符合设计要求的平面可以选为草绘平面，所以临时创建一个与基准平面 RIGHT 平行的平面作为草绘平面。

5.　创建第 3 个拉伸实体特征。

(1)　启动拉伸设计工具。

(2)　选择步骤 4 创建的基准平面 DTM1 作为草绘平面，此时的草绘视图方向指向模型外侧，如图 3-62 中所示的箭头指向，单击该箭头，使之指向模型内侧。

(3)　选取图 3-63 所示的平面作为参考平面，在【方向】下拉列表中选择【上】选项，单击鼠标中键，进入草绘模式。

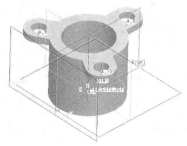

图3-62　调整草绘视图方向

参考平面

图3-63　选择参考平面

> 要点提示 通过本例的设置，读者要领会草绘视图方向的含义，并思考草绘视图方向与参考平面的选择和设置之间有什么关系。

(4) 在草绘平面内绘制图 3-64 所示的截面图，完成后退出草绘模式。

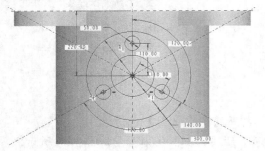
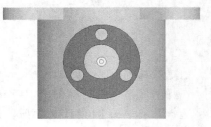

图3-64 绘制截面图

(5) 系统默认的特征生成方向指向模型外侧，如图 3-65 所示，单击彩色箭头，使之指向模型内侧，如图 3-66 所示。

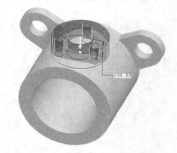

图3-65 默认的特征生成方向　　　　　　　图3-66 调整后的特征生成方向

(6) 在参数设置区设置特征生成方向为 ≡ （拉伸至下一曲面），则特征自动延伸至圆柱的外表面，结果如图 3-67 所示。

6. 创建第 4 个拉伸实体特征。

(1) 启动拉伸设计工具。

(2) 选择图 3-68 所示的平面作为草绘平面，单击鼠标中键，进入草绘模式。

图3-67 创建的拉伸特征　　　　　　　　图3-68 选择草绘平面

(3) 单击【草绘】工具组中的 □投影 按钮，选择图 3-69 所示的圆作为草绘截面，然后退出草绘模式。

该圆周分为上下两个部分，需要选择两次才能选中一个完整的圆周。选中后，圆周上有约束符号 "~"。

(4)　在参数设置区单击 （切减材料）按钮，创建减材料特征。

(5)　确保特征生成方向指向实体内侧，如图 3-70 所示。

注意，此时模型上有两个方向箭头，指向下方的为特征生成方向箭头，指向模型前方的为材料侧箭头，系统将使用材料侧箭头指向的区域来创建减材料的拉伸特征。

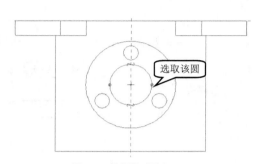

图3-69　绘制截面图

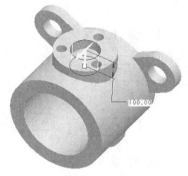

图3-70　特征生成方向

(6)　设置特征深度为 ⊞（穿透）。

(7)　单击鼠标中键，最后创建的实体模型如图 3-51 所示。

3.2　旋转建模原理

旋转建模用于创建回转体模型，这类模型通常具有一条旋转轴线。

3.2.1　知识准备

1.　旋转建模的设计方法

旋转是指将指定的截面沿着公共轴线旋转来创建三维模型，该模型为一个回转体，具有公共对称轴线。图 3-71 所示为使用闭合截面图创建旋转实体特征的示例。

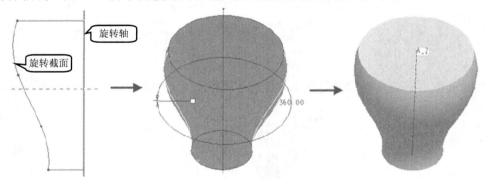

图3-71　使用闭合截面图创建的旋转实体特征

图 3-72 所示为使用开放截面图创建的加厚草绘特征的示例。

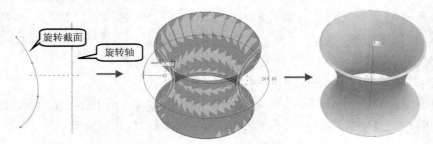

图3-72　使用开放截面图创建的加厚草绘特征

2. 旋转设计工具

在【形状】工具组中单击 旋转 按钮，打开旋转设计工具，如图 3-73 所示。

图3-73　旋转设计工具

3. 设计步骤

旋转设计工具与拉伸设计工具用法类似。设计时，首先设置草绘平面，然后绘制旋转截面图，接下来选择旋转轴，设置旋转角度，根据设计需要还可以调整旋转方向。

(1)　设置草绘平面。

这一步骤与创建拉伸实体特征基本相同，主要包括以下内容。

- 选择合适的平面作为草绘平面。
- 设置合适的草绘视图方向。
- 选择合适的平面作为参考平面，以准确放置草绘平面。

(2)　绘制旋转截面。

正确设置草绘平面后，接下来进入二维草绘模式绘制截面图。与拉伸实体特征的草绘截面不同，在绘制旋转截面图时，通常需要同时绘制出旋转轴，如图 3-74 所示。

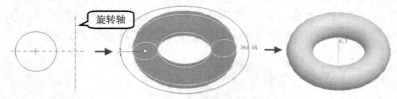

图3-74　旋转特征示例（1）

如果截面图上有线段与轴线重合，不要忽略该线段，否则会导致截面不完整，如图 3-75 所示。

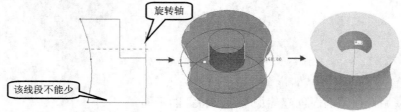

图3-75　旋转特征示例（2）

创建加厚草绘特征时，可以使用开放截面，但是截面和旋转轴不得有交叉，图 3-76 所示为错误的截面图，正确的示例如图 3-77 所示。

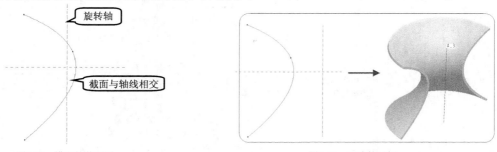

图3-76　错误的截面图　　　　　　　　　　　　图3-77　正确的示例

> **要点提示**　在使用拉伸和旋转的方法创建实体模型时，如果要使用开放截面创建加厚草绘特征，应该先在工具面板上单击 ▢ （加厚草绘）按钮确定特征类型，然后绘制开放截面，否则系统会报告截面不完整，无法创建特征。

(3)　确定旋转轴线。

如果在绘制草绘截面图的同时绘制了旋转轴，在退出草绘模式时系统会自动选择该轴线。在工具面板中打开【放置】选项卡，在【轴】文本框中可以看到图 3-78 所示的选择结果。

单击 内部 CL 按钮，可以选择实体边线等作为旋转轴，如图 3-79 所示。再次单击 内部 CL 按钮，又可以选择草绘截面中的旋转轴线。

图3-78　自动选择轴线　　　　　　　　　　　　图3-79　选择轴线

(4)　设置旋转角度。

设置旋转角度的方法和指定拉伸深度的方法相似，首先在工具面板上选择一种旋转角度的确定方式，有 3 种确定方式，具体用法如表 3-6 所示。

表 3-6　　　　　　　　　　　　　　　　　设置旋转角度

序号	图形按钮	含义	示例图
1	⊥ （可变）	直接在按钮右侧的文本框中输入旋转角度	

续表

序号	图形按钮	含义	示例图
2	⊟（对称）	在草绘平面的双侧产生旋转实体特征，每侧旋转角度为文本框中输入数值的一半	草绘平面
3	⊥（到参照）	特征以选定的点、线、平面或曲面作为参照，特征旋转到该参照为止	草绘平面 旋转至该平面

(5) 设置旋转方向。

系统默认的旋转方向为绕旋转轴的逆时针方向，如图 3-80 所示。要调整旋转方向，可以单击工具面板中【角度】参数右侧的 ╱（调整方向）按钮，将旋转方向调整为顺时针，如图 3-81 所示。

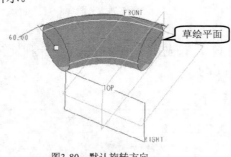

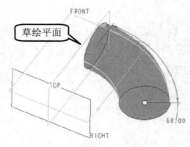

图3-80　默认旋转方向　　　　　　　　　　图3-81　调整旋转方向

3.2.2　范例解析——创建柱塞模型

本例将综合使用旋转和拉伸工具创建图 3-82 所示的柱塞模型。

1. 新建名为"zhusai"的零件文件。

2. 创建旋转实体特征。

(1) 在【形状】工具组中单击 旋转 按钮，打开旋转设计工具。

(2) 选择基准平面 TOP 作为草绘平面，如图 3-83 所示。

图3-82　柱塞模型

(3) 在视图调整工具栏中单击 （草绘视图）按钮，进入草绘模式。

(4) 在【草绘】工具组中单击 中心线 按钮，绘制一条中心线作为旋转轴线，如图 3-84 所示。

图3-83　【草绘】对话框

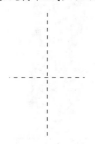

图3-84　绘制旋转轴

(5) 按照图 3-85 所示绘制两个圆，并在两圆之间添加等半径约束条件。

(6) 按照图 3-86 所示，使用 线 工具绘制两圆的切线。

(7) 绘制一个圆和一条线段，结果如图 3-87 所示。

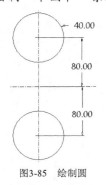

图3-85　绘制圆

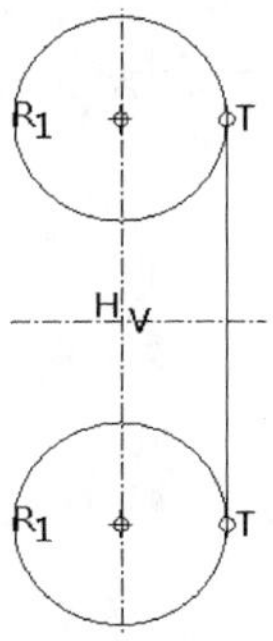

图3-86　绘制相切线

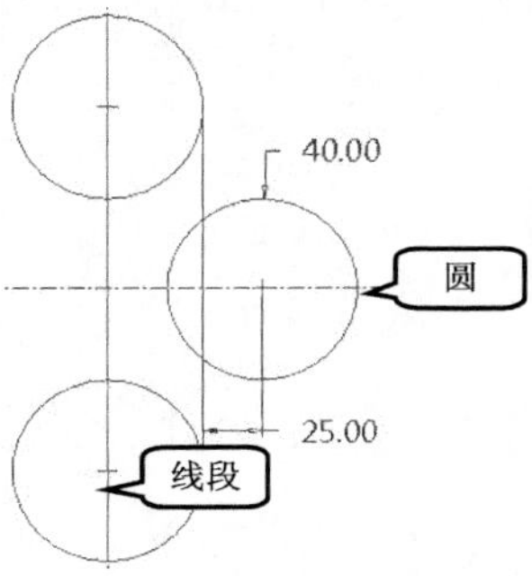

图3-87　绘制圆和线段

(8) 使用 分割 和 删除段 工具裁去图形上多余的线条，保留图 3-88 所示的截面图，完成后退出草绘模式。

(9) 接受默认旋转角度（360°），完成三维模型的创建，结果如图 3-89 所示。

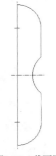

图3-88　截面图

图3-89　旋转模型

3. 创建基准平面 DTM1。

(1) 在【基准】工具组中单击 □（基准平面）按钮，打开【基准平面】对话框。

(2) 过图 3-90 所示的顶点创建与基准平面 FRONT 平行的基准平面 DTM1，其参数设置如图 3-91 所示。

图3-90　选择参照

图3-91　参数设置

4. 创建减材料拉伸实体特征。

(1) 在【形状】工具组中单击 （拉伸）按钮，打开拉伸设计工具，选择基准平面 DTM1 作为草绘平面。

(2) 按照图 3-92 所示绘制矩形。

(3) 使用 图形 工具创建圆角，如图 3-93 所示，完成后退出草绘模式。

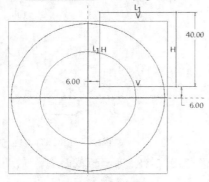

图3-92　绘制矩形

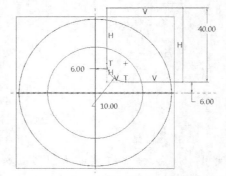

图3-93　创建圆角

(4) 按照图 3-94 所示设置特征参数，设置拉伸深度为 "80.00"，单击 移除材料 按钮和 （调整方向）按钮，将切除实体方向指向实体内侧，然后单击 （确定）按钮，完成减材料拉伸实体特征的创建，结果如图 3-95 所示。

图3-94　设置特征参数

图3-95　创建的减材料拉伸实体特征

使用特征复制的方法可以以一个特征为母本创建一组与之相似的特征，使设计简单快捷。其具体方法将在第 5 章中详细介绍。下面介绍其典型设计过程，以帮助读者形成对该方法的初步印象。

5. 使用复制方法创建特征。

(1) 选择图 3-96 所示的特征作为复制对象，在【操作】工具组中单击 复制 按钮，然后单击 粘贴 按钮右侧的下拉按钮，选择【选择性粘贴】，打开【选择性粘贴】对话框。

(2) 选择【部分从属-仅尺寸和注释元素细节】单选项和【对副本应用移动/旋转变换】复选项，如图 3-97 所示，最后单击 确定(O) 按钮。

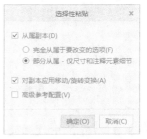

图3-96　选择复制对象　　　　　　　　　　　　图3-97　【选择性粘贴】对话框

(3) 在打开的【移动(复制)】功能区中单击左侧的 按钮，激活右侧的文本框，如图 3-98 所示，然后选择图 3-99 所示的轴线作为旋转轴，设置偏移角度为 "90.00"，最后单击 （确定）按钮，完成复制粘贴特征的操作，结果如图 3-100 所示。

图3-98　【移动(复制)】功能区

图3-99　选择旋转轴　　　　　　　　　　　　图3-100　复制粘贴结果

要点提示　阵列是另一种典型的特征复制方法，在设计中应用广泛，其相关的技巧也将在后文介绍，此处首先介绍其典型应用。

6. 创建阵列特征。

(1) 选中步骤 5（3）创建的复制特征作为阵列对象，然后在【编辑】工具组中单击 （阵列）按钮，打开【阵列】功能区。

(2) 在功能区左侧的下拉列表中选择【轴】选项，选择 A_1 轴作为旋转轴。展开【尺寸】选项卡，选择切口的高度尺寸作为驱动尺寸，如图 3-101 所示。

(3) 将增量值设置为 "–10.00"，如图 3-102 所示。

图3-101 【尺寸】选项卡

图3-102 修改增量值

 上述关系表明在创建阵列特征时，各个特征之间的切口高度尺寸依次递减 10.00。

(4) 在【阵列】功能区中设置【第一方向成员】为"3"、【成员间的角度】为"90.0"，如图 3-103 所示，阵列结果如图 3-104 所示。

图3-103 设置阵列参数

图3-104 阵列结果

7. 创建减材料拉伸实体特征。

(1) 在【形状】工具组中单击 （拉伸）按钮，打开拉伸设计工具，选择基准平面 FRONT 作为草绘平面，进入草绘模式。

(2) 在【草绘】工具组中单击 （选项板）按钮，打开【草绘器选项板】窗口，展开【星形】选项卡，双击图 3-105 所示的【二十角星】，移动鼠标指针到绘图窗口，待其变为 形状时，在图形区单击鼠标左键完成绘制。

(3) 在【导入截面】功能区中设置【缩放因子】为"11.000000"，如图 3-106 所示，最后创建的图案如图 3-107 所示。

图3-105 【草绘器选项板】窗口

图3-106 设置缩放因子

(4) 绘制图 3-108 所示的半径为 42 的圆，并裁减多余线条，结果如图 3-109 所示，完成后退出草绘模式。

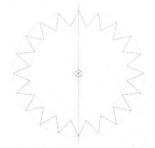

图3-107   创建的二十角星图案

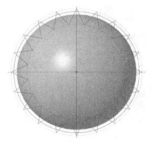

图3-108   绘制圆

(5) 按照图 3-110 所示设置拉伸参数，单击 (调整方向) 按钮，调整特征生成方向，使拉伸切除深度与所有曲面相交，最终的创建结果如图 3-82 所示。

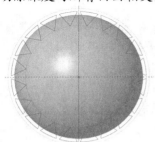

图3-109   修剪截面图

图3-110   设置拉伸参数

3.2.3   提高训练——创建阀体模型

本例主要练习旋转建模，最后创建的阀体模型如图 3-111 所示。

图3-111   阀体模型

1.   新建名为 "fati" 的零件文件，使用系统提供的默认模板进入三维建模环境。
2.   创建旋转加厚草绘特征。
(1) 在【形状】工具组中启动旋转设计工具。
(2) 选择标准基准平面 FRONT 作为草绘平面，接受默认设置，进入二维草绘模式。
(3) 在草绘平面内绘制图 3-112 所示的截面图，完成后退出草绘模式。

要点提示 该截面由两条线段和一段样条曲线组成，样条曲线和下端的线段要在交点处相切，否则最后创建的实体表面不光滑。另外，在样条线上创建一个控制点，移动该点可以调整曲线的形状。

(4) 设置加厚厚度为 "20.00"，其余参数使用默认值，最后创建的旋转加厚草绘特征如图 3-113 所示。

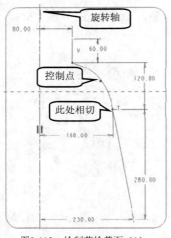

图3-112 绘制草绘截面（1）

图3-113 旋转加厚草绘特征

> **要点提示** 仔细观察图 3-114 所示的模型底平面，发现该表面并非平面，因此不能选作草绘平面，这成为后续设计的障碍。下面使用一个减材料的拉伸方法切除模型上的多余材料。

3. 创建第 1 个拉伸实体特征。

(1) 在【形状】工具组中启动拉伸工具。

(2) 选择基准平面 RIGHT 作为草绘平面，如图 3-115 所示，随后单击鼠标中键，进入二维草绘模式。

图3-114 表面非平面

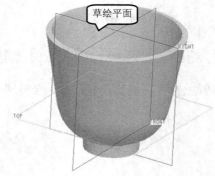

图3-115 选择草绘平面（1）

(3) 在草绘平面内绘制截面图，如图 3-116 所示，完成后退出草绘模式。

> **要点提示** 这里的草绘截面为一条线段，但是线段的两个端点必须位于实体模型之外，线段的长度与设计结果没有必然的关系。

(4) 在参数面板中单击 ⟋ 移除材料 按钮，创建减材料特征。

(5) 展开【选项】选项卡，按照图 3-117 所示设置深度参数（均为穿透），切除草绘平面两侧的多余材料。

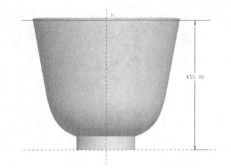

图3-116　绘制草绘截面（2）

图3-117　设置深度参数

(6) 单击鼠标中键，最后创建的拉伸实体特征如图 3-118 所示。

4. 创建第 2 个拉伸实体特征。

(1) 在【形状】工具组中启动拉伸工具。

(2) 选择图 3-119 所示的平面作为草绘平面，随后单击鼠标中键，进入二维草绘模式。

图3-118　最后创建的拉伸实体特征

图3-119　选择草绘平面（2）

(3) 在草绘平面内绘制图 3-120 所示的截面图，完成后退出草绘模式。该截面图的具体创建过程如图 3-121 所示。

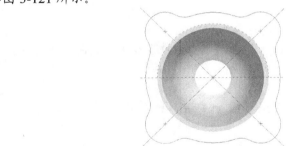

图3-120　绘制草绘截面（3）

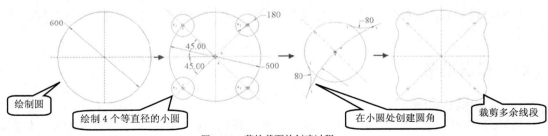

图3-121　草绘截面的创建过程

要点提示 裁剪图形上的多余线条时务必仔细，一定要将多余图线全部剪去，裁剪完毕后，可以沿着截面检查一遍，适当放大视图看看有无多余的线条。

(4) 设置拉伸深度为"60.00"，单击鼠标中键后创建的拉伸特征如图 3-122 所示。

5. 创建第 3 个拉伸实体特征。

(1) 在【形状】工具组中启动拉伸工具。

(2) 选择图 3-123 所示的平面作为草绘平面，随后单击鼠标中键，进入二维草绘模式。

图3-122 创建的拉伸特征

草绘平面
图3-123 选择草绘平面（3）

(3) 在草绘平面内使用同心圆工具绘制图 3-124 所示的截面图，完成后退出草绘模式。

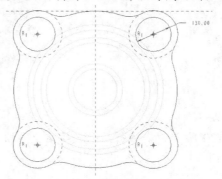
图3-124 绘制草绘截面（4）

(4) 在工具面板中单击 （调整方向）按钮，调整特征生成方向指向实体内部。

(5) 单击 移除材料 按钮，创建减材料特征。

(6) 设置特征深度为 （穿透）。

(7) 单击鼠标中键，最终的创建结果如图 3-111 所示。

3.3 扫描和混合建模原理

扫描建模和混合建模的原理更具有普遍性，可以用来创建形状和结构更加复杂的实体模型及曲面模型。

3.3.1 知识准备

1. 扫描建模原理

将草绘截面沿任意路径（扫描轨迹线）扫描，可以创建一种形式更加多样的实体特征，这就是扫描实体特征。

(1) 扫描的应用。

扫描轨迹线和扫描截面是扫描实体特征的两个基本要素，在最后创建的模型上，特征的横断面与扫描截面对应，特征的外轮廓线与扫描轨迹线对应，示例如图 3-125 所示。

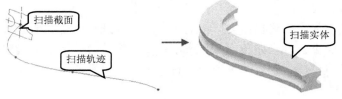

图3-125　扫描建模原理

> 要点提示　从建模原理来说，拉伸实体特征和旋转实体特征都是扫描实体特征的特例，拉伸实体特征是将截面沿直线扫描，而旋转实体特征是将截面沿圆周扫描。

(2) 设计工具。

在【形状】工具组中汇集了多个扫描设计工具：扫描工具用于创建扫描实体（或曲面）特征，单击其右侧的下拉按钮，使用工具集中的螺旋扫描工具可以创建类似弹簧的具有螺旋结构的物体；使用工具集中的体积块螺旋扫描工具可以沿着螺旋线在实体材料上切除材料。

启动扫描工具后，打开的【扫描】功能区如图 3-126 所示。

图3-126　【扫描】功能区

> 要点提示　恒定截面扫描是指在沿轨迹扫描的过程中，扫描截面的形状不变，仅截面所在框架的方向发生变化；而可变截面扫描，其扫描截面的形状是可变的。

(3) 确定扫描轨迹线。

扫描轨迹线是创建扫描特征时使用的路径（或轨迹）。

- 草绘轨迹线：在二维草绘平面内绘制二维曲线作为扫描轨迹线。这种方法只能创建二维轨迹线。
- 选择轨迹：选择已有的二维曲线或三维曲线作为扫描轨迹线。例如，可以选择实体特征的边线或基准曲线作为扫描轨迹线。这种方法可以创建空间三维轨迹线，如图 3-127 所示。

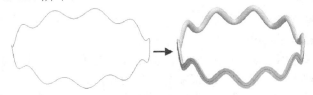

图3-127　选择轨迹线创建扫描特征

(4) 绘制扫描截面图。

确定扫描轨迹线后，在功能区中单击（草绘）按钮，进入二维草绘模式绘制截面图。此时，草绘界面中会出现两条十字交叉线，以两条交叉线的交点为中心绘制截面图。

(5) 合并端参数。

在功能区的【选项】选项卡中可以设置合并端参数，合并端参数用于确定扫描实体特征与其他特征的连接方式。

在一个已有的实体上创建扫描实体特征时，如果未选择【合并端】复选项，则新特征与已有特征相接后，互不融合，如图 3-128 所示；若选择【合并端】复选项，则新特征与已有特征自然融合，光滑连接，并去除重叠的材料，形成一个整体，如图 3-129 所示。

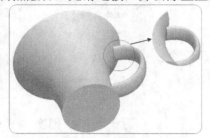

图3-128　非合并端

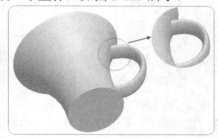

图3-129　合并端

2.　混合建模原理

拉伸、旋转和扫描建模都是由草绘截面沿一定轨迹运动来生成特征的。拉伸特征由草绘截面沿直线拉伸生成，旋转特征由草绘截面绕固定轴线旋转生成，扫描特征由草绘截面沿任意曲线扫描生成。

(1) 混合原理。

拉伸、旋转和扫描实体特征有一个共同的特点：具有公共截面。但是在实际生活中，很多物体结构更加复杂，不能满足上述要求。要创建这种实体特征可以通过混合实体特征来实现。

> **要点提示**　任意一个物体总可以看成由不同形状和大小的截面按照一定的顺序连接而成，这个过程称为混合。混合实体特征的创建方法丰富多样、灵活多变，可以有效地设计非规则形状的物体。

混合实体特征即由多个截面按照一定规范的顺序相连构成，图 3-130 所示的实体模型由多个截面依次连接生成。如果将各个截面光滑过渡，结果如图 3-131 所示。

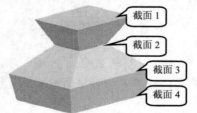

图3-130　混合特征（1）

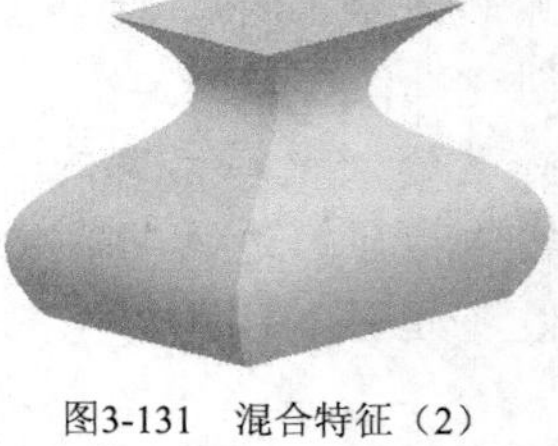

图3-131　混合特征（2）

(2) 混合特征对截面的要求。

混合实体特征由多个截面相互连接生成，但是并非使用任意一组截面都可以创建混合实体特征，其中基本要求之一就是各截面必须有相同的顶点数。

图 3-132 所示的 3 个截面，尽管其形状差异很大，但是由于都由 5 条边线（5 个顶点）组成，所以可以用来生成混合实体特征，这是所有混合实体特征对截面的要求。

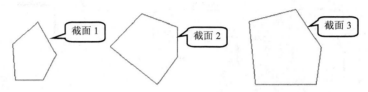

图3-132 混合特征对截面的要求

(3) 起始点。

起始点是两个截面混合时的参照。两截面的起始点直接相连，其余各点再依次相连。系统将把绘制截面时的第 1 个顶点设置为起始点，起始点处有一个箭头标记。

截面上的起始点在位置上要尽量对齐或靠近，否则最后创建的模型将发生扭曲变形，如图 3-133 所示。

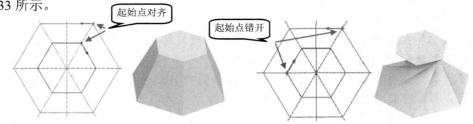

图3-133 起始点设置示例

混合截面被激活（选中）后，可以看到其上代表起始点的箭头，拖动该箭头可以调整起始点的位置，如图 3-134 所示，单击该箭头可以改变起始点的指向，如图 3-135 所示。

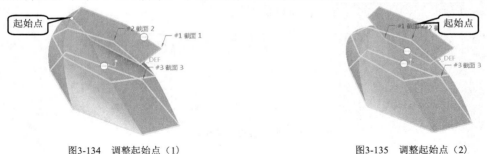

图3-134 调整起始点（1）　　　　　　　　　　图3-135 调整起始点（2）

(4) 混合顶点。

当某一截面的顶点数比其他截面少时，要能正确生成混合实体特征，必须使用混合顶点。混合顶点可以当两个顶点来使用，同时和其他截面上的两个顶点相连。

注意，起始点不允许设置为混合顶点。

图 3-136 所示是使用混合顶点创建平行混合实体特征的示例。

(5) 在圆形截面上加入截断点。

圆形截面没有明显的顶点，如果需要与其他截面混合生成实体特征，必须在圆形截面上加入与其他截面相同数量的截断点。使用【编辑】工具组中的　　分割　工具在圆上插入截断点。如图 3-137 所示，使用圆形截面和正六边形截面创建混合实体特征，在圆形截面上加入了 6 个截断点。

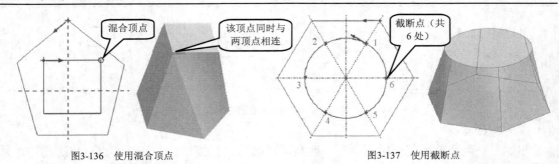

图3-136 使用混合顶点   图3-137 使用截断点

要点提示 圆周上插入的第 1 个截断点将作为混合时的起始点。

(6) 混合实体特征的属性。

为混合实体特征设置不同的属性可以获得不同的设计结果。在创建混合特征时，在功能区中的【选项】选项卡中可以设置以下 3 种属性。

- 【直】：各截面之间采用直线连接，截面间的过渡存在明显的转折。在这种混合实体特征中可以比较清晰地看到不同截面之间的转接。
- 【平滑】：各截面之间采用样条曲线连接，截面之间平滑过渡。在这种混合实体特征中看不到截面之间的转接。
- 【封闭端】：依次连接各截面，形成旋转混合实体特征，同时实体起始截面和终止截面相连，组成封闭实体特征。

图 3-138 所示是不同属性的混合实体特征的对比。

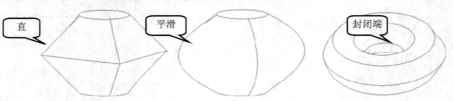

图3-138 不同属性的混合实体特征对比

(7) 混合建模工具。

在【形状】工具组底部单击 形状▼ 下拉按钮，选择【混合】命令，打开图 3-139 所示的【混合】功能区。

图3-139 【混合】功能区

创建混合特征的关键在于设置混合截面，设置混合截面主要有草绘混合截面和选择混合截面两种方式。

草绘混合截面创建混合特征的一般步骤如下。

① 在【混合】功能区中单击 按钮，进入草绘模式。

② 绘制第 1 个截面图，完成后退出草绘模式。

③ 设置第 1 个截面到第 2 个截面之间的距离。

④　进入草绘模式绘制第 2 个截面图，完成后退出草绘模式。

⑤　设置第 2 个截面到第 3 个截面之间的距离。

⑥　进入草绘模式绘制第 3 个截面图，完成后退出草绘模式。

⑦　使用类似的方法继续创建其他的截面，直至完成特征的创建。

如果事先已经创建好了混合截面，可以按照以下步骤创建混合特征。

①　选择第 1 个截面。

②　选择第 2 个截面。

③　选择第 3 个截面。

④　使用类似的方法继续选择其他截面，直至完成特征的创建。

3.　扫描混合建模原理

扫描混合建模兼有扫描和混合两个建模方法的特点。扫描时，截面沿着轨迹线运动形成特征；混合时，将多个截面依次相连；扫描混合时，在一条扫描轨迹线上安排多个截面，这些截面沿着扫描线平滑过渡。

扫描混合的建模原理如图 3-140 所示。

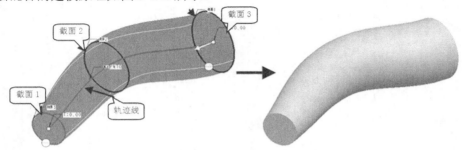

图3-140　扫描混合的建模原理

在【形状】工具组中单击 扫描混合 按钮即可启动扫描混合设计工具。

(1)　选择轨迹线。

在创建扫描混合特征之前，首先需要确定轨迹线，可以选择已经创建的基准曲线或实体模型的边线作为轨迹线。至少要选择一条"原点"轨迹，其余的轨迹线可以作为"次要"的轨迹线。

(2)　绘制混合截面。

选择轨迹线后，接下来依次创建截面图。首先在轨迹线上选择一个参照点，在功能区中展开 截面 下拉面板，选取草绘平面后进入草绘模式，绘制第 1 个截面图，然后指定下一个参照点，单击 插入 按钮，插入新的截面图，再单击 草绘 按钮，绘制下一个截面图。

重复该步骤直到完成全部截面图的创建。在轨迹线上，曲线的始末端点及其上创建的基准点等都可以作为绘制草绘截面的参考点。

3.3.2　范例解析——创建书夹模型

下面介绍书夹模型的设计过程，学习扫描实体特征的创建原理，同时复习拉伸实体特征的设计要领，最后创建的书夹模型如图 3-141 所示。

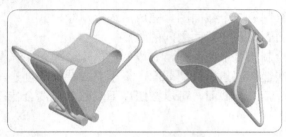

图3-141　书夹模型

1. 新建名为"shujia"的零件文件，随后进入三维建模环境。
2. 创建加厚草绘拉伸实体特征。
(1) 打开拉伸设计工具，在绘图窗口中长按鼠标右键，在弹出的快捷菜单中选择□（加厚草绘）命令。
(2) 选择基准平面 FRONT 作为草绘平面，绘制图 3-142 所示的截面图，完成后退出草绘模式。

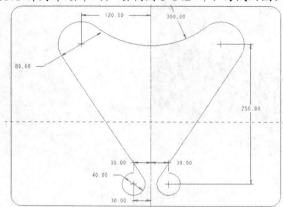

图3-142　绘制截面图

要点提示　该截面的绘图过程如图 3-143 所示。

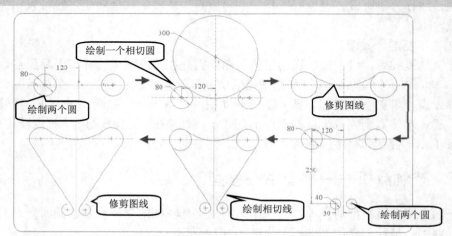

图3-143　截面的绘图过程

(3) 按照图 3-144 所示设置特征参数，设置拉伸深度为"200.00"、加厚厚度为"3.00"，创建加厚草绘特征，结果如图 3-145 所示。

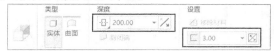

图3-144 设置特征参数（1）

图3-145 加厚草绘特征

3. 创建减材料拉伸实体特征。

(1) 打开拉伸设计工具。

(2) 在【放置】选项卡中单击 定义... 按钮。

(3) 在弹出的【草绘】对话框中单击 使用先前的 按钮，进入草绘模式。

(4) 配合使用 投影 、 线 、 分割 、 删除段 工具绘制图 3-146 所示的截面图，完成后退出草绘模式。

(5) 按照图 3-147 所示设置特征参数，设置拉伸厚度为 "130.00"，创建减材料拉伸特征，单击鼠标中键，结果如图 3-148 所示。

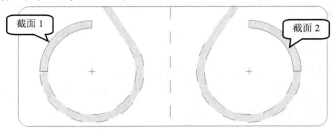

图3-146 截面图

图3-147 设置特征参数（2）

图3-148 减材料拉伸特征

4. 创建基准轴。

(1) 单击 轴 按钮，打开基准轴设计工具。

(2) 按照图 3-149 所示选择曲面参照，创建基准轴 A_1，如图 3-150 所示。

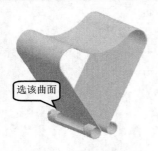

图3-149　选择曲面参照

图3-150　创建的基准轴

5. 创建基准平面。

(1) 单击 □（基准平面）按钮，打开基准平面设计工具。

(2) 选择基准轴 A_1 作为参照，设置约束条件为【穿过】。

(3) 按住 Ctrl 键选择图 3-151 所示的平面作为参照，设置约束条件为【平行】。

(4) 单击鼠标中键，创建的基准平面 DTM1 如图 3-152 所示。

图3-151　选择参照

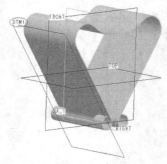

图3-152　创建的基准平面

6. 创建扫描特征。

(1) 在【形状】工具组中单击 扫描 按钮，打开扫描设计工具。

(2) 在设计面板最右侧的基准工具下拉列表中单击 （草绘）按钮，创建草绘基准曲线，选择新建的基准平面 DTM1 为草绘平面。

(3) 在草绘平面内绘制图 3-153 所示的轨迹线，完成后退出草绘模式。

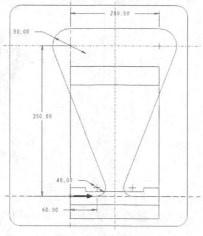

图3-153　绘制轨迹线

轨迹线的绘制过程如图 3-154 所示。

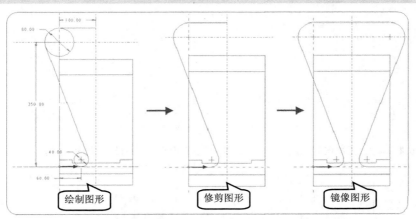

图3-154　轨迹线的绘制过程

(4)　在草绘面板中单击 ▶ （退出暂停模式）按钮继续设计，在【扫描】功能区中单击 ⬭草绘 按钮，在草绘平面内绘制图 3-155 所示的圆形扫描截面图，完成后退出草绘模式。

(5)　单击鼠标中键，最后创建的扫描特征如图 3-156 所示。

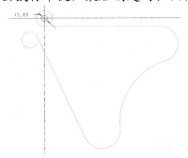

图3-155　绘制圆形扫描截面图

图3-156　创建的扫描特征

7.　创建拉伸实体特征。

(1)　打开拉伸设计工具。

(2)　选择图 3-157 所示的平面作为草绘平面。

选择该平面

图3-157　选择草绘平面

(3)　使用 ◎ 同心　和 ⬚投影 工具绘制图 3-158 所示的截面图，完成后退出草绘模式。

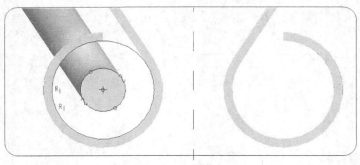

图3-158　绘制截面图

(4) 单击代表特征生成方向的箭头，使之指向实体内部，如图 3-159 所示。

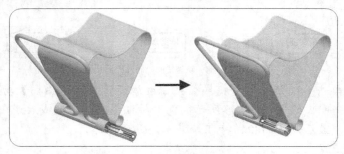

图3-159　调整特征生成方向

(5) 设置特征深度为 "30.00"。

(6) 单击鼠标中键，创建的拉伸实体特征如图 3-160 所示。

8.　第 1 次镜像复制特征。

(1) 选择步骤 7 创建的拉伸特征为镜像对象。

(2) 单击 ◖◗ 镜像 按钮，打开镜像复制工具。

(3) 选择基准平面 FRONT 为镜像参照，镜像结果如图 3-161 所示。

图3-160　创建的拉伸特征

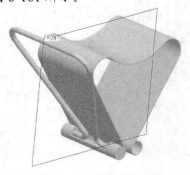

图3-161　镜像结果

9.　第 2 次镜像复制特征。

(1) 选择步骤 6、7、8 创建的扫描特征及两个拉伸特征为镜像对象。

(2) 单击 ◖◗ 镜像 按钮，打开镜像复制工具。

(3) 选择基准平面 RIGHT 为镜像参照，最终的镜像结果如图 3-141 所示。

3.3.3 提高训练——创建穹顶模型

本例将使用混合方法创建一个穹顶模型，如图 3-162 所示。

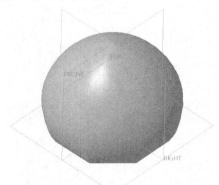

图3-162 穹顶模型

1. 新建名为 "hunhe" 的零件文件，随后进入三维建模环境。
2. 创建第 1 个截面。
(1) 在【形状】工具组中单击 混合 按钮（单击 形状· 按钮，从下拉列表中选择），打开混合设计工具。
(2) 展开【截面】选项卡，单击其右侧的 定义... 按钮，打开【草绘】对话框，选择基准平面 TOP 作为草绘平面，接受默认参照进入草绘模式。

> 零点提示 单击 混合 按钮，打开【混合】功能区，也可以在绘图窗口的空白处长按鼠标右键，在弹出的快捷菜单中单击 （草绘）按钮，打开【草绘】对话框，这样更加便捷。

(3) 使用 （选项板）工具绘制图 3-163 所示的边长为 100.00 的正八边形截面，完成后退出草绘模式。
(4) 在【混合】功能区中设置该截面到下一个截面的距离值为 "100.00"，如图 3-164 所示。

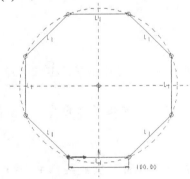

图3-163 绘制正八边形截面

图3-164 设置距离值

3. 创建第 2 个截面图。
(1) 展开【截面】选项卡，单击右侧的 草绘 按钮，进入草绘模式。
(2) 绘制第 2 个截面图。使用圆工具绘制一个圆，设置其直径尺寸为 300.00，结果如图 3-165 所示。

(3) 使用中心线工具绘制 4 条中心线，结果如图 3-166 所示。

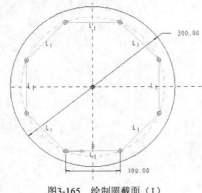

图3-165　绘制圆截面（1）　　　　　　　　　　　　　　　图3-166　绘制中心线

(4) 使用 分割 工具在中心线和圆的交点处插入分割点。注意第一个点要与正八边形上的起始点位置相对应，如图 3-167 所示，否则最后创建的模型将发生扭曲变形，然后退出草绘模式。

4. 创建第 3 个截面。

(1) 展开【截面】选项卡，在左侧的截面列表中单击鼠标右键，在弹出的快捷菜单中选择【新建截面】命令，如图 3-168 所示。

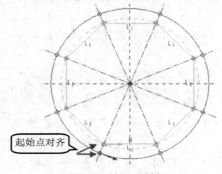

图3-167　插入分割点（1）

图3-168　选择【新建截面】命令

(2) 在【混合】功能区中设置该截面到下一个截面的距离值为"100.00"。

(3) 单击右侧的 草绘... 按钮，进入草绘模式。

(4) 绘制第 3 个截面图。使用圆工具绘制一个圆，设置其直径尺寸为 180.00，结果如图 3-169 所示。

(5) 用与步骤 3 中（3）（4）相同的方法在圆上插入 8 个分割点，注意起始点的设置，如图 3-170 所示，然后退出草绘模式。

5. 创建第 4 个截面。

(1) 展开【截面】选项卡，在左侧的截面列表中单击鼠标右键，在弹出的快捷菜单中选择【新建截面】命令。

(2) 在【混合】功能区中设置该截面到下一个截面的距离值为"50.00"。

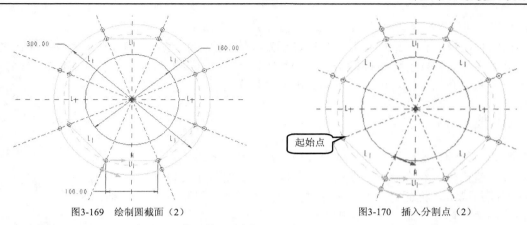

图3-169　绘制圆截面（2）　　　　　　　　　　　　图3-170　插入分割点（2）

（3）单击右侧的 草绘... 按钮，进入草绘模式。

（4）使用 ☒点 工具在圆心处绘制一个点，如图 3-171 所示，完成后退出草绘模式。

（5）在混合面板中单击 ✓（确定）按钮，最终创建的结果如图 3-162 所示。

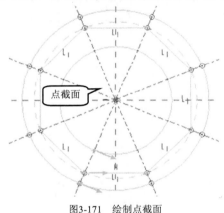

图3-171　绘制点截面

> **要点提示**　创建混合实体特征时，系统将按照各截面绘制的先后顺序依次将其连接生成实体特征。因此，在绘制截面图时，应该从模型一端的截面开始依次绘制各截面，直到另一端所在的截面。另外，每一个截面绘制完成后都必须进行尺寸标注，以确定截面的大小。

3.4　小结

相对于线框模型和表面模型而言，实体模型是一种具有实心结构、质量、质心及惯性矩等物理属性的模型。在实体模型上可以方便地进行材料切割、穿孔等操作，是现代三维造型设计中的主要模型形式，用于工业生产的各个领域，例如数控加工、静力学和动力学分析、机械仿真及构建虚拟现实系统等。在 Creo 中，一般首先创建基础实体特征，然后在其上创建圆角、壳、孔及筋等工程特征。

基础实体特征按照创建原理不同通常划分为拉伸、旋转、扫描和混合等 4 种类型。前 3 种特征的建模原理具有一定的相似性。一定形状和大小的草绘截面沿直线轨迹拉伸，即可生成拉伸实体特征；一定形状和大小的草绘截面沿曲线轨迹扫描，即可生成扫描实体特征；一定形状和大小的草绘截面绕中心轴线旋转，即可生成旋转实体特征。混合实体特征的创建原理略有不同，它是将不同形状和大小的多个截面按照一定顺序依次相连来创建的。

扫描混合建模综合了扫描和混合两种建模方法的优点，具有更大的设计灵活性。除此之外，还有可变截面扫描及螺旋扫描等，由于其实体特征的建模原理和曲面特征相似，这些方法将在第 6 章中介绍，读者可以参考相关内容进行学习。

3.5 习题

1. 简要说明拉伸、旋转、扫描及混合建模方法的基本原理。
2. 在三维建模时，什么情况下使用闭合截面，什么情况下可以使用开放截面？
3. 在创建扫描实体特征时，为什么有时需要两次进入二维草绘模式绘制草图？
4. 创建混合实体特征时，对截面图有何要求？
5. 怎样将两个具有不同顶点数的截面进行混合，产生混合实体特征？
6. 在混合实体特征中怎样使用圆截面和点截面？
7. 扫描混合建模方法与扫描和混合建模方法分别有什么联系？
8. 参考你身边的事物，综合运用拉伸、旋转、扫描和混合等方法创建一个三维实体模型。

第4章 创建工程特征

【学习目标】
- 明确孔特征的应用与创建方法。
- 明确倒圆角特征的应用与创建方法。
- 明确拔模特征的应用与创建方法。
- 明确壳特征的应用与创建方法。
- 明确倒角特征的应用与创建方法。

第 3 章介绍了基础实体特征的创建方法，以及使用 Creo 创建实体模型的基本过程和技巧。创建基础实体特征后，还需要继续在其上创建其他各类特征，本章要重点介绍的工程特征也是其中之一。工程特征是指具有一定工程应用价值的特征，如孔特征、倒圆角特征等。这些特征具有相对固定的形状和明确的用途。

4.1 创建孔特征

工程特征是一种形状和用途比较确定的特征，它是使用同一种设计工具创建的一组特征，这些特征在外形上相似。大多数工程特征并不能够单独存在，必须附着在其他特征之上，这也是工程特征和基础实体特征的典型区别。

4.1.1 知识准备

1. 工程特征概述

创建一个工程特征的过程就是根据指定的位置在另一个特征上准确放置该特征的过程。要准确创建一个工程特征，需要确定以下两类参数。

(1) 定形参数。

定形参数是确定工程特征形状和大小的参数，如长、宽、高及直径等参数。定形参数不准确，将影响工程特征的形状精度。

(2) 定位参数。

定位参数是确定工程特征在基础实体特征上放置位置的参数。确定定位参数时，通常选择恰当的点、线、面等几何图元作为参照，然后使用相对于这些参照的一组线性尺寸或角度尺寸来确定工程特征的放置位置。若定位参数不准确，则工程特征将偏离正确的放置位置。

图 4-1 所示是确定一个孔特征的所有参数示例。

2. 孔的种类

使用 Creo 提供的孔特征设计工具可以快速、准确地创建各类孔，如果再配合使用复制、阵列等多种特征编辑工具，可以进一步提高设计效率。

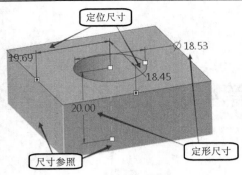

图4-1 孔特征的所有参数示例

要点提示 如果用户尚未创建基础实体特征，则按照上述方法选择的孔设计工具将为不可用状态（灰色），这是因为孔特征必须附着在已有特征之上，这也是大多数工程特征的特点。

根据孔的形状、结构和用途的不同及是否标准化等条件，Creo 将孔特征划分为以下 3 种类型。

（1）简单孔。

简单孔也称直孔，具有单一直径参数，结构较为简单，设计时只需设置孔的直径和深度，并指定孔轴线在基础实体特征上的放置位置即可。

（2）草绘孔。

草绘孔具有相对更加复杂的剖面结构。首先通过草绘方法绘制出孔的剖面来确定孔的形状和尺寸，然后选择恰当的定位参照来正确放置孔特征。

（3）标准孔。

标准孔用于创建螺纹孔等生产中广泛应用的标准孔特征。根据行业标准指定相应的参数来确定孔的大小和形状后，再指定参照来放置标准孔特征。

图 4-2 所示是 3 种孔特征的示例。

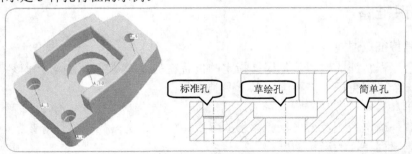

图4-2 3 种孔特征的示例

创建基础实体特征后，在【工程】工具组中单击 孔 按钮可以打开孔设计面板。默认情况下，系统自动选择 （简单）用于设计简单孔，如图 4-3 所示。

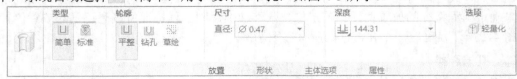

图4-3 孔设计面板

3.　孔的定形参数

确定定形参数也就是确定孔的形状和大小，主要有以下 3 个参数。

(1)　孔的直径。

用户可以在图 4-3 所示的【直径】文本框中输入直径数值，也可以从其下拉列表中选择最近使用过的直径数值。

(2)　孔的深度。

如图 4-3 所示，设置孔的深度也可以采用两种方式：一是直接输入深度数值，二是采用参照来确定孔的深度，孔延伸到指定参照为止。相应图标按钮及用途如下。

- ⊥ （盲孔）：直接输入孔的深度数值。
- ⊟ （对称）：设置双侧深度，孔特征将在放置平面的两侧各延伸指定深度值的一半。只有当孔在放置平面两侧都有实体材料时，该按钮才可用。
- ≡ （到下一个）：孔延伸至特征生成方向上的下一个曲面。
- ⊥ （穿透）：创建通孔，孔特征穿透实体模型。
- ⊥ （穿至）：孔特征延伸至特征生成方向上的指定曲面。
- ⊥ （到参照）：孔特征延伸至指定的参照点、参照平面或参照曲面。

(3)　孔的轮廓形状。

孔设计工具上的以下两个按钮可以用来确定孔的轮廓形状。

- ⊔ （平整）：孔的剖面为矩形轮廓，尾部平直，如图 4-4 所示。
- ⊔ （钻孔）：孔的剖面为标准轮廓，尾部为三角形，如图 4-5 所示。

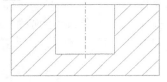　　　　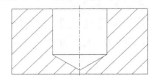

图4-4　矩形轮廓　　　　　　　　　　　　　　　图4-5　标准轮廓

4.　孔的定位参数

定位参数用于确定孔特征在基础实体特征上的放置位置。在孔设计面板下方展开【放置】选项卡，如图 4-6 所示。

图4-6　【放置】选项卡

(1) 确定放置参照。

通常选择模型上的平面或回转体的轴线作为孔的放置参照。选择平面时，孔的轴线与该平面垂直；选择轴线时，孔的轴线和该轴线平行。

如图 4-6 所示，在【放置】文本框被激活（彩色背景）的情况下，在基础实体特征上或模型树窗口中选择孔的放置参照。

(2) 孔的生成方向。

由于孔是一种减材料特征，选定放置参照后，系统一般会选择指向实体内部的方向作为孔特征的默认生成方向，并在基础实体特征上使用几何线框显示孔的放置位置。如果要改变孔的生成方向，可以在设计面板中单击 🗶 （调整方向）按钮，结果如图 4-7 所示。

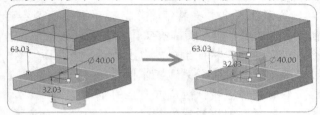

图4-7　改变孔的生成方向

(3) 指定孔的参照形式。

仅有放置参照还不能作为确定孔的位置的唯一参数，还必须进一步选择适当的其他参照。在图 4-6 的【类型】下拉列表中共有 6 种参照形式，下面介绍其中常用的 4 种。

① 【线性】参照形式。

图 4-8 所示为【线性】参照形式的使用示例。首先选择实体的上表面作为放置参照，然后选择基准平面 FRONT 作为第 1 个偏移参照，按住 Ctrl 键再选择第 2 侧侧面作为第 2 个偏移参照。

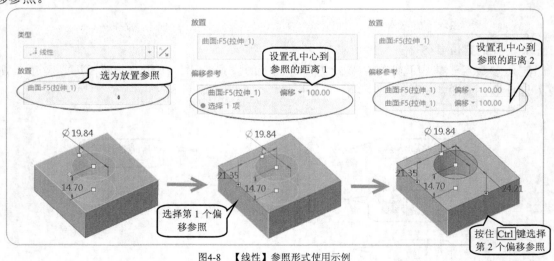

图4-8　【线性】参照形式使用示例

选择偏移参照后，可以在参照右侧的约束下拉列表中指定一种约束方式。

- 【偏移】：指定孔轴线到指定表面的距离。
- 【对齐】：使孔轴线与选定的表面对齐。

② 【径向】参照形式。

图 4-9 所示为【径向】参照形式的使用示例。首先选择实体的上表面作为放置参照，再选择孔轴线 A_1 作为第 1 个偏移参照，新建孔特征的轴线位于以该轴线为中心、指定半径的圆周上。按住 Ctrl 键选择基准平面作为第 2 个偏移参照，过第 1 个偏移参照轴线且平行于第 2 个参照平面创建一个辅助平面，该辅助平面绕第 1 个偏移参照轴线顺时针转过指定角度后，与由第 1 个偏移参照确定的圆周的交点即新建孔特征轴线的位置。

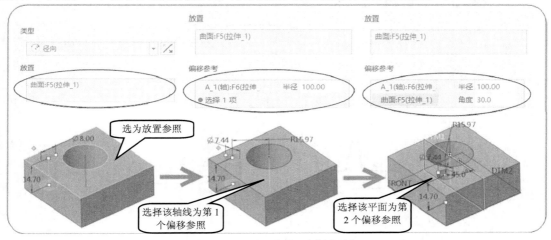

图4-9　【径向】参照形式使用示例

③　【直径】参照形式。

【直径】参照形式的使用方法和【径向】参照形式的类似，只是在确定第 1 个偏移参照时使用直径数值，而非半径数值，如图 4-10 所示。

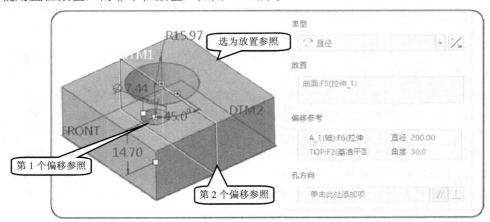

图4-10　【直径】参照形式

④　【同轴】参照形式。

使用【同轴】参照形式可以创建与选定孔或柱体同轴的孔特征。当选择轴线作为放置参照时，系统自动启用【同轴】参照方式，按住 Ctrl 键再选择一个与选定轴线垂直的平面即可准确定位该孔的位置，此时不需要指定偏移参照。

除此之外，还可以使用【点上】放置类型，可以将孔放置在曲面上的一点处，或者距离该点一定距离的位置。还可以选【草绘】放置类型，将孔放置在草绘点、端点或中点处。

5. 孔的详细设计

在确定孔的定形参数和定位参数后，单击【形状】选项卡，打开图 4-11 所示的定形设计面板，利用该面板可以全面设置孔的尺寸参数。

在创建孔特征时，也可以在放置参照平面的两侧分别使用不同的方式来设置孔的深度，此时可以在定形设计面板顶部的【侧 2】区域设置另一侧的深度参数。

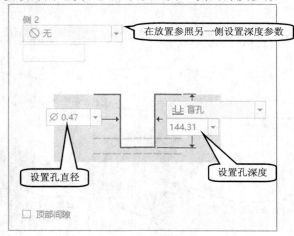

图4-11　定形设计面板

6. 创建草绘孔

使用创建草绘孔的方法可以创建形状更加复杂的非标准孔。在孔设计面板中单击 ⬚（草绘）按钮，打开草绘孔工具。由于草绘孔的所有定形尺寸都在草绘截面中确定，因此孔设计面板上不需要设置直径和深度等参数。

(1) 草绘孔截面。

在设计面板中单击 ⬚草绘 按钮，进入二维草绘模式后，可以使用草绘工具绘制孔的截面图。绘制孔剖面时要注意以下要点。

- 绘制回转轴线，放置孔特征时，如果放置参照为平面，则该旋转轴线与放置参照垂直；如果放置参照为轴线，则孔的旋转轴线与放置参照平行。
- 草绘截面必须闭合、无交叉，且全部位于轴线一侧，如图 4-12 所示。
- 孔剖面中至少有一条线段垂直于回转轴线。在图 4-13 中没有垂直于轴线的线段，是不正确的草绘截面。若剖面中仅有一条线段与回转轴线垂直，则系统自动将该线段对齐到参照平面上；如果有多条线段垂直于回转轴线，则将最上端的线段对齐到参照平面，如图 4-14 所示。

图4-12　正确的草绘截面　　　　　　　　　　图4-13　不正确的草绘截面

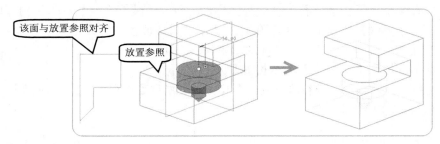

图4-14　对齐到参照平面

要点提示　草绘孔的所有定形尺寸在绘制孔剖面时确定，在放置孔特征的过程中不能变更，如果要修改其尺寸参数，可以单击 ⚙草绘 按钮再次进入二维草绘环境中修改。

（2）使用已有的草绘剖面。

如果在创建草绘孔之前已有绘制完毕并保存好的草绘孔截面，可以直接调用该文件来创建草绘孔，此时单击孔设计面板上的 📂打开 按钮，使用浏览方式找到符合要求的草绘孔截面，将其导入绘图窗口即可使用该剖面创建草绘孔了。

（3）设置放置参照。

草绘孔的形状和大小在草绘时已经确定，因此只需设置定位参数来放置该剖面即可创建孔特征。在基础实体特征上设置放置参照放置草绘孔的方法和创建单孔（直孔）时类似，这里不再赘述。

7. 创建标准孔

标准孔是具有标准结构、形状和尺寸的孔，如螺纹孔等。在孔设计面板上单击 🔲（标准）按钮后，打开的设计工具如图 4-15 所示。

图4-15　标准孔设计工具

（1）标准孔的螺纹类型。

在【螺纹类型】下拉列表中可以设置不同的螺纹类型。

- 【ISO】：标准螺纹，我国通用的螺纹类型。
- 【UNC】：粗牙螺纹，用于要求快速装拆或容易产生腐蚀和轻微损伤的部位。
- 【UNF】：细牙螺纹，用于外螺纹和相配的内螺纹的脱扣强度高于外螺纹零件的抗拉承载能力或短旋合长度、小螺纹升角及壁厚要求细牙螺距等的场合。

（2）确定螺纹尺寸。

在【螺钉尺寸】下拉列表中选择或输入与螺纹匹配的螺钉的大小。例如，M64×6 表示外径为 64 mm、螺距为 6 mm 的标准螺钉。

（3）设置螺纹孔的深度。

与创建简单孔相似，在【深度】右侧的下拉列表中选择 🔲肩 时，指定的深度仅为孔深度；选择 🔲刀尖 时，指定的深度为全孔深度（含钻孔时刀尖留下的深度）。

（4）创建装饰螺纹孔。

在设计面板中有 3 个用于在螺纹孔上增加装饰特性的按钮，装饰特性的具体结构可以通过展开设计面板上的【形状】选项卡，打开图 4-16 所示的设计面板进行设计。

- ▐▌（沉头孔）：增加沉头孔。沉头孔的结构如图 4-17 所示。
- ▐▌（沉孔）：增加沉孔。沉孔的结构如图 4-18 所示。
- ◈（攻螺纹）：对标准孔进行攻螺纹，即在螺纹孔中显示内螺纹。图 4-19 所示为不显示内螺纹的情况。

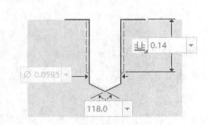

图4-16　设计面板

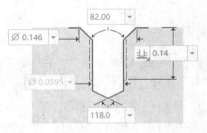

图4-17　沉头孔

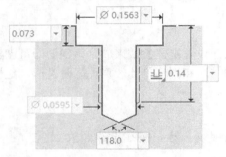

图4-18　沉孔

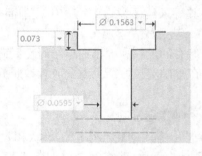

图4-19　不显示内螺纹

（5）标准孔的注释。

展开孔设计面板上的【注解】选项卡，打开的面板上显示该螺纹孔的注释，如图 4-20 所示。如果不希望在模型上显示注释，可以取消选择【添加注解】复选项。此外，需单击【视图】/【显示】功能区中的 ▤（注释显示）按钮，模型上才会显示标准孔的注释。

图4-20　螺纹孔的注释

 在创建基础实体模型时如果使用了默认模板，则以英寸作为默认单位；而在创建 ISO 标准螺纹孔时，螺纹孔采用毫米（mm）作为默认单位，两者单位不匹配，因此创建的螺纹孔会太小，甚至看不见。

8．创建螺纹孔时单位的设置

可以通过以下两种方法在创建螺纹孔时设置单位。

（1）在创建基础实体特征时设置单位。

在新建基础实体特征时，在【新建】对话框中取消对【使用默认模板】复选项的选择，不使用默认模板，如图 4-21 所示。

单击【新建】对话框中的 确定 按钮后，在弹出的【新文件选项】对话框（如图 4-22 所示）中选择【mmns_part_solid_abs】，采用"毫米牛顿秒"单位制，即 mm：毫米；n：牛顿；s：秒。如果选择【inlbs_part_solid_abs】，则采用"英寸磅秒"单位制。

图4-21　取消选择【使用默认模板】

图4-22　【新文件选项】对话框

(2)　对现有模型进行单位转换。

如果已经使用其他单位制（例如"英寸磅秒"单位制）创建了基础实体特征，则在创建标准孔之前可以对模型进行单位转换。

选择菜单命令【文件】/【准备】/【模型属性】，打开【模型属性】对话框，在【单位】选项后单击 更改 按钮，打开【单位管理器】对话框，选择【毫米千克秒（mmKs）】，如图 4-23 所示，将当前的单位制设置为"毫米千克秒"，接着弹出【更改模型单位】对话框，如图 4-24 所示，该对话框中两个选项的含义介绍如下。

图4-23　【单位管理器】对话框

图4-24　【更改模型单位】对话框

- 【转换尺寸】：将原尺寸值按照比例换算为与现在单位对应的尺寸值。例如，1 英寸换算为 25.4 毫米。
- 【解释尺寸】：不进行单位换算，在保持尺寸值不变的条件下，直接将原单位修正为现在的单位。例如，将原来的 1 英寸修正为 1 毫米。

4.1.2 范例解析——创建孔特征

本例通过一个典型案例介绍孔特征的创建方法，以帮助读者在明确孔设计工具用法的同时掌握其设计技巧。

1. 打开素材文件。

    打开"第 4 章\素材\hole.prt"，如图 4-25 所示。

2. 创建草绘孔。

(1) 在【工程】工具组中单击 孔 按钮，打开孔设计工具，单击 （草绘）按钮，创建草绘孔，如图 4-26 所示。

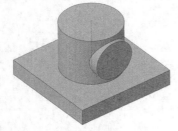

图4-25 素材文件

图4-26 打开草绘工具

(2) 单击 草绘 按钮，进入草绘模式。首先绘制一条竖直中心线，并在其上绘制图 4-27 所示的截面图，完成后退出草绘模式。

(3) 在设计面板中展开【放置】选项卡，然后选择图 4-28 所示的模型顶面作为放置参照 1。

(4) 按住 Ctrl 键继续选择图 4-28 所示轴线作为放置参照 2，图 4-29 所示是设置完成后的设计面板中的【设置】选项卡，最后创建的草绘孔如图 4-30 所示。

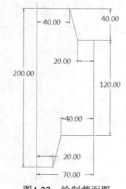

图4-27 绘制截面图

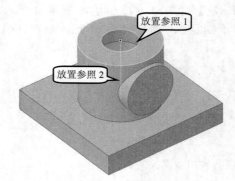

图4-28 选择参照

图4-29 【放置】选项卡（1）

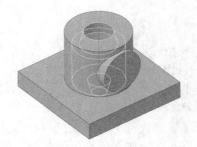

图4-30 创建的草绘孔

3. 创建简单孔。

(1) 在【工程】工具组中单击 创孔 按钮，打开孔设计面板，设置孔的【轮廓】类型为【平整】。

(2) 在孔设计面板中展开【放置】选项卡，选择图 4-31 所示的平面作为放置参照 1，按住 Ctrl 键选择图 4-31 所示的轴线作为放置参照 2，系统自动选中【同轴】放置类型，此时的【放置】选项卡如图 4-32 所示。

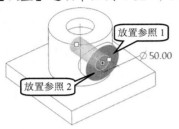

图4-31　选取参照

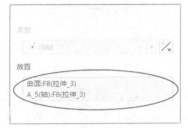

图4-32　【放置】选项卡（2）

(3) 在孔设计面板上设置孔的直径为 "50.00"。

(4) 指定深度方式为 ⊥⊥（穿至），如图 4-33 所示，然后选择模型的内表面作为参照，如图 4-34 所示，最后创建的简单孔如图 4-35 所示。

4. 创建标准孔。

(1) 在【工程】工具组中单击 创孔 按钮，打开孔设计面板，单击 ▩（标准）按钮，创建标准孔。

(2) 在孔设计面板中展开【放置】选项卡，选择图 4-36 所示的平面作为放置参照，在【类型】下拉列表中选择【径向】选项。

图4-33　指定深度方式

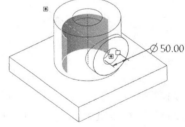

图4-34　选择参照

图4-35　创建的简单孔

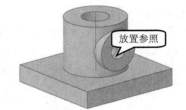

图4-36　选择放置参照

(3) 单击激活【偏移参考】列表框，按照图 4-37 所示选择轴线作为第 1 个偏移参照，然后按照图 4-38 所示设置其他参数，设置【半径】值为 "45.00"。按住 Ctrl 键，按照图 4-39 所示选择平面作为第 2 个偏移参照，然后按照图 4-40 所示设置其他参数，设置【角度】值为 "120.0"。

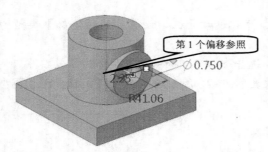

图4-37 设置参照（1）

图4-38 【放置】选项卡（3）

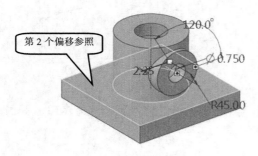

图4-39 设置参照（2）

图4-40 【放置】选项卡（4）

（4）在孔设计面板上设置【螺钉尺寸】为【M12×1】，设置螺钉深度为 "40.00"。

（5）其他参数设置如图 4-41 所示，最后创建的标准孔如图 4-42 所示。

图4-41 孔设计面板

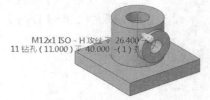

图4-42 创建的标准孔

5. 创建简单孔。

（1）在【工程】工具组中单击 孔 按钮，打开孔设计面板。

（2）在孔设计面板中展开【放置】选项卡，选择图 4-43 所示的平面作为放置参照，设置为【线性】参照形式。

（3）激活【偏移参考】文本框，按照图 4-44 所示选择第 1 个偏移参照，按照图 4-45 所示设置偏移参数，设置偏移距离为 "40.00"。

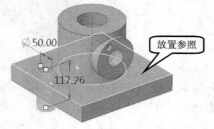

图4-43 选取放置参照

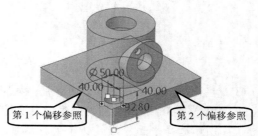

图4-44 选取孔参照

(4) 按住 Ctrl 键按照图 4-44 所示选择第 2 个偏移参照，按照图 4-46 所示设置偏移参数，设置偏移距离为"40.00"。

图4-45 设置偏移参数（1）

图4-46 设置偏移参数（2）

(5) 按照图 4-47 所示设置其他参数，设置孔直径为"40.00"，最终的创建结果如图 4-48 所示。

图4-47 设置其他参数

图4-48 最终的创建结果

4.2 创建倒圆角特征

使用圆角代替零件上的棱边可以使模型表面的过渡更加光滑、自然，增加产品造型的美感。在模型上创建圆角结构可以通过创建倒圆角特征来实现。

4.2.1 知识准备

倒圆角特征是一种边处理特征，选择模型上的一条边或多条边、边链或指定一组曲面作为特征的放置参照后，再指定半径参数即可创建倒圆角特征。

1. 设计工具

创建基础实体特征后，在【工程】工具组中单击 倒圆角 按钮即可打开倒圆角设计工具，如图 4-49 所示。

图4-49 倒圆角设计工具

2. 基本概念

(1) 倒圆角集。

倒圆角集是倒圆角特征的结构单位，是在一次定义中创建的圆角总和。一个倒圆角特征包含一个或多个倒圆角集，一个倒圆角集包含一个或多个倒圆角段。

在图 4-50 中创建了一个倒圆角集，分别在模型中选择了 3 条边线作为倒圆角特征的放置参照，该倒圆角集由 3 个倒圆角段组成。

(2) 倒圆角段。

倒圆角段是由单一的几何参照（如一条边线、一条边链等）及一个或多个半径参数所指定的一段圆角结构，如图 4-51 所示。

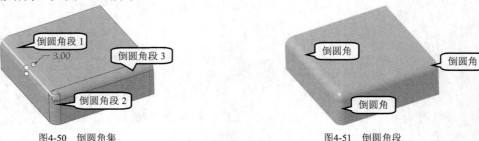

图4-50　倒圆角集　　　　　　　　　　　　图4-51　倒圆角段

(3) 圆角过渡。

为了增强倒圆角特征的视觉效果，在两段或多段圆角交汇处及圆角的终止处使用特殊方式进行的几何填充，就是圆角过渡。通常情况下，指定圆角放置参照后，系统将使用默认属性、默认半径值及最适合该参照的默认过渡形式创建圆角过渡，如图 4-52 所示。

在倒圆角设计面板上单击 过渡 按钮后，用户可以编辑圆角过渡的类型，以获得不同的过渡效果，此时的圆角过渡会加亮显示，如图 4-53 所示。

选中需要修改类型的圆角过渡，然后在设计面板上的【过渡设置】下拉列表中选择合适的过渡类型，为图 4-53 中的过渡 2 设置不同过渡类型后的效果如图 4-54 所示。

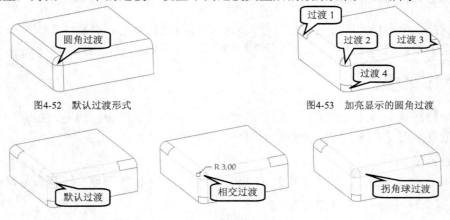

图4-52　默认过渡形式　　　　　　　　　　图4-53　加亮显示的圆角过渡

图4-54　不同的过渡类型

> **要点提示**　将不同参数的倒圆角放置到不同的倒圆角集中，不但方便了对倒圆角特征的编辑和管理，也简化了设计操作步骤。在以前的版本中，要创建不同参数的倒圆角，需要分别创建多个特征，这不但增加了模型上的特征数量，而且操作过程冗长繁复，因此读者在创建倒圆角特征时，最好根据倒圆角参数的不同创建多个倒圆角集，最后生成该倒圆角特征。

3. 倒圆角特征的参照类型

在创建倒圆角特征时，可以使用下列参照类型。

(1)　边和边链。

通过选择一条边或多条边，或者使用一个边链来放置倒圆角，这是倒圆角特征的主要参照类型。倒圆角特征如果遇到相切的邻边（相切链）将继续延伸，直至在切线中遇到断点。

(2)　曲面到边。

通过先选择曲面，然后选择边来放置倒圆角。该倒圆角与参照曲面保持相切，参照边用于配合曲面，以准确确定圆角的位置。

(3)　曲面到曲面。

通过选择两个曲面来放置倒圆角，倒圆角的边与参照曲面仍保持相切。

4．　创建恒定圆角

恒定圆角是指圆角半径为恒定值的圆角。在设计面板中展开【集】选项卡，如图 4-55 所示，这里有倒圆角特征的详细基本参数。

> **要点提示**　如果仅创建较简单的圆角，只需选中放置倒圆角特征的边线（被选中的边线用红色加亮显示），然后在设计面板上的【半径】文本框中输入圆角大小即可。如果需要在多个边线处创建圆角，则在选择其他边线时按住 Ctrl 键，这时所有边线处将放置相同半径的圆角。

(1)　创建倒圆角集。

一个倒圆角特征由一个或多个倒圆角集组成。图 4-55 左上角为倒圆角集列表框，单击【新建集】选项可以创建新的倒圆角集。在倒圆角集上单击鼠标右键，在弹出的快捷菜单中选择【添加】命令，也可以创建新的倒圆角集；选择【删除】命令可以删除该倒圆角集。

(2)　设定圆角截面。

如图 4-56 所示，在右侧的下拉列表中选择圆角断面形状，其中常用的截面形状有以下 3 种。

图4-55　【集】选项卡

图4-56　圆角截面形状

①　【圆形】。

圆形是最常见的圆角截面形状，截面为标准圆形。

②　【圆锥】。

圆角截面为圆锥曲线，可以通过设置控制圆锥锐度等圆锥参数来调整圆角的形状。圆锥锐度范围为 0.05~0.95，其值越小，圆锥曲线越平缓。

③ 【D1×D2 圆锥】。

通过指定参数 D1 和 D2 来创建非对称形状的锥形圆角，同时也可以通过圆锥参数来调整曲线的弯曲程度。

图 4-57 所示是 3 种截面形状的圆角示例。

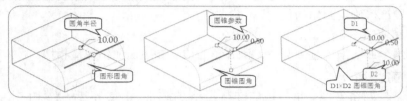

图4-57 3 种截面形状的圆角示例

此外，还有【C2 连续】圆角形状，该形状使用曲率延伸到相邻曲面的样条截面进行倒圆角；还有【D1×D2 C2】圆角形状，该形状使用曲率延伸到相邻曲面在各个位置具有独立距离的样条截面进行倒圆角。

(3) 指定轨迹生成方式。

在【集】选项卡顶部的第 3 个下拉列表中指定圆角轨迹的生成方式。

① 【滚球】。

滚球是以指定半径的球体在放置圆角的边上滚动的方式生成圆角。

② 【垂直于骨架】。

垂直于骨架是以垂直于骨架线的圆弧或圆锥剖面沿圆角的放置参照扫描的方式生成圆角。

 如果倒圆角特征使用边线作为放置参照，一般使用第 1 条参照边作为圆角的骨架线。如果圆角使用两个曲面参照，则需要在设计面板上指定骨架线。

(4) 指定圆角放置参照。

设置了圆角形状参数后，接下来在模型上选择边线或指定曲面、曲线作为倒圆角特征的放置参照。这里首先介绍选择边线作为圆角放置参照的方法。

① 为每一条边线创建一个倒圆角集。

在选择实体上的边线时，如果每次选择一条边线，系统会为每一条边线创建一个倒圆角集，如图 4-58 所示。

② 选择多条边线创建一个倒圆角集。

如果在选择边线的同时按住 Ctrl 键，则将选择的所有边线作为一个倒圆角集的放置参照，并为这些边线处的圆角设置相同的圆角参数，如图 4-59 所示。

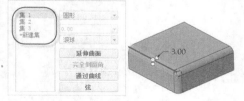

图4-58 为每一条边线创建一个倒圆角集

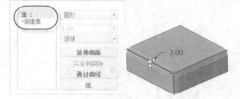

图4-59 选择多条边线创建一个倒圆角集

③ 使用边链创建倒圆角集。

如果要使用一组闭合的边线创建倒圆角集，可以使用边链来完成。首先选择一条边线，然后按住 Shift 键选择该边线所在的面，系统会将这条线所在的整个闭合边链选中，作为圆角的放置参照，如图 4-60 所示。

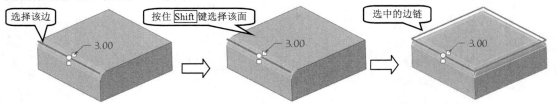

图4-60　使用边链创建倒圆角集

④　使用相切链创建倒圆角集。

如果模型上存在各边线首尾顺序相切的边链，还可以一次选中整个边链作为圆角的放置参照。任意选择相切链的一条边线，即可选中整个边链来放置倒圆角特征，如图 4-61 所示。

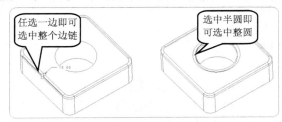

图4-61　使用相切链创建倒圆角集

(5)　编辑圆角参照。

在指定圆角参照后，还可以根据需要进一步编辑这些参照，下面分别介绍编辑圆角参照的方法。

①　向某一倒圆角集继续补充参照。

在设计过程中，用户可以随时向已经创建的倒圆角集中补充新的参照，方法如下。

- 在倒圆角集列表框中选中需要补充参照的倒圆角集。
- 按住 Ctrl 键，继续选择新的参照，这些参照将自动添加到选定的倒圆角集中。

②　删除某一倒圆角集中的参照。

如果在某一倒圆角集中选择了不合适的圆角参照，可以按照以下两种方法之一将其删除。

- 在【集】选项卡中的【参考】列表框的参照上单击鼠标右键，在弹出的快捷菜单中选择【移除】命令即可将其删除，选择【全部移除】命令可删除全部参照，如图 4-62 所示。
- 按住 Ctrl 键，在模型上单击选中需要删除的参照，即可将其排除在参照列表之外，这种方法操作简便，更加实用。

(6)　定义圆角半径。

在确定圆角类型和圆角参照后，接下来确定圆角的半径参数。

①　确定指定的圆角半径。

【集】选项卡底部为圆角半径参数栏，在参数栏底部的下拉列表中选择圆角半径的指定方式。可用以下两种方式指定圆角半径。

- 【值】：激活半径参数栏的【半径】文本框，可以直接输入半径参数，也可以从其下拉列表中选择曾经使用过的半径参数。

- 【参考】：使用参照来指定圆角大小，例如圆角经过指定实体顶点或指定基准点，如图 4-63 所示。

图4-62　移除参照

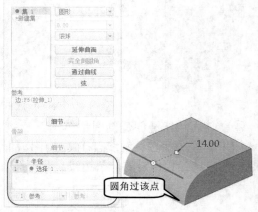

图4-63　圆角经过参照

② 动态调整圆角半径。

在定义圆角参数时，除了在文本框中输入数值，还可以直接在模型上拖动参数图柄来动态地调节圆角半径。图 4-64 所示的 D1×D2 圆锥圆角中有 3 个参数图柄，拖动这些图柄可以分别动态地调节 D1、D2 和圆锥参数的大小。

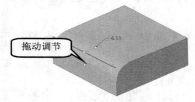

图4-64　动态调整圆角半径

5. 创建可变圆角

可变圆角是指圆角的截面尺寸沿某一方向渐变的倒圆角特征。如图 4-65 所示，在半径参数栏中单击鼠标右键，在弹出的快捷菜单中选择【添加半径】命令，在参照边线上按照长度比例选择参照点，依次设置各处圆角半径后，即可创建可变圆角，示例如图 4-66 所示。

图4-65　添加半径

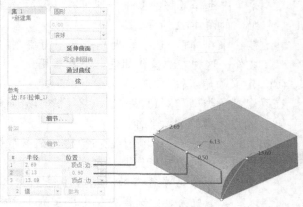

图4-66　可变圆角示例

在半径参数栏中单击鼠标右键，在弹出的快捷菜单中选择【成为常数】命令即可将可变圆角改为恒定圆角。

6. 使用其他参照创建倒圆角特征

除了使用边线或边链作为倒圆角特征的放置参照，还可以使用曲线及曲面等作为放置参照创建倒圆角特征，下面简要介绍其相关知识。

(1) 选择曲面作为参照创建圆角。

基础实体特征上的曲面是另一种放置倒圆角特征的重要参照，选择一个曲面后，按住 Ctrl 键再选择另一个曲面，即可在两个曲面的交线处创建指定半径的倒圆角特征，如图 4-67 所示。

(2) 使用边和曲面创建倒圆角特征。

首先选择一个曲面作为倒圆角特征的放置参照，然后按住 Ctrl 键再选择一条边线，即可在曲面和边线之间创建倒圆角特征，如图 4-68 所示。

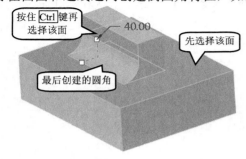

图4-67 选择曲面作为参照创建圆角

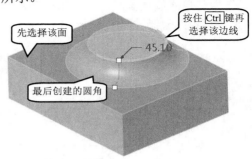

图4-68 使用边和曲面创建倒圆角特征

7. 创建完全倒圆角

完全倒圆角是根据设计条件自动确定圆角参数的倒圆角特征。

(1) 使用边线创建完全倒圆角。

如果使用边参照来创建完全倒圆角，则这些边参照必须位于同一个曲面上，设计完成后，将该公共曲面用倒圆角特征代替，设计过程如图 4-69 所示。

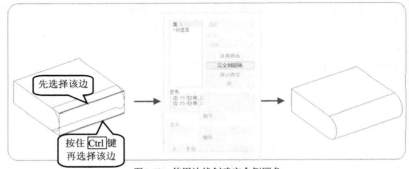

图4-69 使用边线创建完全倒圆角

(2) 使用曲面创建完全倒圆角。

使用曲面创建完全倒圆角特征时，首先选择两个曲面，倒圆角特征将与这两个曲面相切，然后指定一个曲面作为驱动曲面，圆角曲面的顶部将与该曲面相切。驱动曲面用于决定倒圆角的位置和圆角大小，如图 4-70 所示。

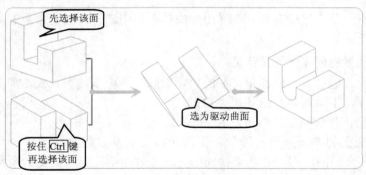

图4-70　使用曲面创建完全倒圆角

8.　使用曲线作为参照创建圆角

　　要创建特殊形状的倒圆角特征，仅使用边线和曲面作为放置参照还不够，这时可以使用曲线作为圆角的放置参照。使用基准曲线和其他参照相结合可以创建出形状和基准曲线相拟合的倒圆角特征，如图 4-71 所示。

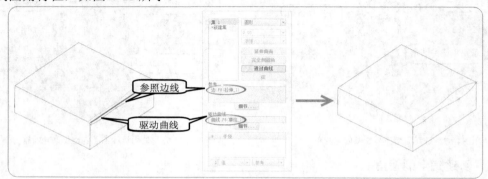

图4-71　使用曲线作为参照创建圆角

4.2.2　范例解析——创建倒圆角特征

　　本例将通过一个典型案例来介绍倒圆角特征的创建方法，在帮助读者明确倒圆角设计工具用法的同时掌握其设计技巧。

1.　打开素材文件。

　　打开"第 4 章\素材\round.prt"，如图 4-72 所示。

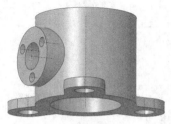

图4-72　素材文件

2.　创建第 1 个倒圆角特征。

(1)　在【工程】工具组中单击 　倒圆角 按钮，打开倒圆角设计工具。

(2) 设置圆角半径为"40.00"，按住 Ctrl 键选择图 4-73 所示的边线（共 6 处）。

(3) 单击鼠标中键，创建第 1 个倒圆角特征，结果如图 4-74 所示。

图4-73　选择参照（1）

图4-74　创建第 1 个倒圆角特征

3. 创建第 2 个倒圆角特征。

(1) 在【工程】工具组中单击 倒圆角 按钮，打开倒圆角设计工具。

(2) 设置圆角半径为"20.00"，按住 Ctrl 键选择图 4-75 所示的边线（共 3 处）。

(3) 展开【集】选项卡，单击【新键集】，创建集 2。

(4) 按照图 4-76 所示选择相切链，设置圆角半径为"15.00"。

图4-75　选择参照（2）

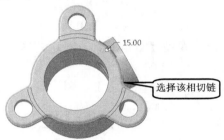
图4-76　选择参照（3）

(5) 单击【新建集】，创建集 3，按照图 4-77 所示选择相切链，设置圆角半径为"5.00"。

(6) 单击鼠标中键，结果如图 4-78 所示。

图4-77　选取参照（4）

图4-78　创建第 2 个倒圆角特征

4. 创建第 3 个倒圆角特征。

(1) 在【工程】工具组中单击 倒圆角 按钮，打开倒圆角设计工具。

(2) 设置圆角半径为"30.00"，按住 Ctrl 键选择图 4-79 所示的两个曲面。

(3) 展开【集】选项卡，单击【新建集】，创建集 3。

(4) 选择图 4-80 所示的边线作为放置参照，设置圆角半径为"10.00"。

选择这两个曲面

图4-79 选择参照（5）

图4-80 选择参照（6）

(5) 单击【新建集】，创建集 3，选择图 4-81 所示的边线作为放置参照，设置圆角半径为 "5.00"。

(6) 单击【新建集】，创建集 4，选择图 4-82 所示的边线作为放置参照，设置圆角半径为 "3.00"。

图4-81 选择参照（7）

图4-82 选择参照（8）

(7) 单击【新建集】，创建集 5，选择图 4-83 所示的边线作为放置参照，设置圆角半径为 "12.00"。

(8) 单击【新建集】，创建集 6，选择图 4-84 所示的边线作为放置参照，设置圆角半径为 "6.00"。

图4-83 选择参照（9）

图4-84 选择参照（10）

全部参数设置如图 4-85 所示。

(9) 单击鼠标中键，最后创建的倒圆角特征如图 4-86 所示。

图4-85 全部参数设置

图4-86 最后创建的倒圆角特征

4.3　创建拔模特征

拔模特征是在模型表面上引入结构斜度，用于将基础实体模型上的圆柱面或平面转换为斜面，这类似于在铸件上为方便起模而添加结构斜度后的表面，示例如图 4-87 所示。

图4-87　拔模特征应用示例

4.3.1　知识准备

创建基础实体特征后，在【工程】工具组中单击 ⬜拔模 按钮，打开图 4-88 所示的拔模设计工具，可利用该工具设置参数，创建拔模特征。

图4-88　拔模设计工具

1. 创建拔模特征的基本要素

创建拔模特征时通常需要设置以下 4 个基本要素。

(1) 拔模曲面。

拔模曲面是在模型上要加入拔模特征的曲面，在该曲面上添加结构斜度，简称拔模面。

(2) 拔模枢轴。

拔模枢轴用来指定拔模曲面上的直线或曲线，使拔模曲面绕该直线或曲线旋转生成拔模特征。

> **要点提示**　从创建原理上讲，拔模特征可以看作拔模曲面绕某直线或曲线转过一定角度后生成的。通常选择平面或曲线链作为拔模枢轴，如果选择平面作为拔模枢轴，则拔模曲面围绕其与该平面的交线旋转生成拔模特征。

(3) 拔模角度。

拔模角度是拔模曲面绕由拔模枢轴所确定的直线或曲线转过的角度，该角度决定了拔模特征中结构斜度的大小。拔模角度的取值范围为-30°～30°，并且该角度的方向可调。调整角度的方向可以决定在创建拔模特征时是在模型上增加材料还是切除材料。

(4) 拖动方向。

拖动方向用来指定测量拔模角度时所用的方向参照。选择平面为拔模枢轴时，拖动方向将垂直于该平面。系统使用箭头标识拖动方向的正向，设计时可以根据需要进行调整。可以选择平面、实体边、基准轴或坐标系作为决定拖动方向的参照。

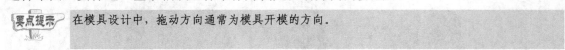

要点提示 在模具设计中，拖动方向通常为模具开模的方向。

图 4-89 所示为拔模原理示意图。打开拔模设计工具后，在设计面板下方展开【参考】选项卡，如图 4-90 所示，在这里可以设置 3 个参数确定拔模参照。

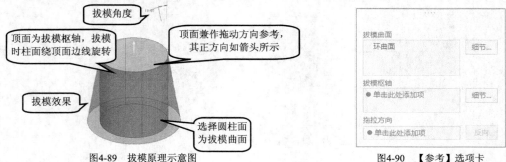

图4-89 拔模原理示意图 图4-90 【参考】选项卡

2. 选择拔模曲面

创建拔模特征的第 1 步是选择拔模曲面。在图 4-90 中激活【拔模曲面】列表框，选择拔模曲面，如果需要同时在多个曲面上创建拔模特征，可以按住 Ctrl 键并依次选择其他拔模曲面，如图 4-91 所示。

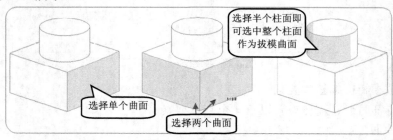

图4-91 选择拔模曲面

(1) 依次选择拔模曲面。

在图 4-90 中单击【拔模曲面】列表框右侧的 细节... 按钮，打开【曲面集】对话框，如图 4-92 所示，此时可以依次选择单个曲面构成曲面集来确定拔模曲面。

(2) 使用"环曲面"的方式选择拔模曲面。

使用单个曲面创建曲面集的效率不高，单击【曲面集】对话框中的 添加(A) 按钮，增加新的曲面集，并激活【锚点】列表框，选择一个曲面作为锚点曲面（参照曲面），然后选择锚点曲面上的一条边线来决定由哪些曲面构成曲面集，最后使用与锚点曲面具有相邻边的所有曲面组成的曲面集（环曲面）作为拔模曲面，如图 4-93 所示。

图4-92　【曲面集】对话框

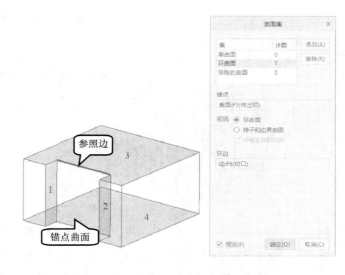

图4-93　使用"环曲面"的方式选择拔模曲面

在【曲面集】对话框中单击【排除的曲面】，可以排除多余的曲面，如图 4-94 所示。

(3)　使用"种子和边界曲面"的方式选择拔模曲面。

单击【曲面集】对话框中的 <u>添加(A)</u> 按钮，添加新的曲面集，选择一个曲面作为锚点曲面（种子曲面），接着选中【种子和边界曲面】【单曲面】单选项，然后选择一个或多个曲面（按住 Ctrl 键）作为边界曲面，则从种子曲面到边界曲面（不包括边界曲面）之间的曲面都被加入曲面集，如图 4-95 所示。

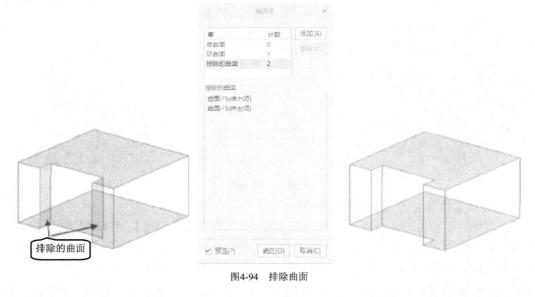

图4-94　排除曲面

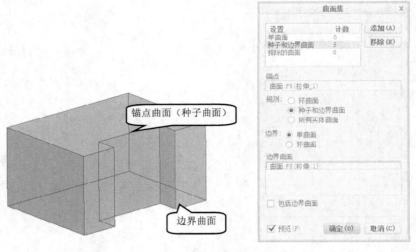

图4-95 使用"种子和边界曲面"的方式选择拔模曲面

 使用"环曲面"的方式选择拔模曲面时,锚点曲面将排除在曲面集之外,而使用"种子和边界曲面"的方式选择拔模曲面时,锚点曲面将包含在曲面集之中。在【曲面集】对话框中选中【包括边界曲面】复选项还可以选中边界曲面。多余的曲面可以按照上述方法排除。

选择种子曲面后,如果选中【种子和边界曲面】【环曲面】单选项,然后选择一个曲面作为边界曲面,再选择曲面上的一条边,则所有与边界曲面相邻的曲面都将被排除在曲面集之外,如图 4-96 所示。

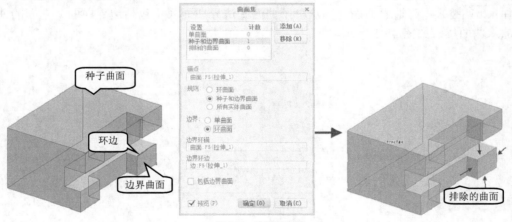

图4-96 使用环曲面

(4) 选择实体上的所有表面作为拔模曲面。

如果希望将模型上的所有表面作为拔模曲面,只需要在【曲面集】对话框中选中【所有主体的曲面】单选项即可。在实际设计中,当要求选择模型上的大多数曲面作为拔模曲面时,可以先选中所有的曲面,然后使用排除法将不需要的曲面排除后,构成拔模曲面集。

 如果实体上具有相切的曲面链,可任意选择其中一个曲面作为拔模曲面,最后创建的拔模特征将自动延伸到零件的整个相切曲面链上,如图 4-97 所示。

图4-97 选择相切链

3. 确定拔模枢轴

选择了拔模曲面后，接着在图 4-90 所示的选项卡中激活【拔模枢轴】列表框来确定拔模枢轴，拔模枢轴可以是实体边线或平面。

拔模枢轴用来确定拔模时拔模曲面转动的轴线。如果选择平面作为拔模枢轴，则该平面（或平面延展后）与拔模曲面的交线即拔模曲面转动的轴线，如图 4-98 和图 4-99 所示。

除了使用平面作为拔模枢轴，也可以直接选择曲线或实体边线作为拔模枢轴，拔模曲面将绕该曲线或实体边线旋转创建拔模特征。

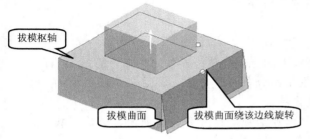

图4-98 拔模枢轴应用示例（1）

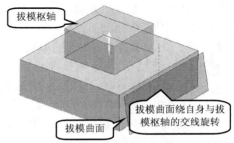

图4-99 拔模枢轴应用示例（2）

4. 确定拖动方向

激活图 4-90 所示的选项卡的【拖拉方向】列表框，选择适当的平面、边线或轴线参照来确定拖动方向，单击列表框右侧的 反向 按钮可以调整拖动方向。

能够充当拖动方向参照的对象主要有以下 3 种。

(1) 平面。

平面的法线方向为拖动方向。如果选择平面作为拔模枢轴，则系统将自动使用该平面来确定拖动方向，并使用一个黄色箭头指示拖动方向的正向。

(2) 边线或轴线。

边线或轴线的方向即拖动方向。

(3) 指定的坐标轴。

拖动方向为坐标轴的指向。

使用边线或坐标系确定拖动方向的示例分别如图 4-100 和图 4-101 所示。

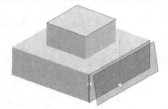

图4-100 使用边线确定拖动方向

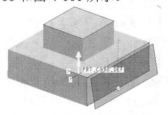

图4-101 使用坐标系确定拖动方向

单击【拖拉方向】列表框右侧的 反向 按钮可以反转拖动方向的指向，间接地确定拔模特征的加材料或减材料属性。确定拔模枢轴后，模型上将显示两个拖动图柄：圆形图柄位于拔模枢轴或拔模曲面轮廓上，标识拔模位置；拖动方形图柄可以调整拔模角的大小。

5. 设置拔模角度

正确设置了拔模参照后，在设计面板及模型上都将出现拔模角度的相关图示，用户可以直接在设计面板中设置拔模角度。如果创建的是可变拔模特征，则需要利用设计面板中的【角度】选项卡来详细编辑拔模角度。

拔模角度的取值范围为-30°～30°，不要超出该取值范围。此外，单击设计面板上拔模【角度】下拉列表右侧的 （调整方向）按钮可以反转拔模角度，主要用于改变拔模特征的加材料或减材料属性。

6. 指定分割类型

利用对拔模曲面进行分割的方法可以在同一拔模曲面上创建多种不同形式的拔模特征。在设计面板中展开【分割】选项卡，下面对其进行介绍。

(1) 分割拔模曲面的方法。

【分割】选项卡提供了 3 种分割拔模曲面的方法。

- 【不分割】：不分割拔模曲面，在拔模曲面上创建单一参数的拔模特征。
- 【根据拔模枢轴分割】：使用拔模枢轴来分割拔模曲面，然后在拔模曲面的两个分割区域内分别指定参数创建拔模特征。
- 【根据分割对象分割】：使用基准平面或曲线等来分割拔模曲面，然后在拔模曲面的两个分割区域内分别指定参数创建拔模特征。

(2) 分割工具。

如果选择【根据分割对象分割】选项，在设计面板中部将激活【分割对象】列表框，用户可以直接选择已经存在的基准平面或曲线作为分割对象，也可以单击右侧的 定义… 按钮，使用草绘的方法临时创建分割对象，例如创建适当的草绘曲线。

(3) 分割属性。

如果选择了对拔模曲面进行分割的方式来创建拔模特征，就可以在选项卡底部的【侧选项】下拉列表中分别为分割后的拔模面两侧选择适当的处理方法。有以下 4 种处理方法。

- 【独立拔模侧面】：为拔模曲面的每一侧指定独立的拔模角度。此时在设计面板上将添加确定第 2 侧拔模角度和方向的文本框和操作按钮，用户可以单独修正任意一侧的拔模角度和方向。
- 【从属拔模侧面】：为第 1 侧指定一个拔模角度后，在第 2 侧以相同角度、相反方向创建拔模特征，此选项仅在拔模曲面以拔模枢轴分割或使用两个拔模枢轴分割拔模面时可用。
- 【只拔模第一侧】：仅在拔模曲面的第 1 侧（拖动方向指向的一侧）创建拔模特征，第 2 侧保持原来的位置。
- 【只拔模第二侧】：仅在拔模曲面的第 2 侧（拖动方向指向的反侧）创建拔模特征，第 1 侧保持原来的位置。

如图 4-102 所示，选择基准平面 FRONT 作为拔模枢轴，然后选择【根据拔模枢轴分割】的方法分割拔模曲面，图中显示了 4 种分割属性的对比。

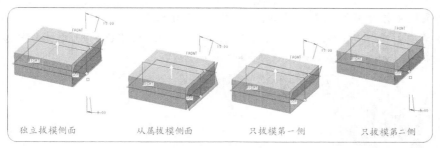

图4-102 设置分割属性

(4) 使用对象分割拔模曲面。

除了采用拔模枢轴分割拔模曲面，还可以在拔模曲面上草绘曲线来分割拔模曲面。如图 4-103 所示，在拔模曲面上创建草绘曲线对拔模曲面进行分割，设置分割属性为【独立拔模侧面】，分别在分割后的拔模曲面两侧指定不同的拔模角度。

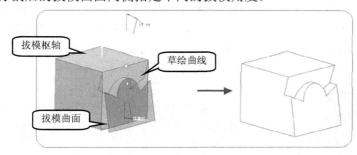

图4-103 使用对象分割拔模曲面

4.3.2 范例解析——创建拔模特征

本例将通过一个典型案例介绍拔模特征的创建方法，在帮助读者明确拔模设计工具用法的同时掌握其设计技巧。

1. 打开素材文件。

打开 "第 4 章\素材\draft.prt"，如图 4-104 所示。

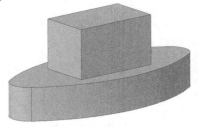

图4-104 素材文件

2. 在模型底座的环曲面上创建可变拔模特征。

(1) 在【工程】工具组单击 拔模 按钮，打开拔模设计工具，展开【参考】选项卡。

(2) 激活【拔模曲面】列表框，选择模型底座上由 4 段曲面组成的环曲面作为拔模曲面（选择多个曲面时按住 Ctrl 键），如图 4-105 所示。

(3) 激活【拔模枢轴】列表框，选择图 4-105 所示的实体表面作为拔模枢轴，在【拖拉方向】列表框中接受系统的默认设置，如图 4-106 所示。

(4) 展开【角度】选项卡，在角度编号上单击鼠标右键，在弹出的快捷菜单中选择【添加角度】命令，如图 4-107 所示，连续添加两个角度。

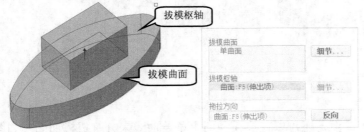

图4-105　选择拔模曲面和拔模枢轴　　　图4-106　设置完参数后的选项卡　　　图4-107　添加角度

(5) 选择图 4-108 所示的实体边线作为参照添加 1 个参考点，该点位于边线的中央，在该处设置拔模角度为 "25.00"。选择参照时，首先在参数面板中激活角度参数的【参考】列。

(6) 在图 4-108 所示边线上添加两个参照点，设置边线端点处的拔模角度为 "20.00"、边线中央的拔模角度为 "10.00"。图 4-109 所示是设置完成后的图形及选项卡。

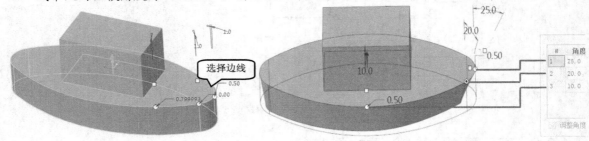

图4-108　选择参照　　　　　　　　　　　图4-109　设置拔模参数（1）

(7) 使用同样的方法在图 4-109 所示的两边线对称位置的边线处放置参照点，参数设置同图 4-109，最终插入 8 个参照点，结果如图 4-110 所示。

(8) 预览设计结果，确认无误后单击 ✓ （确定）按钮，生成的拔模结果如图 4-111 所示。

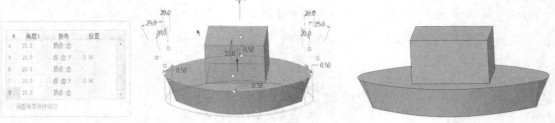

图4-110　设置拔模参数（2）　　　　　　　图4-111　拔模结果（1）

3. 在模型上部立方体的 4 个竖直表面上创建拔模特征。

(1) 单击【工程】工具组中的 拔模 按钮，打开拔模设计工具，展开【参考】选项卡。

(2) 激活【拔模曲面】列表框，选择模型上部立方体上的 4 个竖直平面作为拔模曲面（选择多个平面时按住 Ctrl 键），如图 4-112 所示。

(3) 在【基准】工具组中启动【基准平面】工具，选择基准平面 TOP 作为参照，设置偏移值为 "325.00" 创建与基准平面 TOP 平行的基准平面 DTM1，如图 4-113 所示。完成后单击 ▶ （退出暂停模式）按钮继续后续操作。

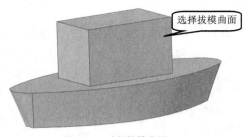

选择拔模曲面

图4-112　选择拔模曲面

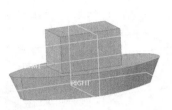

图4-113　新建基准平面

(4) 在【参考】选项卡中激活【拔模枢轴】列表框，然后选择新建基准平面 DTM1 作为拔模枢轴，接受系统默认的拖动方向。

(5) 展开【分割】选项卡，在【分割选项】下拉列表中选择【根据拔模枢轴分割】选项，在【侧选项】下拉列表中选择【独立拔模侧面】选项，然后设置拔模枢轴上侧的拔模角度为"10.00"，最后单击文本框右侧的 ✕（调整方向）按钮，调整拔模特征为减材料属性。

(6) 在拔模枢轴另一侧设置拔模角度为"20.00"，同样调整该侧的拔模特征为减材料属性，如图 4-114 所示。

(7) 预览设计结果，确认无误后单击 ✓（确定）按钮，生成的拔模结果如图 4-115 所示。

图4-114　设置拔模参数（3）

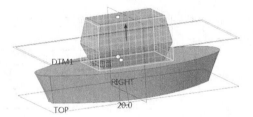

图4-115　拔模结果（2）

4. 在模型的顶部平面创建拔模特征。

(1) 单击【工程】工具组中的 ⬚ 拔模 按钮，打开拔模设计工具，展开【参考】选项卡。

(2) 激活【拔模曲面】列表框，选择图 4-116 所示的模型上表面作为拔模曲面，激活【拔模枢轴】列表框，选择基准平面 FRONT 作为拔模枢轴，如图 4-117 所示，接受系统默认的拖动方向。

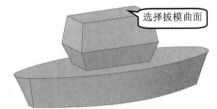

选择拔模曲面

图4-116　选择拔模曲面

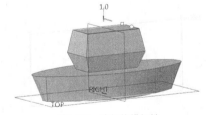

图4-117　选择拔模枢轴

(3) 展开【分割】选项卡，在【分割选项】下拉列表中选择【根据分割对象分割】选项，然后单击【分割对象】列表框右侧的 定义 按钮，选择拔模曲面作为草绘平面，接受系统所有的默认参照放置草绘平面后，绘制图 4-118 所示的草绘分割曲线，最后退出草绘模式。

(4) 在【侧选项】下拉列表中选择【独立拔模侧面】选项，然后设置分割曲线两侧的拔模角度均为"15.00"，单击【角度 1】文本框右侧的 ✕（调整方向）按钮，调整该侧拔模角的方向。

(5) 预览设计结果，确认无误后单击 ✓（确定）按钮，最终的拔模结果如图 4-119 所示。

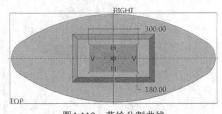

图4-118　草绘分割曲线

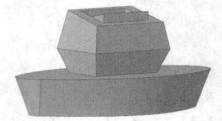

图4-119　最终的拔模结果

4.4　创建壳特征

壳特征是通过挖去基础实体特征的内部材料来获得均匀的薄壁结构。由壳特征创建的模型具有较少的材料消耗和较轻的重量，常用于创建各种薄壳结构和各种壳体容器等。

4.4.1　知识准备

创建基础实体特征后，在【工程】工具组中单击 壳 按钮即可打开壳设计工具，如图 4-120 所示。

图4-120　壳设计工具

1.　设置壳体参照

在设计面板上展开【参考】选项卡，如图 4-121 所示，其中包含 3 项参数集的设置。

图4-121　【参考】选项卡

(1) 选择要壳化的主体。

选择创建壳体的实体材料后，如果选择【全部】选项，则使用当前的全部实体模型创建壳体；如果选择【选定】选项，则依次选定需要创建壳体的实体材料，选中的主体将出现在下方的列表框中。

(2) 设置移除曲面。

移除曲面用来选择创建壳特征时在实体模型上要删除的曲面。如果未选择任何曲面，则会将模型的内部掏空，创建一个封闭壳，且空心部分没有入口。激活该列表框后，可以在实体模型表面选择一个或多个移除曲面，如果需要选择多个实体表面作为移除曲面，则应该按住 Ctrl 键。

图 4-122 所示是各种移除曲面的示例。

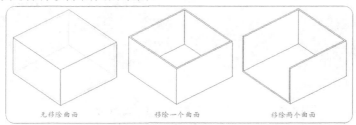

图4-122　移除曲面的示例

（3）设置非默认厚度。

非默认厚度用于选择要为其指定不同厚度的曲面，然后分别为这些曲面单独指定厚度值，如图 4-123 所示。其余曲面将统一使用默认厚度，默认厚度值在设计面板中的【厚度】文本框中设置。

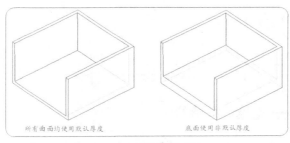

图4-123　设置非默认厚度

在图 4-121 所示的选项卡中激活【非默认厚度】列表框后，选择需要设置非默认厚度的曲面并依次为其设置厚度即可。选择多个曲面时需要按住 Ctrl 键。

2.　设定壳体默认厚度

在设计面板中的【厚度】文本框中为壳特征设置默认的厚度值。

单击【厚度】文本框右侧的 ╳ （调整方向）按钮可以调整加厚方向。默认情况下，在模型上保留指定厚度的材料，然后将其余材料掏空，单击 ╳ （调整方向）按钮后，将把整个模型对应的实体材料掏空，然后在外围添加指定厚度的材料，如图 4-124 所示。

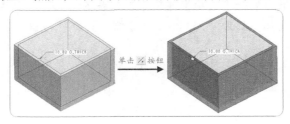

图4-124　调整加厚方向

3.　特征创建顺序对设计的影响

至此，本章已经介绍了孔特征、倒圆角特征、拔模特征及壳特征等多种工程特征，在三维建模时必须注意在基础实体特征上添加这些特征的顺序。即使在同一个模型上添加同一组工程特征，特征添加的先后顺序不同，最后的生成结果也不尽相同。

图 4-125 所示是"先孔后壳""先壳后孔"的设计结果对比。

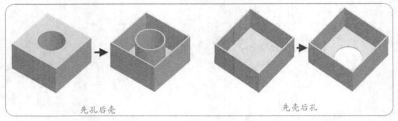

图4-125 "先孔后壳"和"先壳后孔"的设计结果对比

此外，不同的特征创建顺序对模型的最终质量也有较大的影响，不合理的特征创建顺序可能会在最终模型上留下潜在的设计缺陷。一般来说，壳特征应该安排在倒圆角特征和拔模特征等之后创建，否则容易在模型上产生壳体壁厚不均的缺陷。请对比图 4-126 中的不同特征创建顺序对设计结果的影响。

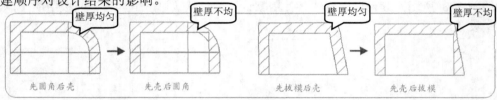

图4-126 不同特征创建顺序对设计结果的影响

4.4.2 范例解析——创建壳特征

本例将通过一个典型案例介绍壳特征的创建方法，并进一步巩固倒圆角特征、拔模特征的创建方法。

1. 新建文件。

新建名为"vase"的零件文件，随后进入三维建模环境。

2. 创建拉伸实体特征。

(1) 在【形状】工具组中单击 （拉伸）按钮，打开拉伸设计工具。

(2) 选择基准平面 TOP 作为草绘平面，并在草绘平面中绘制截面图，如图 4-127 所示，完成后退出草绘模式。

(3) 在【拉伸】设计面板中展开【选项】选项卡，按照图 4-128 所示在草绘平面的两侧设置不同的拉伸深度：【侧 1】为"100.00"、【侧 2】为"40.00"。生成的拉伸实体特征如图 4-129 所示。

图4-127 绘制截面图

图4-128 设置拉伸深度

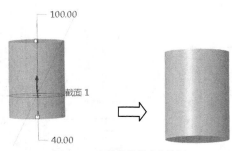

图4-129　生成的拉伸实体特征

3.　创建第 1 个拔模特征。

(1)　在【工程】工具组中单击 拔模 按钮，打开拔模设计工具，展开【参考】选项卡。

(2)　选择圆柱面作为拔模曲面（选择半个柱面即可）。

(3)　选择基准平面 TOP 作为拔模枢轴并确定拖动方向，如图 4-130 所示。单击【拖拉方向】右侧的 反向 按钮，确保在 TOP 平面下方创建拔模特征。

(4)　在设计面板中展开【分割】选项卡，按照图 4-131 所示设置分割参数。

图4-130　设置拔模参数（1）　　　　　　　　　　　　　图4-131　设置分割参数

(5)　在设计面板中设置拔模【角度】为 "20.00"，单击【角度 1】右侧的 （调整方向）按钮，使创建的拔模特征为加材料拔模特征，如图 4-132 所示。

(6)　单击 （确定）按钮，生成的拔模特征如图 4-133 所示。

图4-132　设置拔模参数（2）　　　　　　　　　　图4-133　生成的拔模特征

4.　创建第 2 个拔模特征。

(1)　打开拔模设计工具。

(2)　选择圆柱面作为拔模曲面（此时需要按住 Ctrl 键选中左、右两个半柱面）。

(3)　选择基准平面 TOP 作为拔模枢轴并确定拖动方向，单击 反向 按钮，创建加材料拔模特征。

(4)　在设计面板中展开【角度】选项卡，创建可变拔模特征。在图 4-134 中，首先为左半圆弧的 5 个参照点设置拔模角度，然后在右半圆弧上选择 3 个参照点设置拔模角度。各参照点的拔模角度如表 4-1 所示。

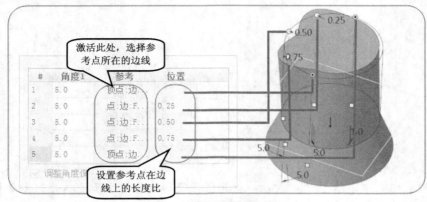

图4-134　设置拔模参数（3）

表 4-1　　　　　　　　　　　　　　　　各参照点处的拔模角度

编号	角度/°	点在曲线上的位置比例	参照点所在圆弧
1	5.00	—	
2	−5.00	0.25	
3	5.00	0.5	左半圆弧
4	−5.00	0.75	
5	5.00	—	
6	−5.00	0.25	
7	5.00	0.5	右半圆弧
8	−5.00	0.75	

(5) 单击 ✓（确定）按钮，生成的可变拔模特征如图 4-135 所示。

图4-135　生成的可变拔模特征

5. 创建倒圆角特征。

(1) 在【工程】工具组中单击 倒圆角 按钮，打开倒圆角设计工具。

(2) 按照图 4-136 所示分别选择两条边线来创建两个倒圆角集，并为倒圆角集 1 设置圆角半径为 "150.00"，为倒圆角集 2 设置圆角半径为 "5.00"。

(3) 单击 ✓（确定）按钮，生成的倒圆角特征如图 4-137 所示。

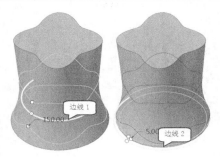

图4-136 选择圆角参照　　　　　　　　　　　　图4-137 生成的倒圆角特征

6. 创建壳特征。

(1) 在【工程】工具组中单击 ▣壳 按钮，打开壳设计工具。

(2) 选择图 4-138 所示的平面作为移除曲面。

(3) 在设计面板的【厚度】文本框中设置厚度值为"5.00"。

(4) 单击 ✓（确定）按钮，生成的壳特征如图 4-139 所示。

选择该平面

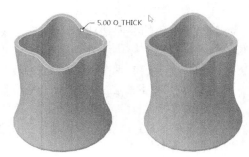

图4-138 选择移除曲面　　　　　　　　　　　　图4-139 生成的壳特征

7. 创建倒圆角特征。

在【工程】工具组中单击 倒圆角 按钮，按照图 4-140 所示按住 Ctrl 键选中边线，输入圆角半径为"2.00"，创建倒圆角特征。最终的设计结果如图 4-141 所示。

图4-140 选择圆角参照　　　　　　　　　　　　图4-141 最终的设计结果

4.5 创建倒角特征

倒角特征可以对模型的实体边或拐角进行斜切削加工。例如，在机械零件设计中，为了方便零件的装配，在图 4-142 所示的轴和孔的端面进行倒角加工。

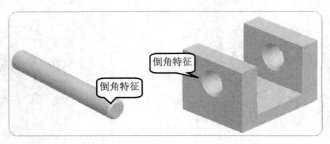

图4-142　倒角特征的应用

4.5.1　知识准备

1. 创建边倒角特征

创建基础实体特征之后，在【工程】工具组中单击 ✎ 倒角 按钮即可打开边倒角设计工具。边倒角的创建原理和倒圆角相似，通过选择参照边线来创建倒角集。

（1）边倒角特征的参照类型。

选取放置倒角的参照边线后，将在与该边相邻的两曲面间创建倒角特征。在设计面板上的第 1 个下拉列表中提供了 6 种创建边倒角的方法，其中常用的 4 种方法如下。

- 【D×D】：在两个曲面上距参照边 D 处创建倒角特征，这是系统的默认选项。
- 【D1×D2】：在一个曲面上距参照边 D1、在另一个曲面上距参照边 D2 处创建倒角特征。
- 【角度×D】：在一个曲面上距参照边 D，同时与另一曲面成指定角度处，创建倒角特征。
- 【45×D】：与两个曲面均成 45° 角且在两个曲面上距参照边 D 处创建倒角特征。

图 4-143 所示是上述 4 种方法的示例。

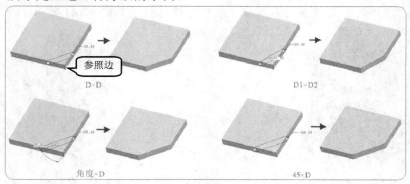

图4-143　4 种方法的示例

 虽然使用【D×D】倒角方法创建的倒角效果和【45×D】的一样，但是后者仅能在两垂直表面之间创建倒角特征，而前者还可以在非垂直表面之间创建倒角特征。使用【D1×D2】和【角度×D】倒角方法也可以在非垂直表面之间创建倒角特征。

（2）倒角集的使用。

如果要在模型上创建多组不同参数的倒角，可以在设计面板中展开【集】选项卡，分别为其设置不同的倒角集，然后在一个特征创建过程中生成。

与创建倒圆角特征相似，设计面板上列出了当前已经创建的倒角集，每个倒角集包含一组特定的倒角参照和几何参数。在设计时，可以选中某一倒角集并重新编辑其参数。

要点提示　如果每次选择单个边参照，系统将分别为每一个边参照创建一个倒角集；如果按住 Ctrl 键选择多条边，则系统将为这一组边创建一个倒角集；如果选择一条边后，按住 Shift 键再选择另一条边，则系统将选择包含这两条边线的整个封闭边链作为倒角参照，并创建一个倒角集。

2.　创建拐角倒角特征

在【工程】工具组中单击　倒角　按钮右侧的下拉按钮，利用　拐角倒角　工具可以创建拐角倒角特征，拐角倒角使用实体顶点作为倒角的放置参照。

选择顶点后，依次设置与该顶点相邻的 3 条边线上的倒角距离即可创建拐角倒角特征，如图 4-144 和图 4-145 所示。

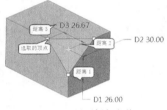

图4-144　设置倒角参数

图4-145　创建的拐角倒角特征

4.5.2　范例解析——创建倒角特征

本例将通过一个典型案例介绍倒角特征的创建方法，帮助读者在明确倒角设计工具用法的同时掌握其设计技巧。

1.　新建基准轴。

(1)　新建名为 "Cross_pipe" 的零件文件。

(2)　在【基准】工具组中单击　/ 轴　按钮，打开【基准轴】对话框，按住 Ctrl 键选择基准平面 TOP 和 FRONT，如图 4-146 所示，经过两平面的交线创建基准轴，结果如图 4-147 所示。

图4-146　【基准轴】对话框

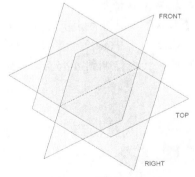

图4-147　创建基准轴

2.　创建旋转实体特征。

(1)　打开旋转设计工具，选择基准平面 TOP 作为草绘平面，接受其他默认参照，进入二维草绘环境。

(2) 绘制图 4-148 所示的截面图，完成后退出二维草绘模式。

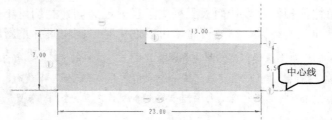

图4-148　绘制截面图（1）

(3) 在设计面板中接受默认参数集，创建图 4-149 所示的旋转实体特征。

3. 创建阵列特征。

(1) 选中刚创建的旋转实体特征，在【编辑】工具组中单击 ▦（阵列）按钮。

(2) 在参数面板中选择阵列类型为【轴】，选择步骤 1 创建的基准轴作为旋转轴线（可以直接在模型树中选择）。

(3) 设置特征总数（第一方向成员）为"4"、【成员间的角度】为"90"，阵列特征预览如图 4-150 所示，参数面板的设置如图 4-151 所示。

(4) 单击 ✓（确定）按钮，创建的阵列特征如图 4-152 所示。

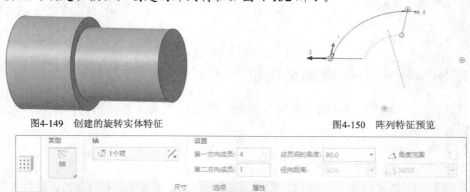

图4-149　创建的旋转实体特征　　　　　　　图4-150　阵列特征预览

图4-151　参数面板设置

4. 创建拉伸实体特征。

(1) 在【形状】工具组中打开拉伸设计工具。

(2) 选择基准平面 TOP 作为草绘平面，接受其他默认参照，进入二维草绘环境。

(3) 在草绘平面内绘制图 4-153 所示的截面图，完成后退出二维草绘模式。

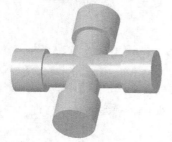

图4-152　创建的阵列特征

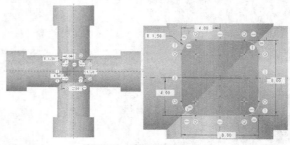

图4-153　绘制截面图（2）

(4) 按照图 4-154 所示设置特征参数，此时系统可能会自动选中 <移除材料 按钮，单击取消选中该
按钮。设置拉伸深度为"12.00"，对称拉伸，最后创建的拉伸实体特征如图 4-155 所示。

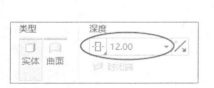

图4-154　设置特征参数

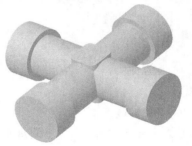

图4-155　创建的拉伸实体特征

5. 创建孔特征。

(1) 在【工程】工具组中单击 创孔 按钮，打开孔设计工具。

(2) 在设计面板中展开【放置】选项卡，按住 Ctrl 键选择图 4-156 所示的轴线和平面作为孔
的放置参照，其他参数设置如图 4-157 所示，最后创建的孔特征如图 4-158 所示。参数
面板设置（设置孔直径为"8.00"）如图 4-159 所示。

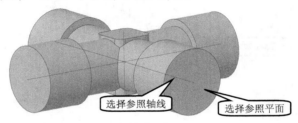

图4-156　选择放置参照（1）

图4-157　设置孔定位参数

图4-158　创建的孔特征（1）

图4-159　孔详细参数设置

(3) 使用同样的方法选择图 4-160 所示的放置参照创建孔特征，参数设置同图 4-159，设计
结果如图 4-161 所示。

6. 创建倒角特征。

(1) 在【工程】工具组中单击 倒角 按钮，打开倒角设计工具，选择倒角创建方法为【角度 ×
D】。

图4-160 选择放置参照（2）

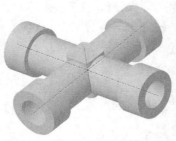

图4-161 创建的孔特征（2）

(2) 选择图 4-162 所示的边线 1 作为倒角参照（按住 Ctrl 键的同时选中对称位置的其余 3 条边线），按照图 4-163 所示设置倒角参数：【角度】为 "60.0"、【D】为 "3.00"。创建的倒角特征如图 4-164 所示。

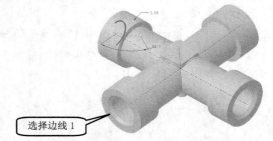

图4-162 选择倒角参照（1）

图4-163 设置倒角参数

图4-164 创建的倒角特征（1）

(3) 使用类似的方法创建第 2 个倒角特征。选择倒角创建方法为【45×D】，选择图 4-165 所示的边线 2 和边线 3 为倒角参照（按住 Ctrl 键的同时选中对称位置的其余 6 条边线），设置倒角 D 为 "1.50"，最后创建的倒角特征如图 4-166 所示。

图4-165 选择倒角参照（2）

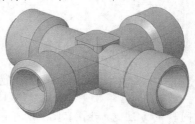

图4-166 创建的倒角特征（2）

7. 创建倒圆角特征。

(1) 在【工程】工具组中单击 倒圆角 按钮，打开倒圆角设计工具。

(2) 按住 Ctrl 键选择图 4-167 所示的 4 条曲线作为倒圆角特征的放置参照，设置倒圆角半

径为 "2.0"，最终的设计结果如图 4-168 所示。

图4-167　选取倒圆角参照

图4-168　最终的设计结果

4.6　小结

本章详细介绍了各种常用工程特征的设计方法，这些工程特征包括孔特征、倒圆角特征、拔模特征、壳特征及倒角特征等。

工程特征必须以基础实体特征为载体。在创建工程特征时，除了确定描述特征自身形状和大小的定形参数，还必须指定定位参数来确定其在基础实体特征上准确的放置位置。这些定位参数可通过一系列参照来设定，能够充当放置参照的对象有很多，各类基准特征及实体上的点、线和面等都是理想的定位参照。

孔特征是常用的工程特征之一。Creo 提供了直孔、草绘孔和标准孔等 3 种孔类型，在设计时可以根据需要选择。在放置孔特征时，用户要掌握系统提供的 4 种放置孔特征的方法及各自的应用特点，其中【线性】【径向】【同轴】都比较常用。

倒圆角特征用于消除模型上的棱角，实现模型表面之间的光滑过渡。新版软件对倒圆角特征的设计做了较大的改进，设计方法得到了进一步优化，通过创建不同的倒圆角集可以在一个倒圆角特征中的不同边线处放置不同参数的圆角，这既提高了设计效率又减少了特征的数量。

拔模特征用于在模型上加入斜度结构，必须深刻理解拔模特征的 4 个基本设计要素的含义与设计方法，此外还应该掌握获得加材料和减材料拔模特征的方法。

壳特征用来创建中空的薄壁结构。特别注意壳特征通常安排在拔模特征、倒圆角及倒角特征之后。

倒角特征与倒圆角特征相似，其创建方法也有诸多共同点。除了可以在边线处放置倒角特征，还可以选择顶点作为参照来创建倒角特征。

4.7　习题

1. 创建工程特征时必须指定哪两类参数？
2. 在创建一组孔特征时，怎样保证它们满足同轴的要求？
3. 使用壳特征和加厚草绘特征都可以创建薄壁结构，两者有何区别？
4. 孔特征、壳特征、倒圆角特征和倒角特征一定是减材料特征吗？拔模特征是加材料特征还是减材料特征？
5. 在创建标准孔时，是否可以使用系统的默认模板进行设计？
6. 在一个倒圆角特征中是否可以包含半径大小不同的几种圆角？

第5章 特征的操作和参数化设计

【学习目标】
- 掌握特征阵列的基本方法与技巧。
- 掌握特征复制的基本方法与技巧。
- 明确特征的编辑和重定义方法。
- 明确创建参数化模型的基本方法和技巧。

在 Creo 8.0 中，特征是模型的基本组成单位，一个三维模型由众多的特征按照设计顺序，以搭积木的方式"拼装"而成，这样创建的实体模型具有清晰的结构。同时，特征又是模型操作的基本单位，在模型上选择特定特征后，可以使用阵列、复制等方法为其创建副本，还可以使用修改、重定义等操作来修改和完善设计中的缺陷。

5.1 特征阵列

特征阵列是指将一组对象规则有序地进行排列，常用于快速、准确地创建数量较多、排列规则且形状相近的一组结构，例如电话上整齐排列的按键、风扇上整齐排列的叶片等。

5.1.1 知识准备

在进行阵列操作之前，首先创建一个阵列对象，称为原始特征，然后根据原始特征创建一组副本特征，也就是原始特征的一组实例特征。

1. 阵列的特点

阵列具有以下特点。

(1) 特征阵列使用特征复制的方法来创建新特征，操作简便。

(2) 特征阵列受阵列参数控制，通过改变阵列参数（例如实例特征总数、实例特征之间的间距及原始特征的尺寸等），可方便地修改阵列结果。

(3) 特征阵列之间包含严格的约束关系，修改原始特征后，系统将自动更新整个阵列。

(4) 阵列特征及其实例特征通常作为一个整体进行操作，对包含在一个阵列中的多个特征同时执行操作，比单独操作特征更为方便和高效。例如，可方便地隐含阵列或将其添加到图层中。

> **要点提示** 每次只能对一个特征进行阵列操作。如果要同时阵列多个特征，可以先使用这些特征创建一个"局部组"，然后阵列这个组。

2. 阵列工具

(1) 设计面板。

选中阵列对象后，在【编辑】工具组中单击 （阵列）按钮，可打开图 5-1 所示的阵列设计工具。

图5-1　阵列设计工具

(2)　阵列方法。

阵列方法形式多样，根据设计参照及操作过程的不同，系统提供了尺寸阵列、方向阵列、轴阵列、表阵列、参照阵列和填充阵列等 8 种类型，简介如下。

- 尺寸阵列：使用驱动尺寸并指定阵列尺寸的增量来创建阵列特征。用户可以根据需要创建一维特征阵列和二维特征阵列，尺寸阵列可以是单向阵列（孔的线性阵列），也可以是双向阵列（孔的矩形阵列），是最常用的特征阵列方式。
- 方向阵列：通过指定方向参照来创建线性阵列。
- 轴阵列：通过指定轴参照来创建旋转阵列或螺旋阵列。
- 填充阵列：用实例特征使用特定的格式填充选定区域来创建阵列。
- 表阵列：编辑阵列表，在阵列表中为每一阵列实例指定尺寸值来创建阵列。
- 参照阵列：参考一个已有的阵列来阵列选定的特征。
- 点阵列：通过将阵列成员放置在点或坐标系上来创建阵列。
- 曲线阵列：按照选定的曲线排列阵列特征。

(3)　基本概念。

为了方便叙述并帮助读者理解各种阵列设计方法，下面简要介绍几个相关的术语。

- 原始特征：选定用于阵列的特征，这是阵列时的父本特征。
- 实例特征：根据原始特征创建的一组副本特征。
- 一维阵列：仅在一个方向上创建阵列实例的阵列方式。
- 多维阵列：在多个方向上同时创建阵列实例的阵列方式。
- 线性阵列：使用线性尺寸创建阵列，阵列后的特征呈直线排列。
- 旋转阵列：使用角度尺寸创建阵列，阵列后的特征以指定的中心呈环状排列。

图 5-2 所示为一维线性阵列的示例，图 5-3 所示为二维线性阵列的示例，图 5-4 所示为一维旋转阵列的示例，图 5-5 所示为二维旋转阵列的示例。

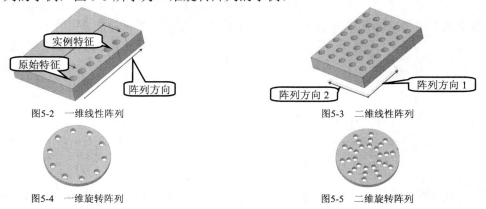

图5-2　一维线性阵列　　　　　　　　　图5-3　二维线性阵列

图5-4　一维旋转阵列　　　　　　　　　图5-5　二维旋转阵列

3. 尺寸阵列

尺寸阵列主要选择特征上的尺寸作为阵列设计的基本参数。在创建尺寸阵列之前，首先需要创建基础实体特征及原始特征。

(1) 尺寸阵列的形式。

在图 5-1 左侧的【类型】下拉列表中选择【尺寸】选项，在设计面板中展开【选项】选项卡，其中提供了 3 种尺寸阵列的形式，其对比如表 5-1 所示。

表 5-1　　尺寸阵列形式的对比

比较项目	尺寸阵列形式		
	相同	可变	常规
实例特征再生速度	最快	一般	最慢
实例特征大小可否变化	否	可以	可以
实例特征可否与放置平面的边缘相交	否	可以	可以
特征之间可否交错重叠	否	否	可以
可否在原始特征的放置平面以外生成实例特征	否	可以	可以
示例图	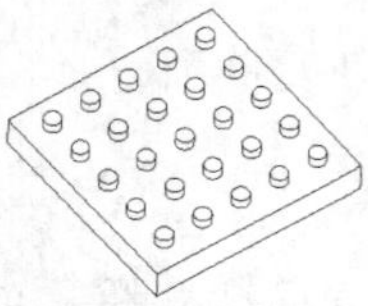	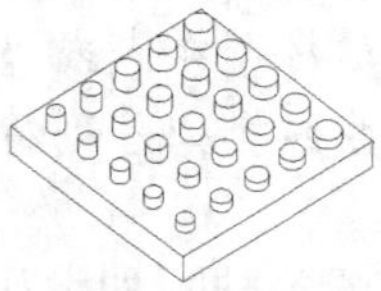	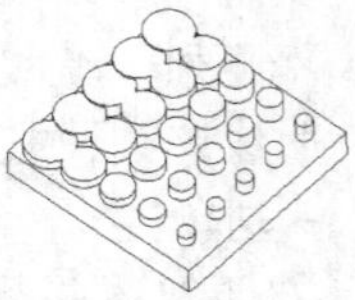

要点提示 由表 5-1 可以看出，【相同】阵列要求严格，一旦出现了不允许的设计操作，特征阵列就会以失败告终，但是用这种形式的阵列简单，而且特征再生迅速；【常规】阵列的设计约束少，应用广泛，但是实例特征再生时间长；【可变】阵列综合了两者的长处，是一种折中的阵列形式。

(2) 确定驱动尺寸。

从原始特征上选择一个或多个定形尺寸或定位尺寸作为驱动尺寸来确定实例特征的生成方向，将以这些尺寸的标注参照为基准，沿尺寸标注的方向创建实例特征，如图 5-6 所示。

选择驱动尺寸后，要注意根据驱动尺寸的标注参照来确定实例特征的生成方向。实例特征的生成方向总是从标注参照开始沿着尺寸标注的方向，结果如图 5-7 所示。

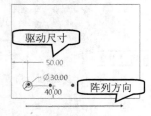

图5-6　确定驱动尺寸

图5-7　实例特征

(3) 确定尺寸增量。

选择了阵列驱动尺寸后，接下来需要在此基础上进一步确定阵列尺寸增量。根据驱动尺寸类型的不同，尺寸增量主要有以下两种用途。

① 如果选择原始特征上的定位尺寸作为驱动尺寸，可以通过尺寸增量指明在该阵列方向上的各实例特征之间的间距。

② 如果选择原始特征上的定形尺寸作为驱动尺寸，可以通过尺寸增量指明在阵列方向上的各实例特征对应尺寸依次增加（或减小）量的大小。

在图 5-8 中，选择孔的定位尺寸 50.00 作为驱动尺寸 1，并为其设置尺寸增量为 90.00，则生成的实例特征相互之间的中心距离为 90.00；选择定形尺寸 30.00 作为驱动尺寸 2，并为其设置尺寸增量为 10.00，则生成的各实例特征的直径将依次增加 10.00。

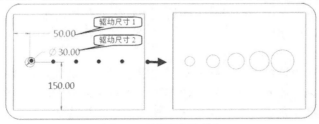

图5-8　尺寸增量应用示例

(4) 确定阵列特征总数。

最后确定在每一个阵列方向上需要创建的特征总数。需要注意的是，阵列特征总数包含原始特征。

(5) 使用关系式创建特征阵列。

为了使特征阵列的形式富于变化并且具有可编辑的特点，可使用关系式来驱动阵列增量。当选择原始特征的一个尺寸作为驱动尺寸后，在为其指定尺寸增量时，可以使用关系式，这时每一个阵列实例的增量值由关系式确定，不再是一个固定数值。

在编辑阵列关系式时可以使用下列系统认可的参数。

- LEAD_V：导引值（也就是驱动尺寸）的参数符号。
- MEMB_V：确定每一个实例特征尺寸或位置时使用的参数符号。该参数是相对于原始特征来定位每一个实例特征。
- MEMB_I：确定每一个实例特征尺寸或位置时使用的参数符号，该参数是相对于前一个实例特征来定位每一个实例特征。
- IDX1：第一方向的阵列实例索引值，这些值每计算完一个阵列实例后自动递增 1。
- IDX2：第二方向的阵列实例索引值，每计算完一个阵列实例后自动递增 1。

 MEMB_V 和 MEMB_I 是互相排斥的，两者不能同时出现在同一阵列关系式中。

4. 其他阵列

尺寸阵列虽然通用性很强，但是在设计操作时并不简便。在实际应用中，通常根据特征的具体情况选用以下阵列方法来进行设计，以提高设计效率。

(1) 方向阵列。

方向阵列用于创建线性阵列，设计时使用方向参照来确定阵列方向。可以作为方向参照的元素有以下 4 种。

- 实体上的平直边线：阵列方向与边线的延伸方向一致。
- 平面或平整曲面：阵列方向与该平面（曲面）垂直。
- 坐标系：阵列方向与该坐标系中指定坐标轴的指向一致。
- 基准轴：阵列方向与该轴线的指向一致。

（2）轴阵列。

轴阵列主要用于创建旋转阵列。设计中首先选择一根旋转轴作为参照，然后围绕该旋转轴创建旋转阵列，既可以创建一维旋转阵列，也可以创建二维旋转阵列。

（3）参照阵列。

在创建一个特征阵列之后，如果在原始特征上继续添加新特征，并希望在各实例特征上也添加相同的特征，可以使用参照阵列。

（4）表阵列。

表阵列是一种相对比较自由的阵列方式，常用于创建不太规则布置的特征阵列。在创建表阵列之前，首先收集特征的尺寸参数创建阵列表，然后使用文本编辑的方式编辑阵列表，为每个实例特征确定尺寸参数，最后使用这些参数创建阵列特征。

（5）填充阵列。

填充阵列是一种操作更加简便、实现方式更加多样化的特征阵列方法。在创建填充阵列时，首先划定阵列的布置范围，然后指定特征阵列的排列格式并微调有关参数，系统将按照设定的格式在指定区域内创建阵列特征。

（6）曲线阵列。

曲线阵列是一种更加灵活的阵列方法，用户可以沿着曲线布置实例特征。

5.1.2　范例解析——特征阵列的应用

下面通过一组练习来学习阵列操作的基本技巧。

1.　创建尺寸阵列

1. 打开素材文件"第 5 章\素材\array1.prt"。
2. 选中模型上的孔，在【编辑】工具组中单击▦（阵列）按钮，打开阵列设计工具，此时将显示模型上的所有尺寸参数，如图 5-9 所示。
3. 在设计面板中展开【尺寸】选项卡，激活【方向 1】列表框，选择尺寸"50.00"作为第 1 个驱动尺寸，设置阵列尺寸增量为"75.00"，表示在该尺寸方向上每两个实例特征中心的距离为"75.00"。
4. 按住 Ctrl 键选择直径尺寸"30.00"作为第 2 个驱动尺寸，设置阵列尺寸增量为"5.00"，表示在该阵列方向上各实例特征的直径依次增加 5.00，如图 5-10 所示。
5. 激活【方向 2】列表框，选择尺寸"40.00"作为第 1 个驱动尺寸，设置阵列尺寸增量为"55.00"。
6. 按住 Ctrl 键继续选择直径尺寸"30.00"作为第 2 个驱动尺寸，设置阵列尺寸增量为"–5.00"，表示在该阵列方向上各实例特征的直径依次减小 5.00，如图 5-11 所示。
7. 设置第一方向和第二方向上的特征总数均为"5"，随后系统显示阵列效果预览，每个颜色点代表一个实例特征，如图 5-12 所示。设置完成的阵列面板如图 5-13 所示。

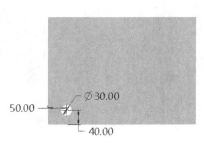

图5-9 显示尺寸参数

图5-10 设置阵列参数（1）

图5-11 设置阵列参数（2）

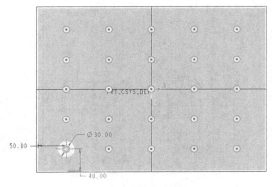

图5-12 预览阵列结果

图5-13 阵列面板

8. 单击鼠标中键，创建的阵列结果如图 5-14 所示。

图5-14 创建的阵列结果

要点提示 在图 5-12 中，每个颜色点代表一个实例特征，单击某个小黑点使之变成空心点，对应的实例特征将被删除，再次单击空心点又可以变成小黑点，重新显示该实例特征，如图 5-15 所示。

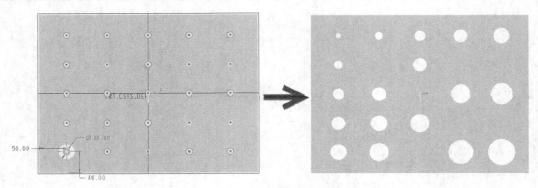

图5-15 删除部分实例特征的结果

9. 在左侧模型树中单击阵列特征左侧的三角符号，展开阵列特征标记，其中第 1 个为原始特征，其余为实例特征，如图 5-16 所示。

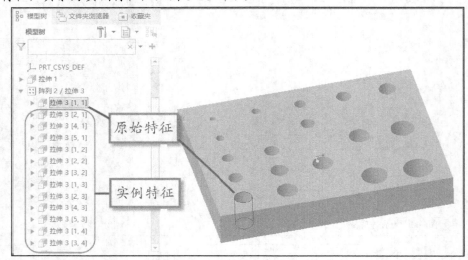

图5-16 模型树中的显示结果

10. 在模型树中的阵列特征上单击鼠标右键，在弹出的快捷菜单中选择【删除阵列】命令，即可删除该实例特征。

 如果在弹出的快捷菜单中选择【删除】命令，则删除原始特征和所有实例特征。

2. 创建方向阵列

1. 打开素材文件 "第 5 章\素材\array1.prt"。

2. 选中模型上的孔，在【工程】工具组中单击 （阵列）按钮，打开阵列设计工具。在面板左侧的【类型】下拉列表中选择【方向】选项，创建方向阵列。

3. 选择图 5-17 所示的边线作为方向参照，然后按照图 5-18 所示设置特征总数为 "6"，驱动尺寸为 "55.00"。

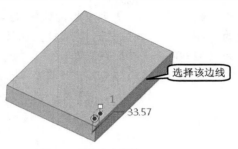

图5-17 选取方向参照

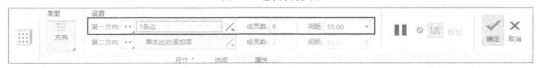

图5-18 设置阵列参数（1）

4. 在参数面板中展开【尺寸】选项卡，激活【方向 1】列表框，选择尺寸"40.00"作为第 1 个驱动尺寸，设置尺寸增量为"40.00"；按住 Ctrl 键选择直径尺寸"30.00"作为第 2 个驱动尺寸，设置尺寸增量为"6.00"，如图 5-19 所示。

5. 单击鼠标中键，最后创建的阵列如图 5-20 所示。

图5-19 设置阵列参数（2）

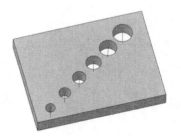

图5-20 创建的方向阵列

3. 创建轴阵列

1. 打开素材文件"第 5 章\素材\array2.prt"。

2. 选中模型上的孔，在【编辑】工具组中单击 （阵列）按钮，打开阵列设计工具。在参数面板左侧的【类型】下拉列表中选择【轴】选项，创建轴阵列。

3. 选择图 5-21 所示的轴线作为阵列参照，预览阵列效果，如图 5-22 所示。

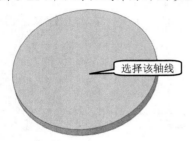

图5-21 选取阵列参照

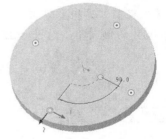

图5-22 阵列预览效果

4. 展开【尺寸】选项卡，激活【方向 1】列表框，选择尺寸"200.00"作为第 1 个驱动尺寸，设置尺寸增量为"–8.00"；按住 Ctrl 键选择直径尺寸"50.00"作为第 2 个驱动尺寸，设置尺寸增量为"–2.00"，如图 5-23 所示。

图5-23 设置阵列参数（1）

5. 按照图 5-24 所示设置特征总数为"24"，特征间的角度为"30"，单击鼠标中键后创建的实例特征逐渐逼近参照轴线，并且其直径逐渐减小，结果如图 5-25 所示。

图5-24 设置阵列参数（2）

图5-25 创建的轴阵列

4. 创建参照阵列

1. 打开素材文件"第 5 章\素材\array3.prt"。
2. 在模型树中展开阵列特征，选择原始特征，如图 5-26 所示。
3. 在【工程】工具组中单击 倒圆角 按钮，打开倒圆角设计工具，在原始特征上创建半径为"5.00"的倒圆角，结果如图 5-27 所示。

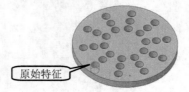

图5-26 选择原始特征

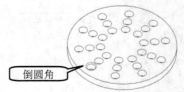

图5-27 创建倒圆角

4. 选中新建的倒圆角特征，单击 ▦ 按钮，打开阵列设计工具，目前仅有参照阵列可以使用。

5. 单击最内层的小黑点，使之显示为空心点，这些实例特征上将不创建倒圆角特征，而其余实例特征上将创建与原始特征参数相同的倒圆角特征，如图 5-28 所示。

6. 单击鼠标中键，结果如图 5-29 所示。

图5-28 取消部分小黑点

图5-29 创建的参照阵列

 如果原始特征上新建的特征具有多种可能的阵列结果，则用户可以根据需要选择适当的阵列方法。如果希望使用参照阵列，可以从阵列面板左侧的【类型】下拉列表中选择【参考】选项。

5. 创建表阵列

1. 打开素材文件"第 5 章\素材\array1.prt"。

2. 选中模型上的孔，单击 ▦（阵列）按钮，打开阵列设计工具，在面板左侧的【类型】下拉列表中选择【表】选项，创建表阵列，此时模型上显示该孔的所有尺寸参数，如图 5-30 所示。

3. 展开【表尺寸】选项卡，按住 Ctrl 键将孔的 3 个尺寸添加到尺寸列表框中，如图 5-31 所示。

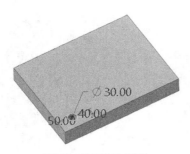

图5-30 显示孔尺寸参数

图5-31 添加表尺寸

4. 在阵列面板中单击 ☑（编辑）按钮，打开文本编辑器，按照图 5-32 所示编辑阵列表，创建 4 个实例特征，注意表中每个特征参数的对应关系。

5. 在文本编辑器中选择菜单命令【文件】/【保存】，保存修改后的阵列表，然后选择菜单命令【文件】/【退出】，退出文本编辑器。

 阵列表中，"*"代表该参数与原始特征对应的参数相同。

6. 单击设计面板中的 ✓（确定）按钮，结果如图 5-33 所示。

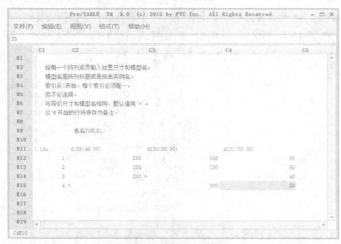

图5-32　编辑阵列表

图5-33　阵列结果

6.　创建填充阵列

1. 打开素材文件"第 5 章\素材\array4.prt"。

2. 选中模型上的孔，单击 ▦（阵列）按钮，打开阵列设计工具，在设计面板左侧的【类型】下拉列表中选择【填充】选项。

3. 在【参考】选项卡中单击 定义... 按钮，然后选择图 5-34 所示的平面作为草绘平面，单击鼠标中键，进入草绘模式。

4. 选择 □ 投影 工具，然后依次选择实体模型的边线作为填充区域，如图 5-35 所示，完成后退出草绘模式。

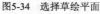

图5-34　选择草绘平面

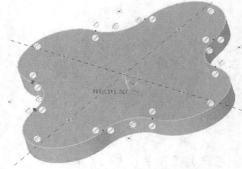

图5-35　绘制草绘区域

5. 从面板左侧的【栅格阵列】下拉列表中选择实例特征的排列阵型，主要有【正方形】【菱形】【六边形】【圆】【Spiral】【曲线】等形状，这里选择【菱形】。

6. 在【间距】文本框中设置实例特征之间的距离为"40.00"。

7. 在【边界】文本框中设置实例特征到草绘边界的距离为"20.00"。

8. 在【旋转】文本框中设置实例阵列关于中心原点转过的角度为"45.00"，此时预览阵列效果如图 5-36 所示，图中标出了各参数的含义。

9. 单击取消图 5-37 所示的实例特征，然后单击鼠标中键，结果如图 5-38 所示。

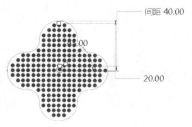

图5-36 预览阵列效果

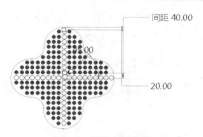

图5-37 删除实例特征

图5-38 阵列结果

7. 创建曲线阵列

1. 打开素材文件"第 5 章\素材\array5.prt"。
2. 选中模型上的菱形孔，打开阵列设计工具，在面板左侧的【类型】下拉列表中选择【曲线】选项，创建曲线阵列。
3. 在绘图窗口的空白处长按鼠标右键，在弹出的快捷面板中单击 （定义内部草绘）按钮，然后选择图 5-39 所示的平面作为草绘平面，单击鼠标中键，进入草绘模式。
4. 在【草绘】工具组中单击 偏移 按钮，在【类型】对话框中选择【环】单选项，然后任意选择一条模型边线，从而选中整个模型边线链，如图 5-40 所示。

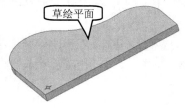

图5-39 选取草绘平面

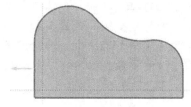

图5-40 选择模型边线链

5. 在【于箭头方向输入偏移】文本框中设置偏距数值为"–30.00"，然后按 Enter 键，创建的草绘曲线如图 5-41 所示，最后在【类型】对话框中单击 关闭(C) 按钮。
6. 选中图 5-42 所示的参照点（选中后变为红色），在其上长按鼠标右键，在弹出的快捷菜单中选择【起点】命令，将其设为起始点，如图 5-43 所示，完成后退出草绘模式。

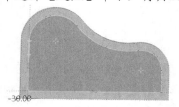

图5-41 创建的草绘曲线

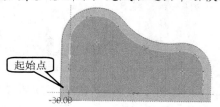

图5-42 选择起始点

> **要点提示** 通常将曲线上的起始点设置在距离原始特征最近的位置处，否则最后创建的阵列结果与参照曲线间的偏距太大。

7. 单击面板上的 ![成员数] 按钮，设置特征总数为 "40"。

> **要点提示** 面板上的 ![间距] 按钮用于设置实例特征之间的间距。

8. 单击鼠标中键，结果如图 5-44 所示。

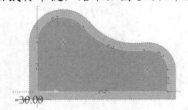

图5-43　设置起始点

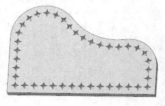

图5-44　阵列结果

8.　使用关系式创建阵列特征

1. 使用拉伸的方法创建一个长方体模型，其长、宽、高分别为 800.00、300.00、50.00。

2. 使用拉伸的方法在模型上切出一个圆孔。在绘制特征的草绘剖面时，注意按照图 5-45 所示选择尺寸参照并标注尺寸，结果如图 5-46 所示。

图5-45　绘制草绘截面

图5-46　创建的圆孔

3. 选中孔特征，单击 ![阵列] （阵列）按钮，打开阵列设计工具，此时模型上将显示原始特征的 3 个尺寸参数，如图 5-47 所示。

4. 展开【尺寸】选项卡，选择定位尺寸 "40.00" 作为第 1 个驱动尺寸，暂时接受默认的尺寸增量参数，注意此时系统显示该尺寸的代号为 "d10"，如图 5-48 所示。

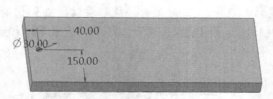

图5-47　显示特征参数

图5-48　选择驱动尺寸（1）

5. 选中该驱动尺寸后，再选中下方的【按关系定义增量】复选项，然后单击 ![编辑] 按钮，打开【关系】对话框，添加图 5-49 所示的关系式，完成后关闭对话框。

图5-49　输入关系式（1）

为了便于读者理解关系式"memb_i=(d1-(2*d10))/9"的含义，特做以下说明。

- "memb_i"代表每一个阵列实例相对于前一个阵列实例在该阵列方向上的尺寸增量，在本例中也就是两个阵列实例之间的距离。
- "d1"代表基础实体特征的长度（也就是尺寸 800.00 的符号尺寸）。
- "d10"为驱动尺寸。
- 本例中阵列特征总数为"10"，10 个特征之间具有 9 个相等的间距。此处的特征总数为暂定值，稍后还可以修改。
- 该关系式的含义是在整个基础实体特征的长度方向上均匀排列所有的实例特征。
- 在 Creo 8.0 中，模型尺寸有两种表示方法：一种是数值，另一种是使用字母和数字组成的符号，如本例的 d1 和 d10。

要点提示　在模型树窗口的某一特征上单击鼠标右键，在弹出的快捷菜单中选择【编辑】命令，此时会显示特征上的所有尺寸，不过是数值形式，继续在【工具】功能区的【模型意图】工具组中单击 d=关系 按钮就可以查看到符号尺寸了，如图 5-50 所示。

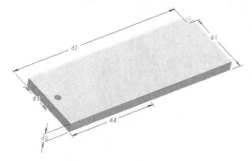

图5-50　查看符号尺寸

6. 按住 Ctrl 键选择竖直方向上的尺寸"150.00"作为第 2 个驱动尺寸，如图 5-51 所示。
7. 用与步骤 4、步骤 5 相同的方法打开【关系】窗口，为该驱动尺寸的尺寸增量添加关系式，如图 5-52 所示，完成后关闭窗口。

图5-51 选择驱动尺寸（2）

图5-52 输入关系式（2）

下面简要说明关系式"memb_v=lead_v+100*sin((360/9)*idx1)"的含义。

- "memb_v"代表每一个阵列实例在竖直方向上的位置，也可以理解为相对于原始特征的距离。
- "lead_v"此处可以理解为驱动尺寸。
- "100*sin((360/9)*idx1)"为每一个实例特征相对于原始特征的位移增量。本例中将沿一条正弦曲线阵列特征，"360"代表一个圆周对应的 360°，"9"为阵列特征总数减 1，"idx1"为阵列实例索引，初值为"1"，每创建一个实例，其值增加 1。
- 该关系式的含义是在竖直方向上各实例特征的位置在原始特征的基础上按照正弦规律变化。

8. 按住 Ctrl 键选择孔的直径尺寸"30.00"作为第 3 个驱动尺寸，如图 5-53 所示。

9. 打开【关系】窗口，编辑关系式，如图 5-54 所示，该关系式的含义是使孔的直径大小在原始特征基础上按照正弦规律变化，完成后关闭窗口。

图5-53 选择驱动尺寸（3）

图5-54 输入关系式（3）

10. 在图 5-55 所示的参数面板中设置特征总数为"10"，最后生成的阵列结果如图 5-56 所示。

图5-55　参数面板 　　　　　　　　　　　　　　图5-56　阵列结果

　在原始特征上选择驱动尺寸后，通过关系式为其指定尺寸增量。在设计完成后，如果修改基础实体特征，阵列结果也将自动更新，修改阵列特征总数后，阵列结果也将在关系式的驱动下自动更新。

5.2　特征复制

通过特征复制的方法可以复制模型上的现有特征（称为原始特征），并将其放置在零件的一个新位置上，以快速复制现有特征，避免重复设计，提高设计效率。

5.2.1　知识准备

特征复制主要有指定参照复制、镜像复制和移动复制 3 种基本方法。在【操作】工具组中单击 复制 按钮，即可打开特征复制工具。

（1）指定参照复制。

指定参照复制是将选定的特征按照指定的参照在另一处创建实例特征，复制时可以使用与原始特征相同的参照，也可以重新选择参照，并可以更改实例特征的尺寸。

（2）镜像复制。

镜像复制主要用于创建关于选定平面对称的结构，本节将重点说明从属属性在特征复制中的应用。

（3）移动复制。

移动复制可以对选定的特征进行移动和旋转来重新设置特征的放置位置，使特征使用更加灵活多样，应用更广泛。

5.2.2　范例解析——特征复制的应用

下面结合实例来介绍特征复制的常用方法。

1.　指定新参照复制特征

1. 打开素材文件"第 5 章\素材\copy1.prt"。
2. 在模型树窗口中选中孔特征，如图 5-57 所示，然后在【操作】工具组中单击 复制 按钮，接着单击 粘贴 按钮。
3. 系统打开孔设计工具，在【放置】选项卡中为复制的孔指定参照，如图 5-58 所示，完成后的结果如图 5-59 所示。

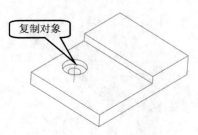

图5-57 选择复制对象

图5-58 指定参照

4. 可以设置孔的类型为简单孔，并修改孔的直径为"100.00"，如图 5-60 所示，结果如图 5-61 所示。

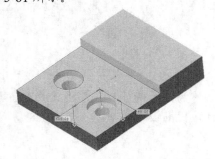

图5-59 复制孔

图5-60 设置参数

5. 单击 ▦（草绘）按钮选中草绘孔，继续单击 ◿草绘 按钮打开孔的截面图，修改孔的截面尺寸，如图 5-62 所示，完成后退出草绘模式，结果如图 5-63 所示。单击 ✓（确定）按钮，最后复制的结果如图 5-64 所示。

图5-61 修改孔的类型和直径

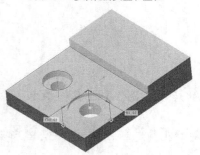

图5-63 修改结果

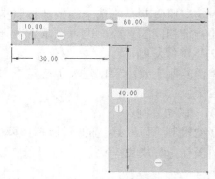

图5-62 修改孔的截面图尺寸

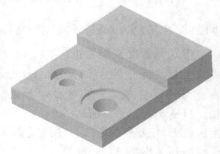

图5-64 复制结果

2. 镜像复制特征

1. 打开素材文件"第 5 章\素材\copy1.prt"。

2. 选中模型树窗口中的【孔 1】，单击【编辑】工具组中的)[(镜像 按钮。系统提示选择镜像参照，选择基准平面 TOP，镜像结果如图 5-65 所示。

3. 在模型树窗口中的【孔 1】上单击鼠标右键，在弹出的快捷菜单中单击 [d] （编辑尺寸）按钮，将孔的尺寸由"40.00"修改为"60.00"，如图 5-66 所示。

图5-65　镜像结果

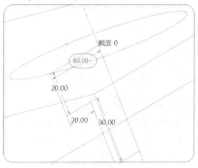

图5-66　修改尺寸

4. 在完成修改的特征中可以看到原始特征和实例特征同时发生改变，结果如图 5-67 所示，这是因为在特征复制时设置了从属属性。

5. 在模型树窗口中单击顶部的特征标识，如图 5-68 所示，然后在【编辑】工具组中单击)[(镜像 按钮，打开镜像设计工具，按照图 5-69 所示选择镜像参照，单击鼠标中键，将模型整体镜像后的结果如图 5-70 所示。

图5-67　修改尺寸后的结果

图5-68　选择对象

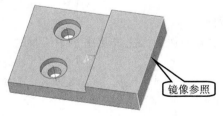

图5-69　选择镜像参照

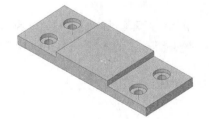

图5-70　整体镜像结果

5.2.3　提高训练——创建旋转楼梯

下面将通过典型实例进一步介绍特征复制的常用操作方法。

1. 新建文件。

   新建名为"stair"的零件文件，使用默认模板进入三维建模环境。

2. 创建第 1 个拉伸实体特征。

(1) 打开拉伸设计工具，选择基准平面 FRONT 作为草绘平面。

(2) 绘制图 5-71 所示的截面图，完成后退出草绘模式。

(3) 按照图 5-72 所示设置特征参数，最后创建的拉伸特征如图 5-73 所示。

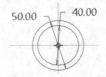

图5-71　绘制截面图

图5-72　设置特征参数

3. 创建第 2 个拉伸实体特征。

(1) 打开拉伸设计工具，选择基准平面 FRONT 作为草绘平面，接受系统其他默认参照放置草绘平面（如图 5-74 所示）后，进入二维草绘模式。

图5-73　创建的拉伸特征

图5-74　草绘视图方向

(2) 在草绘平面内按照以下步骤绘制拉伸剖面。

- 用 □ 投影 工具绘制图 5-75 所示的一段圆弧。
- 用 ╲ 线 工具绘制图 5-76 所示的两条线段。

图5-75　绘制圆弧

图5-76　绘制线段

- 用 ▧ 弧 工具绘制图 5-77 所示的一段同心圆弧。
- 裁去图形上的多余线条，保留图 5-78 所示的剖面图，完成后退出草绘模式。

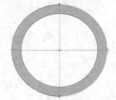

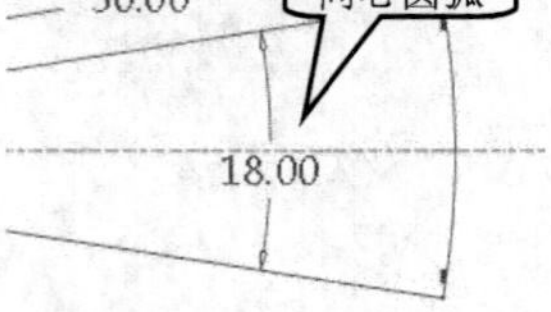

图5-77　绘制同心圆弧

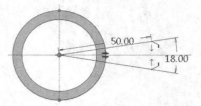

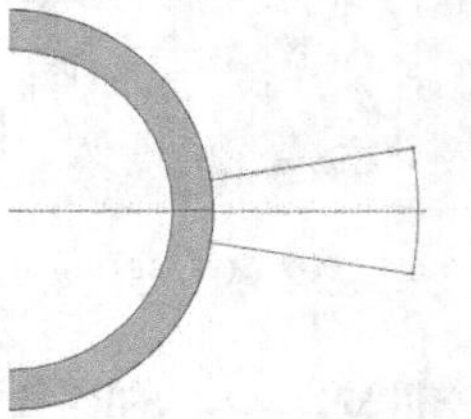

图5-78　修剪图形

(3) 按照图 5-79 所示设置拉伸参数，拉伸深度为"5.00"，确保特征生成方向为图 5-80 中的箭头方向，最后创建的拉伸特征如图 5-81 所示。

图5-79　设置拉伸参数

图5-80　特征生成方向

4.　复制拉伸实体特征。

(1)　选中步骤 3 创建的拉伸实体特征，在【操作】工具组中单击 [复制] 按钮，再单击 [粘贴] 按钮右侧的下拉按钮，选择【选择性粘贴】选项，此时系统打开【选择性粘贴】对话框，如图 5-82 所示，选择【对副本应用移动/旋转变换】复选项，然后单击 确定(O) 按钮，打开【移动(复制)】功能区。

图5-81　创建的拉伸特征

图5-82　菜单操作

(2)　展开【变换】选项卡，在【设置】下拉列表中选择【旋转】选项，在【方向参考】列表框中选择轴线作为旋转参照，如图 5-83 所示，设置旋转角度为 "15.00"，此时的预览结果如图 5-84 所示。

图5-83　设置参数（1）

图5-84　旋转预览结果

(3)　在【变换】选项卡的左侧列表框中选择【新移动】，此时【设置】下拉列表中默认为【移动】，选择图 5-84 所示的平面（下底面）作为参照面，设置移动距离为 "5.00"，此时的参数面板如图 5-85 所示，单击 ✓（确定）按钮完成操作，结果如图 5-86 所示。

图5-85　设置参数（2）

图5-86　复制结果

5.　创建阵列特征。

(1)　选中步骤 4 创建的复制拉伸实体特征，然后在【编辑】工具组中单击 田（阵列）按钮，打开阵列设计工具。

(2) 展开【尺寸】选项卡，选中步骤 4（3）中复制特征时的平移距离尺寸 "5.00"，然后按住 Ctrl 键再选择旋转尺寸 "15.00" 作为驱动尺寸，如图 5-87 所示，按照图 5-88 所示设置尺寸增量（平移距离尺寸增量为 "5.00"，旋转尺寸增量为 "15.00"）。

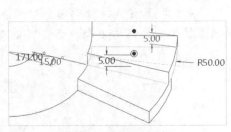
图5-87　选择驱动尺寸

图5-88　设置【尺寸】选项卡

(3) 按照图 5-89 所示设置其他阵列参数，设置【成员数】为 "19"，预览阵列效果如图 5-90 所示，最终创建的阵列结果如图 5-91 所示。

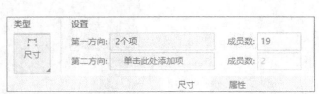
图5-89　设置阵列参数

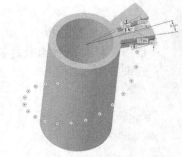
图5-90　预览阵列效果

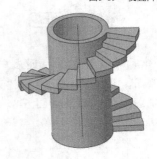
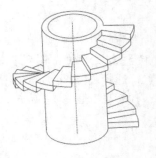
图5-91　最终创建的阵列结果

5.3　特征操作

使用 Creo 8.0 创建三维模型的过程实际上是一个不断修正设计结果的过程。特征创建完成后，根据设计需要还要对其进行各种操作，熟练掌握这些操作工具能全面提高设计效率。

5.3.1　知识准备

1.　删除特征

在设计过程中，用户可以根据设计需要从模型上删除某一个或某几个特征。

(1)　删除方法。

可以使用以下两种方法删除特征。

- 在模型树窗口的特征标识上单击鼠标右键，然后在弹出的快捷菜单中选择【删除】命令，如图 5-92 所示。
- 选中准备删除的特征后，按 $\boxed{\text{Delete}}$ 键。

(2)　注意事项。

对指定的特征进行删除操作之前，必须注意以下问题。

- 删除操作的基本单位是特征：包括使用各种方法创建的基础实体特征、工程特征及基准特征等。
- 对于具有主从关系（为基准参照建立了别的特征）的特征，在删除主特征时，必须给其从属特征选择一种适当的处理方法。
- 一般来说特征删除后不能简单地恢复。若要恢复，可使用系统提供的轨迹文件（trail.txt 文件）。

 "trail.txt"文件是记录模型创建过程的文件。在设计过程中，如果希望恢复到前面某一个设计步骤，可以通过编辑"trail.txt"文件来实现。首先用写字板或记事本打开"trail.txt"文件，然后将希望恢复到的设计之后的操作删除并存盘，最后用 Creo 8.0 打开文件即可。

(3)　删除操作。

在特征删除操作中，如果选择了具有主从关系的特征作为删除对象，系统会弹出图 5-93 所示的【删除】对话框，询问是否确定要执行删除操作。

图5-92　删除特征

图5-93　【删除】对话框

【删除】对话框中提供了 3 种操作。

- $\boxed{\text{确定}}$：确认删除操作，该操作将删除选定的特征及其从属特征，该特征的所有从属特征将在模型树窗口中加亮显示，如图 5-94 所示。

171

- 取消：放弃删除操作。
- 选项>>：单击此按钮后，打开图 5-95 所示的【子项处理】窗口，在【状况】下拉列表中有两种处理子项的方法：选择【删除】选项，将删除该从属特征；选择【暂时保留】选项后，该从属特征将暂时保留，在再生模型时重新指定参照。

图5-94　加亮显示从属特征

图5-95　【子项处理】窗口

2. 编辑特征尺寸

如果对创建的模型不满意，可用修改工具对模型中的特征进行修改。在使用 Creo 8.0 进行建模的过程中，设计者需要熟练使用设计修改工具反复修改设计内容，直至满意为止。

首先在模型树窗口中选择需要修改的特征，然后在其上单击鼠标右键，在弹出的快捷菜单中单击 （编辑尺寸）按钮，如图 5-96 所示，此时系统将显示该特征的所有尺寸参数，双击需要修改的尺寸参数后，输入新的尺寸即可，如图 5-97 所示。

图5-96　快捷菜单

图5-97　编辑特征尺寸

特征尺寸编辑完毕后，系统将依据新尺寸再生模型。

 再生模型时，系统会根据特征创建的先后顺序依次再生每一个特征。如果使用了不合理的设计参数，还可能导致特征再生失败。

3. 编辑定义特征

使用编辑特征的方法来修改设计意图，操作简单、直观，但是这种方法功能比较单一，它主要用于修改特征的尺寸参数。如果需要全面修改特征创建过程中的设计内容（包括选择草绘平面、选择参照及草绘剖面的尺寸等），则应使用编辑定义特征的方法。

首先在模型树窗口中选择需要编辑定义的特征，然后在其上单击鼠标右键，在弹出的快捷菜单中单击 ✍ （编辑定义）按钮，打开创建该特征的设计面板，重新设定需要修改的参数即可，如图 5-98 所示。

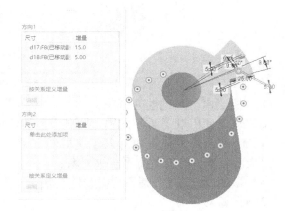

图5-98　编辑定义特征

4. 插入特征

使用 Creo 8.0 进行特征建模时，系统根据特征创建的先后顺序搭建模型。如果希望在已经创建完成的两个特征之间加入新特征，则可以使用插入特征的方法。这样能够方便设计者在基本完成一项规模很大的设计之后，根据需要添加某些细节特征，进一步完善设计内容。

5. 重排特征顺序

根据 Creo 8.0 的建模思想，特征是按照一定的先后顺序以"搭积木"的方式创建的，但是这并不意味着这种特征结构是不能改变的，在一定条件下，可以调整模型中特征的设计顺序，这时可以使用重排特征顺序的操作来实现。

可以重排一个模型中特征的创建顺序并不意味着可以随便更改任意两个特征的设计顺序，在操作时必须注意以下两个基本原则。

(1) 重排特征顺序时，不能违背特征之间的主从关系，也就是说不能把从属特征调整到主特征之前。通常的情况是调整顺序的几个特征之间相互独立，没有主从关系。

(2) 重排特征顺序时，首先应该了解模型的特征构成，做到心中有数。

6. 控制模型的可见性

模型创建完毕后，数量繁多的各类特征会使整个视图显得很杂乱，这时可以根据需要隐藏部分特征（例如基准特征），如图 5-99 所示。

还可以隐藏某些元件，以便观察被其遮挡的其他元件。图 5-100 所示是一根装配好了的轴，在齿轮和轴之间采用键联接，为了方便观察轴和键的联接情况，可以把齿轮隐藏起来。

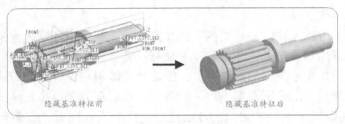

图5-99　隐藏基准特征

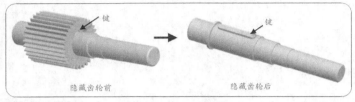

图5-100　隐藏齿轮

(1)　控制模型可见性的方法。

用户可以使用以下两种方法来控制模型的可见性。

- 隐藏：隐藏选定的对象，使其不可见，但是该对象依然存在于模型中，系统再生模型时仍然会再生该对象。
- 隐含：将选定的对象暂时排除在模型之外，系统再生模型时不会再生该对象。

(2)　隐藏对象。

隐藏对象的方法主要用于在零件模式下暂时隐藏基准点、基准平面及基准曲线等基准特征；在组件模式下暂时隐藏指定的元件。

在模型树窗口中的选定对象上单击鼠标右键，在弹出的快捷菜单中单击 🗽 （隐藏）按钮，被隐藏对象的信息依然显示在模型树窗口中，只不过其标识图标变为灰色底纹，如图5-101 所示。

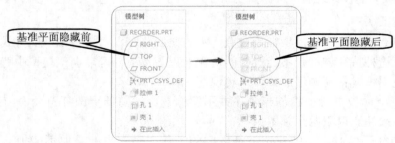

图5-101　隐藏对象

可以隐藏的对象包括基准平面、基准轴、基准点、坐标系、基准曲线、曲面或面组及组件中的元件等。在模型树窗口中的隐藏对象上单击鼠标右键，再次在弹出的快捷菜单中单击 🗽 （隐藏）按钮，即可取消对对象的隐藏。

(3)　隐含对象。

在模型树窗口中的选定对象上单击鼠标右键，在弹出的快捷菜单中单击 🔲 （隐含）按钮，可以隐含该对象。隐含操作要暂时将该对象排除在模型之外，因此该对象不但不可见，而且其相关信息也不会显示在模型树窗口中。在模型树中，隐含对象的名称前有一个黑色的小方块。

同删除操作相似，如果被隐含的对象具有从属特征，系统也会弹出提示对话框，如图 5-102 左图所示，可以根据提示打开【选项】对话框，利用该对话框对从属特征进行其他操作，隐含后的特性显示如图 5-102 右图所示。相关的处理方法与删除特征相似。

图5-102　隐含对象

　与删除操作不可逆不同，被隐含的对象可以恢复。在【操作】工具组中展开下拉工具，选择【恢复】/【恢复】选项，可以恢复上一个被隐含的特征；选择【恢复】/【恢复上一个集】选项，可以依次恢复被隐含的各个特征；选择【恢复】/【恢复全部】选项，可以恢复全部被隐含的特征。

5.3.2　范例解析——特征的常用操作

　　下面结合范例讲解特征的常用操作方法。

1.　重定义特征草绘截面

1.　打开素材文件"第 5 章\素材\redefine1.prt"，如图 5-103 所示。
2.　在模型上选中上部的孔，系统在模型树窗口中加亮该特征，在其上单击鼠标右键，在弹出的快捷菜单中单击 （编辑定义）按钮，如图 5-104 所示。

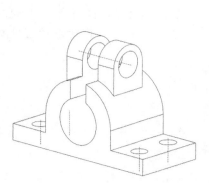
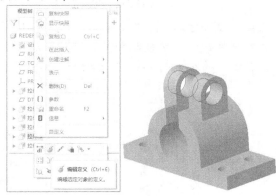

图5-103　素材文件　　　　　　　　　　　　图5-104　启动编辑定义工具

3.　系统打开创建该特征的拉伸设计工具，如图 5-105 所示。

图5-105　拉伸设计工具

4. 在【放置】选项卡中单击 □□编辑… 按钮，然后单击 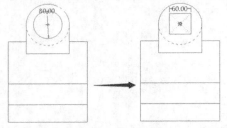（草绘视图）按钮，进入二维草绘模式。

5. 删除原来的圆形剖面，重新绘制方形剖面，如图 5-106 所示，完成后退出草绘模式。

6. 单击鼠标中键，系统根据新的设计参数再生模型，结果如图 5-107 所示。

图5-106　修改截面图

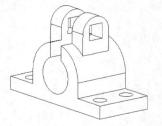

图5-107　再生模型

要点提示 用户除了可以编辑定义特征剖面，还可以在面板上编辑定义特征的其他参数，例如，特征深度、特征生成方向及特征的加、减材料属性等。

2. 插入特征

1. 打开素材文件"第 5 章\素材\insert.prt"，如图 5-108 所示，该模型上包括 1 个加材料的拉伸特征和 1 个壳特征。

2. 在模型树窗口底部有一条绿色横线（插入标记），如图 5-109 所示。

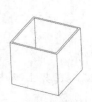

图5-108　素材文件

图5-109　插入标记

3. 拖动"插入标记"，将其移动到"拉伸 1"特征下，在该特征后插入新特征。该标记下的特征将被隐含，被隐含的特征标识的左上角有一个黑色隐含标记，同时在绘图窗口中显示"插入模式"字样，如图 5-110 所示。

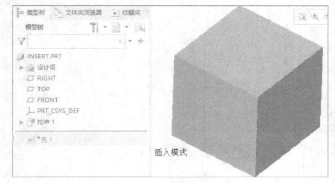

图5-110　插入模式

4. 在【工程】工具组中单击 倒圆角 按钮，打开倒圆角设计工具。按照图 5-111 所示选择 8

条边线作为圆角的放置参照，设置圆角半径为"40.00"，最后单击鼠标中键，创建倒圆角特征，结果如图 5-112 所示。

5. 在模型树窗口中将"插入标记"拖回窗口底部，再生模型，结果如图 5-113 所示。可以看出，通过插入方法创建的倒圆角特征的效果和按照自然顺序创建的倒圆角特征完全相同。

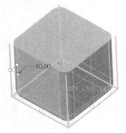
图5-111 选择倒圆角参照

图5-112 倒圆角特征

图5-113 再生结果

3. 重排特征顺序

1. 打开素材文件"第 5 章\素材\reorder.prt"，如图 5-114 所示，该模型包括 1 个拉伸实体特征、1 个壳特征和 1 个孔特征，由于壳特征和孔特征之间没有主从关系，因此可以重排两者的顺序。

2. 查看重排序前的模型构成。从模型树窗口可以看到，重排序之前先创建壳特征后创建孔特征，如图 5-115 所示。

图5-114 素材文件

图5-115 模型树窗口

3. 在模型树窗口中选中壳特征的标识，按住鼠标左键将其拖到孔特征的标识下，拖动时会出现黑色标志杆，如图 5-116 所示。

4. 系统自动再生模型，结果如图 5-117 所示。

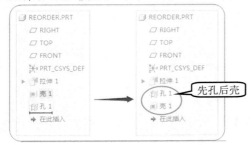
图5-116 重排特征顺序

图5-117 再生结果

5.4 模型的参数化设计

参数化设计是 Creo 重点强调的设计理念。参数是参数化设计中的核心概念，在一个模型中，参数是通过"尺寸"的形式来体现的。参数化设计的优点在于可以通过变更参数的方法来方便地修改设计意图，从而修改设计结果。关系式是参数化设计中的另外一项重要内容，它体现了参数之间相互制约的主从关系。

5.4.1 知识准备

1. 参数

参数是模型中可以变更的设计对象，是参数化设计的要素之一。参数与模型一起存储，可以标明不同模型的属性。

(1) 参数概述。

有时候需要创建一组产品，它们在结构特点和建模方法上都具有极大的相似之处，例如一组具有不同齿数的齿轮、一组具有不同直径的螺钉等。如果对一个已经设计完成的模型做最简单的修改就可以获得另外一种设计结果（例如，将一个齿轮的轮齿由 30 个修改为 40 个），那将大大节约设计时间，提高模型的利用率。

要完全确定一个长方形的形状和大小，需要给出其长、宽、高这 3 个尺寸。在 Creo 中，可以将长、宽、高这 3 个数据设置为参数，把这些参数与图形中的尺寸建立关联关系后，只要变更参数的具体数值，就可以轻松改变模型的形状和大小。

(2) 参数的设置。

新建文件后，在【工具】功能区的【模型意图】工具组中单击 {}参数 按钮，打开图 5-118 所示的【参数】窗口，利用该窗口创建或编辑用户定义的参数。

图5-118　【参数】窗口

单击【参数】窗口左下角的 ✚（添加）按钮，列表框中将新增一行内容，依次为参数设置以下属性项目。

① 【名称】。

参数的名称和标识用于区分不同参数。Creo 中的参数不区分大小写，例如，参数"D"

和参数"d"是同一个参数。参数名不能包含非字母、数字字符，如!、"、@、#等。

 用于表示关系的参数必须以字母开头，而且一旦设定了用户定义的参数名称，就不能对其进行更改。

② 【类型】。

类型用于为参数指定类型。用户可以选用的类型如下。

- 【整数】：整型数据，例如齿轮的齿数等。
- 【实数】：实数数据，例如长度、半径等。
- 【字符串】：符号型数据，例如标识等。
- 【是/否】：二值型数据，例如条件是否满足等。

③ 【值】。

值用于为参数设置一个初始值，该值可以在随后的设计中修改，从而变更设计结果。

④ 【指定】。

选中列表中的复选项可以使参数在 PDM（product data management，产品数据管理）系统中可见。

⑤ 【访问】。

访问用于为参数设置访问权限。可以选用的访问权限如下。

- 【完整】：无限制的访问权限，用户可以随意访问参数。
- 【限制】：具有限制权限的参数。
- 【锁定】：锁定的参数，这些参数不能随意更改，通常由关系式决定其值。

⑥ 【源】。

源用于指明参数的来源，常用的来源如下。

- 【用户定义的】：用户定义的参数，其值可以自由修改。
- 【关系】：由关系驱动的参数，其值不能自由修改，只能由关系式来确定。

 在参数之间建立关系后，可以将由用户定义的参数变为由关系驱动的参数。

⑦ 【说明】。

说明是关于参数含义和用途注释的文字。

⑧ 【受限制的】。

受限制的用于创建其值受限制的参数。参数值在限制定义文件中定义，创建受限制的参数后，它们的定义存在于模型中，与参数文件无关。

⑨ 【单位数量】。

可以从下拉列表中选择【力】【温度】【时间】等物理量。

⑩ 【单位】。

单位用于为参数指定单位，其值可以从其下拉列表中选择。

(3) 增删参数的属性项目。

前面介绍的参数包含上述属性项目，用户在使用时可以根据个人爱好删除以上 10 项中除"名称"之外的其他属性项目，具体操作步骤如下。

① 单击图 5-119 中的 ▦ （设置局部参数列）按钮，打开【参数表列】对话框。

② 选择不显示的项目，单击 « 按钮，如图 5-120 所示。

图5-119 【参数】窗口

图5-120 【参数表列】对话框

(4) 编辑属性参数项目。

增加新的参数后，用户可以在参数列表中直接编辑该参数，为各个属性项目设置不同的值。也可以在【参数】窗口的右下角单击 属性 按钮，打开图 5-121 所示的【参数属性】对话框进行编辑。

(5) 向特定对象中添加参数。

在【参数】窗口的【查找范围】下拉列表中选择想要对其添加参数的对象类型。这些对象类型主要包括以下内容。

- 【零件】：在零件中设置参数。
- 【特征】：在特征中设置参数。
- 【继承】：在继承关系中设置参数。
- 【注释元素】：存取为注释特征元素定义的参数。
- 【面组】：在面组中设置参数。
- 【主体】：在模型主体中设置参数。
- 【曲面】：在曲面中设置参数。
- 【边】：在边中设置参数。
- 【曲线】：在曲线中设置参数。
- 【复合曲线】：在复合曲线中设置参数。
- 【材料】：在材料中设置参数。

如果要在特征上设置参数，可以在模型树窗口中的选定特征上单击鼠标右键，然后在弹出的快捷菜单中选择【参数】命令，如图 5-122 所示，也可以打开【参数】窗口，利用该窗口进行参数设置。如果选择多个对象，则可以编辑所有的选择对象中的公用参数。

(6) 删除参数。

如果要删除某一个参数，可以首先在【参数】窗口的参数列表中选中该参数，然后在窗口底部单击 — （删除）按钮，删除该参数，但是不能删除由关系驱动的或在关系中使用的用户定义的参数。对于这些参数，必须先删除其中使用参数的关系，再删除参数。

图5-121 【参数属性】对话框

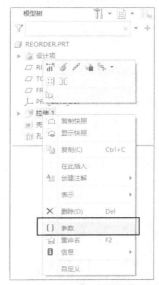

图5-122 快捷菜单

(7) 应用示例。

下面为一个长方体模型定义了 3 个参数。

- L: 长。
- W: 宽。
- H: 高。

完成定义后的【参数】窗口如图 5-123 所示。

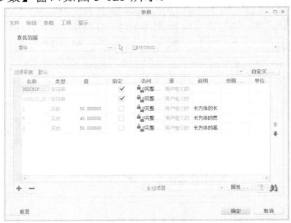

图5-123 【参数】窗口

2. 关系

关系是参数化设计的另一个重要因素，通过关系可以在参数和对应的模型之间引入特定的主从关系。当参数值变更后，通过这些关系来规范模型再生后的形状和大小。

(1) 【关系】窗口。

在【工具】功能区的【模型意图】工具组中单击 d=关系 按钮，打开图 5-124 所示的【关系】窗口。展开窗口底部的【局部参数】面板，该面板用于显示模型上已经创建的参数，如图 5-125 所示。

图5-124 【关系】窗口

图5-125 【局部参数】面板

(2) 将参数与模型尺寸关联。

在参数化设计中，通常需要将参数和模型上的尺寸关联，这主要是通过在【参数】窗口中编辑关系式来实现的。下面介绍基本的设计步骤。

① 创建模型。

按照前文的介绍，用户在为长方体模型定义了 L、W、H 这 3 个参数后，再使用拉伸的方法创建图 5-126 所示的模型。

② 显示模型尺寸。

要在参数和模型上的尺寸之间建立关系，首先必须显示模型尺寸。比较简单快捷地显示模型尺寸的方法是在模型树窗口的相应特征上单击鼠标右键，然后在弹出的快捷菜单中单击 ⟨编辑尺寸⟩ 按钮，如图 5-127 所示。图 5-128 所示是显示模型尺寸后的模型。

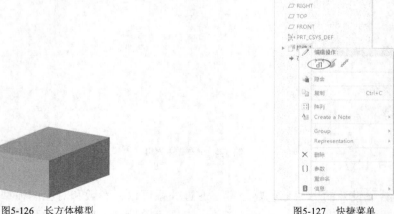

图5-126 长方体模型

图5-127 快捷菜单

③ 编辑关系式。

打开【关系】窗口，模型上的尺寸将以代号的形式显示，如图 5-129 所示。用户可以直接输入关系式，也可以单击模型上的尺寸代号并配合【关系】窗口左侧的运算符号来编辑关系式。按照图 5-130 所示为长、宽、高 3 个尺寸与 L、W、H 这 3 个参数之间建立关系，编辑完后，单击窗口中的 确定 按钮，保存关系。

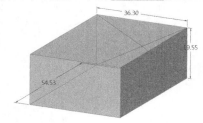

图5-128 显示模型尺寸

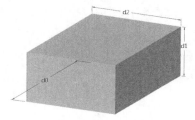

图5-129 显示尺寸代号

④ 再生模型。

在【模型】功能区的【操作】工具组中单击 （刷新）按钮，再生模型。系统将使用新的参数值（L＝30、W＝40、H＝50）再生模型，结果如图 5-131 所示。

图5-130 【关系】窗口

图5-131 再生结果（1）

⑤ 增加关系。

如果希望将该长方体模型修改为正方体模型，可以再次打开【关系】窗口，继续添加图 5-132 所示的关系式，此时再生后的模型如图 5-133 所示。

图5-132 增加关系式

图5-133 再生结果（2）

要点提示

注意关系式 "W = L" 与 "L = W" 的区别，前者用参数 L 的值更新参数 W 的值，建立该关系后，参数 W 的值被锁定，只能随参数 L 的改变而改变，如图 5-134 所示。后者的情况刚好相反。

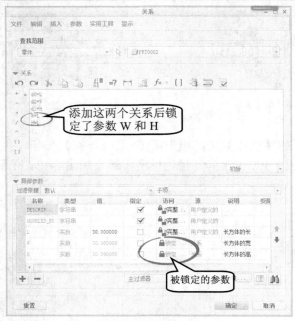

图5-134　【关系】窗口

5.4.2　范例解析——创建参数化齿轮

创建参数化的齿轮模型时，先创建参数，再创建组成齿轮的基本曲线，最后创建齿轮模型，通过在参数间引入关系的方法使模型具有参数化的特点，齿轮模型如图 5-135 所示。

图5-135　齿轮模型

1.　新建文件。

(1)　单击 □（新建）按钮，打开【新建】对话框，在【类型】分组框中选择【零件】单选项，在【子类型】分组框中选择【实体】单选项，在【公用名称】文本框中输入 "gear"。

(2)　取消选择【使用默认模板】复选项，然后单击 确定 按钮，打开【新文件选项】对话框，选中【mmns_part_solid_abs】选项，设置毫米单位制，单击 确定 按钮，进入三维建模环境。

2.　设置齿轮参数。

(1)　在【工具】功能区的【模型意图】工具组中单击 □参数 按钮，打开【参数】窗口。

(2) 单击 （添加）按钮，依次将齿轮的各参数添加到参数列表框中，添加的内容如表 5-2 所示。完成后的【参数】窗口如图 5-136 所示，单击 确定 按钮后关闭窗口，保存参数设置。

表 5-2　　　　　　　　　　　　　　　　　增加的参数

序号	名称	类型	值	说明
1	m	实数	2	模数
2	z	整数	25	齿数
3	Alpha	实数	20	压力角
4	h_{ax}	实数	1	齿顶高系数
5	c_x	实数	0.25	顶隙系数
6	b	实数	20	齿宽
7	h_a	实数	—	齿顶高
8	h_f	实数	—	齿根高
9	x	实数	—	变位系数
10	d_a	实数	—	齿顶圆直径
11	d_b	实数	—	基圆直径
12	d_f	实数	—	齿根圆直径
13	d	实数	—	分度圆直径

要点提示　设计标准齿轮时，只需确定齿轮的模数 m 和齿数 z 这两个参数，分度圆上的压力角 Alpha 为标准值 20，国家标准明确规定齿顶高系数 h_{ax} 和顶隙系数 c_x 分别为 1 和 0.25，而齿根圆直径 d_f、基圆直径 d_b、分度圆直径 d 及齿顶圆直径 d_a 可以根据关系式计算得到。

3.　绘制齿轮基本圆。
(1) 单击 （草绘）按钮，打开草绘工具。
(2) 选择基准平面 FRONT 作为草绘平面，接受其他参照设置，进入二维草绘模式。
(3) 在草绘平面内绘制任意尺寸的 4 个同心圆，如图 5-137 所示，暂时不退出草绘模式。

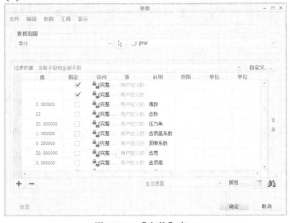

图5-136　【参数】窗口

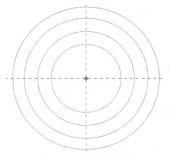

图5-137　绘制同心圆

4. 创建齿轮关系式，确定齿轮尺寸。

(1) 在【工具】功能区的【模型意图】工具组中单击 按钮，打开【关系】窗口，此时图形上的尺寸将以代号的形式显示，如图 5-138 所示。

(2) 按照图 5-139 所示在【关系】窗口中分别添加齿轮的分度圆直径、基圆直径、齿根圆直径及齿顶圆直径的关系式，通过这些关系式和已知的参数来确定上述参数的数值。

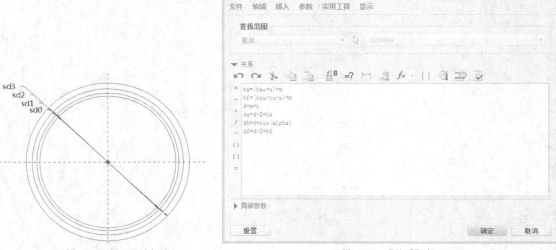

图5-138　显示尺寸代号　　　　　　　　　图5-139　【关系】窗口（1）

- $h_a=(h_{ax}+x)\times m$。
- $h_f=(h_{ax}+c_x-x)\times m$。
- $d=m\times z$。
- $d_a=d+2\times h_a$。
- $d_b=d\times\cos(Alpha)$。
- $d_f=d-2\times h_f$。

(3) 将参数与图形上的尺寸相关联。在图形上单击尺寸代号，将其添加到【关系】窗口中，再编辑关系式，添加完毕后的【关系】窗口如图 5-140 所示，之后在窗口中单击（执行/校验关系并按关系创建新参数）按钮，校验关系式中有无语法错误。这里为尺寸 sd0、sd1、sd2 和 sd3 新添加了关系，将这 4 个圆依次指定为基圆、齿根圆、分度圆和齿顶圆。

> $sd0=d_b$
>
> $sd1=d_f$
>
> $sd2=d$
>
> $sd3=d_a$

(4) 在【关系】窗口中单击 确定 按钮后，系统自动根据设定的参数和关系式再生模型并生成新的基本尺寸，生成图 5-141 所示的标准齿轮基本圆。在【草绘】功能区中单击（确定）按钮，退出草绘环境，最后创建的基准曲线如图 5-142 所示。

图5-140 【关系】窗口（2）

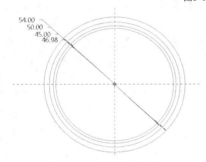

图5-141 标准齿轮基本圆

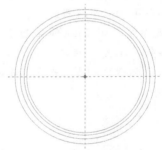

图5-142 创建的基准曲线

5. 创建齿轮轮廓线。

(1) 单击【基准】工具组中的 基准▼ 按钮，选择【曲线】/【来自方程的曲线】，打开【曲线:从方程】功能区。

(2) 在模型树窗口中选择当前默认的坐标系，然后在功能区左侧的【坐标系】下拉列表中选择【笛卡尔】选项，单击 ✎编辑 按钮，弹出【方程】窗口，在该窗口中添加如下渐开线方程式，如图 5-143 所示，完成后单击 确定 按钮，保存参数设置。

```
r=db/2
theta=t*45
x=r*cos(theta)+r*sin(theta)*theta*pi/180
y=r*sin(theta)-r*cos(theta)*theta*pi/180
z=0
```

 若选择其他类型的坐标系生成渐开线，则此方程不再适用。

(3) 在【曲线:从方程】功能区中单击 ✓（确定）按钮，最后生成图 5-144 所示的齿廓渐开线。

图5-143　【方程】窗口

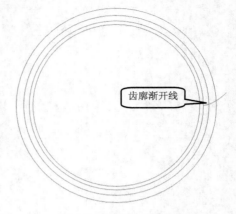

图5-144　生成的齿廓渐开线

6.　创建拉伸曲面。

(1)　单击 （拉伸）按钮，打开拉伸设计工具；单击 （曲面）按钮，创建曲面特征，选择基准平面 FRONT 作为草绘平面，接受默认参照进入草绘模式。

(2)　使用 投影 工具选择步骤 5 中创建的渐开线，曲面深度可以先给任意值，最后创建的拉伸曲面如图 5-145 所示。

(3)　在模型树窗口中的拉伸曲面上单击鼠标右键，在弹出的快捷菜单中单击 （编辑尺寸）按钮，单击 d=关系 按钮，打开【关系】窗口，为深度尺寸 d4 添加关系"d4=b"，使曲面深度和齿宽相等，如图 5-146 所示。

图5-145　创建的拉伸曲面

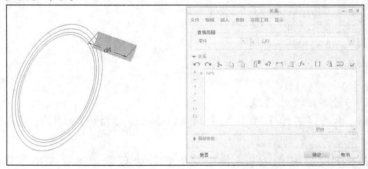

图5-146　添加关系

7.　创建延伸曲面。

(1)　选择图 5-147 所示的曲面边，在【编辑】工具组中单击 延伸 按钮，打开延伸设计工具，展开【选项】选项卡，选择延伸【方法】为【相切】，如图 5-148 所示。任意设置延伸距离，最后得到的延伸曲面如图 5-149 所示。

图5-147　选择边线

图5-148　选择延伸方法

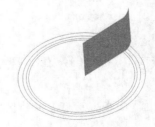

图5-149　得到的延伸曲面

(2) 仿照步骤 6 中创建关系的方法，为曲面延伸距离创建关系 "d7=d_f/2"，使曲面的延伸
距离和齿根圆的半径相等，如图 5-150 所示。

图5-150 为曲面延伸距离创建关系

(3) 单击 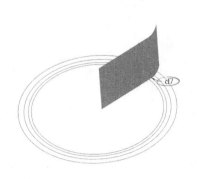（刷新）按钮再生模型，结果如图 5-151 所示。

8. 创建基准特征。

(1) 创建基准轴。在【基准】工具组中单击 / 轴 按钮，打开【基准轴】对话框，选择基准平
面 TOP 和基准平面 RIGHT 作为参照，在过这两个平面的交线处创建基准轴 A_1，如图
5-152 所示。

图5-151 再生模型

图5-152 创建基准轴 A_1

(2) 创建基准点。在【基准】工具组中单击 ××点 按钮，打开【基准点】对话框，选择曲线 d2
（分度圆，从外至内的第 2 个圆）和渐开线作为参照，在两者的交点处创建基准点
PNT0，如图 5-153 所示。

(3) 创建基准平面 1。单击 □（基准平面）按钮，打开【基准平面】对话框，选择基准轴
A_1 和基准点 PNT0 作为参照，创建图 5-154 所示的基准平面 DTM1。

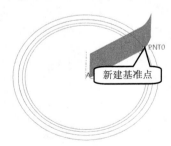

图5-153 创建基准点 PNT0

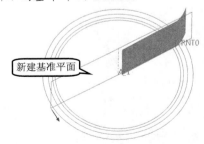

图5-154 创建基准平面 1

189

(4) 创建基准平面 2。将基准平面 DTM1 绕轴 A_1 转过一定角度后，创建图 5-155 所示的基准平面 DTM2。转过的角度任意设置。

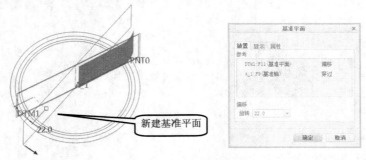

图5-155　创建基准平面 2

(5) 仿照步骤 6 中创建关系的方法，为基准平面 DTM2 的旋转角度创建关系 "d54=90/z"，（这里尺寸代号为 d54）如图 5-156 所示。

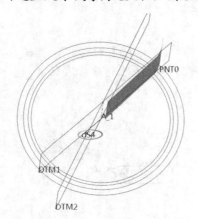

图5-156　为旋转角度创建关系

(6) 单击 🗄（刷新）按钮，再生后的模型如图 5-157 所示。

9. 镜像曲面。

(1) 选择步骤 6、步骤 7 创建的曲面作为复制对象，然后在【编辑】工具组中单击 镜像 按钮，打开镜像复制设计工具。

(2) 选择 DTM2 作为镜像平面，结果如图 5-158 所示。

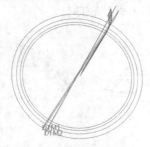

图5-157　再生后的模型（1）

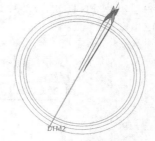

图5-158　镜像结果

被复制曲面由拉伸曲面和延伸曲面两个曲面组成，为了一次性选中这两个曲面，应该在设计界面右下角的过滤器下拉列表中选择【面组】选项，把这两个曲面作为面组使用。后面的合并和阵列操作中也要进行类似操作。

10. 合并曲面。选择镜像复制前后的两个拉伸曲面为合并对象，在【编辑】工具组中单击 ⬭合并 按钮，打开曲面合并工具，确定保留面组侧后，创建图 5-159 所示的合并结果。

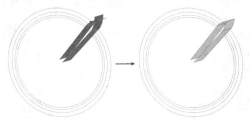

图5-159　合并结果

11. 创建拉伸曲面。

(1) 单击 ▣（拉伸）按钮，打开拉伸设计工具；单击 ▢（曲面）按钮，创建曲面特征。

(2) 选择基准平面 FRONT 作为草绘平面，接受默认参照，进入草绘模式。

(3) 利用 □投影 工具使用【环】的方式选择齿根线 d_f（最内侧的曲线）作为草绘截面，如图 5-160 所示，完成后退出草绘模式。曲面高度可以先任意取值。最后创建的拉伸曲面如图 5-161 所示。

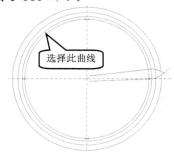

图5-160　选择曲线

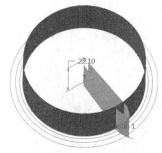

图5-161　创建的拉伸曲面

(4) 仿照步骤 6 中创建关系的方法，为曲面高度创建关系 "d15=b"，如图 5-162 所示，单击 ▨（刷新）按钮，再生后的模型如图 5-163 所示。

图5-162　创建关系

12. 复制面组。

(1) 选中合并后的面组，在【操作】工具组中单击 复制 按钮，再单击 粘贴 按钮旁边的 按钮，在弹出的下拉菜单中选择【选择性粘贴】选项，弹出【选择性粘贴】对话框，打开【移动(复制)】功能区。

(2) 单击 （旋转）按钮，选择基准轴 A_1 作为方向参照，旋转角度输入任意值，展开【选项】选项卡，取消对【隐藏原始几何】复选项的选择，最后创建的面组如图 5-164 所示。

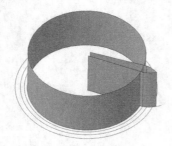
图5-163　再生后的模型（2）

图5-164　复制结果

(3) 仿照步骤 6 中创建关系的方法，为复制时的旋转角度创建关系 "d24=360/z"，如图 5-165 所示。单击 （刷新）按钮，再生后的模型如图 5-166 所示。

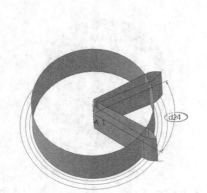

图5-165　创建关系

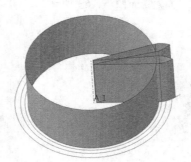
图5-166　再生后的模型（3）

13. 阵列面组。

(1) 在模型树窗口中选中步骤 12 创建的旋转复制面组，然后在【编辑】工具组中单击 按钮，打开阵列设计工具。

(2) 选择阵列方式为【尺寸】，并选择角度尺寸"14.4°"作为驱动尺寸，如图 5-167 所示，角度尺寸增量和特征总数取任意值，最后创建的阵列特征如图 5-168 所示。

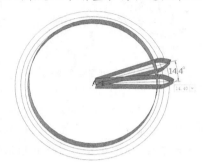

图5-167　选择驱动尺寸

图5-168　创建的阵列特征

(3) 仿照步骤 6 中创建关系的方法，为阵列时的旋转角度创建关系"d28=360/z"。

(4) 为阵列特征总数创建关系"p29=z-1"，如图 5-169 和图 5-170 所示，然后单击 （刷新）按钮再生模型，结果如图 5-171 所示。

图5-169　为参数添加关系

图5-170　【关系】窗口

14. 合并面组。

(1) 选中图 5-172 所示的两面组（步骤 10 和步骤 11 创建的合并面组和拉伸曲面），然后在【编辑】工具组中单击 合并 按钮，打开合并设计工具，确定保留面组侧如图 5-173 所示，合并后的结果如图 5-174 所示。

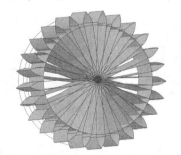

图5-171　再生后的模型（4）

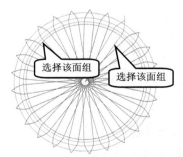

图5-172　选取面组

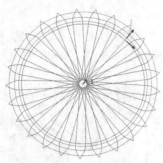

图5-173 确定保留面组侧

图5-174 合并结果（1）

(2) 在模型树窗口中展开阵列特征，选中第 1 个特征标识，按住 Ctrl 键再选中拉伸曲面为合并对象，然后打开合并设计工具，按照图 5-175 所示确定保留面组侧，合并结果如图 5-176 所示。

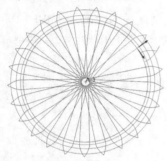

图5-175 确定保留面组侧

图5-176 合并结果（2）

15. 阵列合并面组。

(1) 在模型树窗口的"合并 3"特征上单击鼠标右键，然后在弹出的快捷菜单中单击 ▦（阵列）按钮，如图 5-177 所示。

(2) 单击鼠标中键，阵列结果如图 5-178 所示。

图5-177 阵列操作

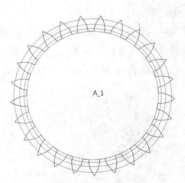

图5-178 阵列结果

16. 创建拉伸曲面。

(1) 单击 ▦（拉伸）按钮，打开拉伸设计工具；单击 ▦（曲面）按钮，创建曲面特征。

(2) 选择基准平面 FRONT 作为草绘平面，接受默认参照，进入二维草绘模式。

(3) 使用 投影 工具以【环】的方式选择曲线 d_a（齿顶圆所在的曲线）作为截面，如图 5-179 所示，然后退出草绘模式。

(4) 展开【选项】选项卡，选择【封闭端】复选项。

(5) 任意设置拉伸高度，创建拉伸曲面，结果如图 5-180 所示。

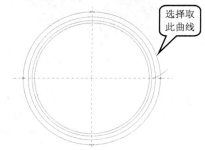

选择取此曲线

图5-179　选择截面图

图5-180　创建拉伸曲面

(6) 仿照步骤 6 中创建关系的方法，为曲面高度创建关系 "d70=b"，如图 5-181 和图 5-182 所示。最后单击 （刷新）按钮，再生后的模型如图 5-183 所示。

图5-181　为参数添加关系

图5-182　【关系】窗口

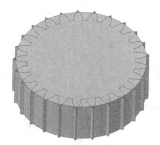

图5-183　再生后的模型（5）

17. 合并曲面。

(1) 选择步骤 15 创建的合并曲面和步骤 16 创建的拉伸曲面为合并对象，如图 5-184 所示，然后单击 合并 按钮，打开合并设计工具。

(2) 确定保留面组侧如图 5-185 所示，合并结果如图 5-186 所示。

图5-184　选择合并对象

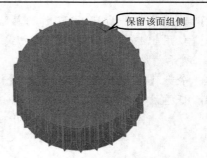

保留该面组侧

图5-185　确定保留面组侧

18. 实体化曲面。

(1) 选中步骤 17 创建的合并面组，在【编辑】工具组中单击 实体化 按钮，打开实体化设计工具。

(2) 单击鼠标中键，创建的实体模型如图 5-187 所示。

图5-186　合并结果（3）

图5-187　实体化后的模型

至此，已经创建完成了参数化标准直齿圆柱齿轮。可以看出，在创建这个齿轮的过程中，首先设置了齿轮的相关参数，然后在建模的过程中使用了大量的关系式，目的就是达到参数化的效果，这样可以方便更改，也有利于在以后的工作中使用类似的齿轮。

19. 修改齿轮参数方法 1。

(1) 在【工具】功能区的【模型意图】工具组中单击 参数 按钮，打开【参数】窗口，将齿轮模数修改为 "1.5"，齿数修改为 "40"，齿宽修改为 "5"，如图 5-188 所示。

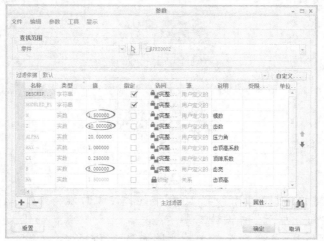

图5-188　更改尺寸参数

(2) 单击 (刷新) 按钮, 得到更新后的齿轮, 如图 5-189 所示。

(3) 在模型树窗口顶部单击 (显示) 按钮, 在打开的下拉菜单中选择【层树】选项, 打开图层管理窗口, 在项目【03__PRT_ALL_CURVES】上单击鼠标右键, 在弹出的快捷菜单中选择【隐藏】命令, 隐藏基准曲线, 结果如图 5-190 所示。

图5-189 更新后的齿轮

图5-190 隐藏基准后的模型

 用这种方法虽然可以控制零件参数进行新齿轮零件的设计, 但是显然还做得不够, 特别是定义的参数如果很多, 有的参数其实并不需要进行额外更新, 这时就需要在原有的基础上更上一层楼, 通过 PROGRAM 命令更方便地处理, 提高效率。

20. 修改齿轮参数方法 2。

(1) 在【工具】功能区的【模型意图】工具组中的下拉面板中选择【程序】选项, 打开【菜单管理器】, 选择【编辑设计】选项, 在程序编辑的 "INPUT" "END INPUT" 两个关键词中间插入下面的内容, 如图 5-191 所示。

```
INPUT
M   NUMBER
"输入 M 的新值: "
Z   NUMBER
"输入 Z 的新值: "
B   NUMBER
"输入 B 的新值: "
END INPUT
```

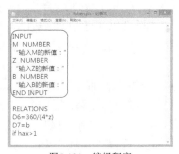

图5-191 编辑程序

 这里输入字母大小写的效果是相同的, 其中 M 代表建立的参数, NUMBER 代表变量的类型为数值, 双引号中的内容用来提示输入内容, 在 Creo 中文版中支持中文显示。在上面的编辑中, 没有引入 Alpha 这个压力角参数, 由于标准齿轮的压力角都是 20, 因此把此变量当成固定值处理。

(2) 在记事本的【文件】菜单中依次选择【保存】和【退出】命令。

(3) 在【INPUT SEL】中选择 M、Z、B 这 3 个参数后，选择【完成选择】，如图 5-192 所示。

(4) 依次在文本框中输入新的数值"2""40.000000""5.000000"，如图 5-193 所示。完成后零件自动更新，结果如图 5-194 所示。

| 图5-192 菜单操作 | 图5-193 输入新值 | 图5-194 更新结果 |

要点提示 这里只介绍齿轮轮齿部分的参数化设计方法，请读者在其上添加其他结构设计，并完成参数化建模工作，然后修改设计参数，以获得不同的设计效果，结果如图 5-135 所示。

5.5 小结

本章主要介绍了特征的各种操作方法。即便是最优秀的产品设计师也不能保证自己可以"一帆风顺"地获得满意的设计结果，因此一个训练有素的设计人员在熟练掌握各种造型方法的同时，还要熟练掌握各种特征操作工具的用法，以便能够随时解决设计中出现的问题，并尽可能地获得高的设计效率。

特征阵列是一项非常有效的设计工作，特别适合创建规则排列的一组特征。在各种阵列方法中，尺寸阵列应用最广泛，它既可以用于创建线性阵列，也可以用于创建旋转阵列；既可以创建一维阵列，也可以创建多维阵列。在学习尺寸阵列时应该重点理解驱动尺寸的含义和用途。

应用最为广泛的特征复制方法是镜像复制和移动复制。镜像复制需要指定镜像参照，一般指定基准平面或实体上的平面作为参照。移动复制分为平移和旋转两种类型，设计时也需要指定必要的设计参照，可以使用顶点、基准轴线、坐标系和基准平面等作为参照。另外，注意特征复制时属性的设置，重点理解"从属"和"独立"的差别。

特征的编辑和编辑定义是两个有效的设计工具。在建模过程中，要善于使用这两个工具来修改和完善模型设计。一项完美的设计都是在反复使用这两种工具不断改进设计方案的基础上最终获得的。使用插入工具可以在已经创建完成的两个特征之间插入特征。使用编辑参照的方法可以在删除主特征时重新为从属特征设定参照。使用调整特征顺序的方法可以交换不具有主从关系的一组特征的设计顺序，以此来改变设计结果。

参数化设计是 Creo 的核心思想之一。在参数化模型中，参数控制了模型"动"的一面，通过修改参数可以轻松地使设计"变脸"，而"关系"控制了模型"静"的一面，保证了模型"万变不离其宗"。参数为修改模型提供了入口。在设计参数时，首先要注意为参数命名时的事项，此外还要注意为参数赋值的方法，自由参数可以由用户修改其值，而由关系控制的参数无法由用户更改其值。

5.6 习题

1. 使用尺寸阵列方法创建旋转阵列时，是否一定需要用角度尺寸作为驱动尺寸？使用轴阵列方法创建旋转阵列时呢？
2. 编辑特征和编辑定义特征有什么区别？
3. 调整特征顺序时必须满足什么条件？
4. 特征隐藏操作和隐含操作在使用时有何区别？
5. 自己动手对一个模型进行编辑定义，并完善其结构。
6. 简述参数化建模的基本原理。
7. 是否可以随意删除一个模型上的参数？
8. 自己动手创建一个参数化模型。

第6章　曲面及其应用

【学习目标】
- 掌握创建基本曲面特征的方法。
- 掌握创建边界混合曲面特征的方法。
- 掌握创建变截面扫描曲面特征的方法。
- 掌握创建自由曲面的方法。
- 掌握修剪、合并及实体化等常用曲面操作。

曲面是构建复杂模型最重要的材料之一。回顾 CAD 技术的发展历程不难发现，曲面技术的发展为表达实体模型提供了更加有效的工具。

6.1　创建基本曲面特征

在现代复杂产品设计中，曲面应用广泛，例如汽车、飞机等具有漂亮外观和优良物理性能的表面结构通常使用参数曲面来创建。本章将介绍曲面特征的各种创建方法和编辑方法。

6.1.1　知识准备

曲面特征没有质量和厚度等物理属性。从创建原理来讲，曲面特征和基础实体特征具有相似性。基本曲面特征是指使用拉伸、旋转、扫描和混合等常用三维建模方法创建的曲面特征。

1.　创建拉伸曲面特征

在【形状】工具组中单击 ![拉伸按钮]（拉伸）按钮，打开拉伸设计工具，单击 ![曲面按钮]（曲面）按钮，创建曲面特征，如图 6-1 所示。依次选择草绘平面，绘制截面图，然后指定曲面深度后，即可创建拉伸曲面特征。

图6-1　拉伸设计工具

对曲面特征的截面要求没有实体特征那样严格，用户既可以使用开放截面来创建曲面特征，也可以使用闭合截面来创建，如图 6-2 所示。

采用闭合截面创建曲面特征时，还可以指定是否创建两端封闭的曲面特征，方法是在设计工具中展开【选项】选项卡，选择【封闭端】复选项，如图 6-3 所示。

2.　创建旋转曲面特征

在【形状】工具组中单击 ![旋转按钮] 旋转 按钮，打开旋转设计工具，单击 ![曲面按钮]（曲面）按钮，创建曲面特征，正确放置草绘平面后，可以使用开放截面或闭合截面来创建曲面特征。在绘制截面图时，注意绘制旋转中心轴线，如图 6-4 所示。

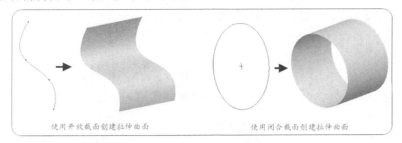

图6-2 创建拉伸曲面特征

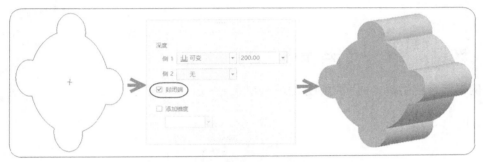

图6-3 创建封闭曲面

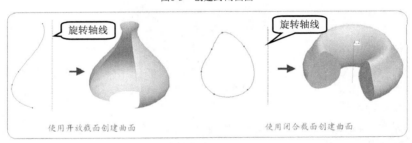

图6-4 创建旋转曲面特征

3. 创建扫描曲面特征

在【形状】工具组中单击 扫描 按钮，打开扫描设计工具，单击 （曲面）按钮，创建曲面特征，设计过程主要包括设置扫描轨迹线及草绘截面图两个基本步骤。展开【选项】选项卡，选择【封闭端】复选项即可创建闭合曲面，如图 6-5 所示。

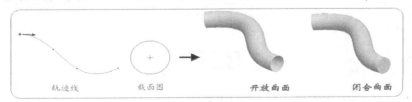

图6-5 创建扫描曲面特征

4. 创建混合曲面特征

在【形状】工具组中单击 混合 按钮，打开混合设计工具，单击 （曲面）按钮，创建曲面特征。混合曲面特征的创建原理也是将多个不同形状和大小的截面按照一定顺序依次相连，因此各截面之间也必须满足顶点数相同的条件。混合曲面特征也有【直】和【平滑】两种属性，主要用于设置各截面之间是否光滑过渡，示例如图 6-6 所示。

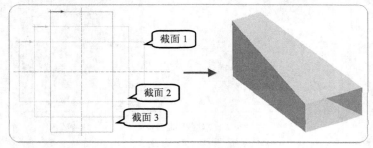

图6-6　创建混合曲面特征

6.1.2　范例解析——创建帽形曲面

本例将综合应用基本曲面的创建方法创建图 6-7 所示的帽形曲面。

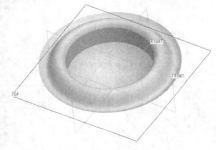

图6-7　帽形曲面

1.　创建旋转曲面特征。

(1)　单击 □（新建）按钮，新建一个名为 "basic_surface" 的零件文件。

(2)　在【形状】工具组中单击 旋转 按钮，打开旋转设计工具，单击 □（曲面）按钮，创建曲面特征。

(3)　选择基准平面 FRONT 作为草绘平面，进入二维草绘模式。

(4)　在【草绘】工具组中利用 3点/相切端 工具绘制一段圆弧，如图 6-8 所示，并绘制旋转轴线，完成后退出草绘模式。

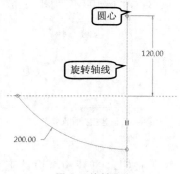

图6-8　绘制圆弧

(5)　按照图 6-9 所示设置旋转曲面的其他参数，创建的旋转曲面如图 6-10 所示。

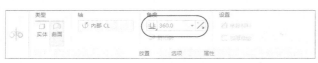

图6-9　设置旋转参数

图6-10　创建的旋转曲面

2. 创建拉伸曲面特征。

(1) 在【形状】工具组中单击 （拉伸）按钮，打开拉伸设计工具，单击 （曲面）按钮，创建曲面特征。

(2) 选择基准平面 TOP 作为草绘平面，进入二维草绘模式。

(3) 在【草绘】工具组中单击 投影 按钮，使用边工具来选择步骤 1 中创建的旋转曲面的边线，围成拉伸截面，如图 6-11 所示，按住 Ctrl 键选中整个圆弧边界，投影结果如图 6-12 所示，完成后退出草绘模式。

图6-11　选择边线

图6-12　投影结果

(4) 按照图 6-13 所示设置曲面的拉伸深度为 "60.00"，创建的拉伸曲面如图 6-14 所示。

图6-13　设置拉伸参数

图6-14　创建的拉伸曲面

3. 创建扫描曲面特征。

(1) 在【形状】工具组中单击 扫描 按钮，打开扫描设计工具，单击 （曲面）按钮，创建曲面特征。

(2) 展开【参考】选项卡，单击 细节 按钮，弹出【链】对话框。

(3) 选择步骤 2 中创建的拉伸曲面的边线作为扫描轨迹线（按住 Ctrl 键分两次选中），如图 6-15 所示，然后单击 确定(O) 按钮完成轨迹线的定义。

(4) 在【扫描】功能区中单击 草绘 按钮进入二维草绘模式，使用 样条 工具绘制图 6-16 所示的扫描截面，完成后退出草绘模式。

(5) 单击 （确定）按钮退出扫描模式，最终的设计结果如图 6-7 所示。

图6-15　选择轨迹线

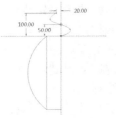

图6-16　绘制扫描截面

6.2 创建扫描曲面特征

使用扫描工具可以创建出形状丰富的曲面特征。

6.2.1 知识准备

可以将不同形状的扫描截面沿一定的轨迹线扫描后生成曲面特征。

1. 截面的应用

创建扫描曲面时，可以根据设计需要变换截面的形状，主要包括以下几个方面。

- 方向：可以使用不同的参照确定截面扫描运动时的方向。
- 旋转：扫描时可以绕指定轴线适当旋转截面。
- 尺寸参数：扫描时可以改变截面的尺寸参数。

2. 基本概念

在变截面扫描中通过对多个参数进行综合控制，可以获得不同的设计效果。在变截面扫描时，可以使用以下 4 种截面形式，其建模原理有一定的差别。

(1) 恒定截面。

在沿轨迹扫描的过程中，草绘截面的形状不发生改变，唯一发生变化的是截面所在框架的方向。

(2) 变截面。

通过在草绘截面图元与其扫描轨迹之间添加约束，或者使用由参数控制的截面关系式使草绘截面在扫描运动过程中可变。

(3) 关系式。

一种抽象出来的截面尺寸变化规律，此处的关系式比较特殊，主要由参数"trajpar"控制，相关用法在后文介绍。

(4) 框架。

框架实质上是一个坐标系，该坐标系能带动扫描截面沿着扫描轨迹线移动。坐标系的轴由辅助轨迹和其他参照定义，如图 6-17 所示。

> **要点提示** 变截面扫描的创建原理是，将草绘截面放置在框架上，再将框架附加到扫描轨迹上并沿轨迹长度方向移动来创建扫描特征。框架的作用不可小视，因为它决定着草绘沿原始轨迹移动时的方向。

3. 变截面扫描的一般步骤

变截面扫描的主要设计步骤如下。

(1) 创建并选择原始轨迹。

(2) 打开扫描设计工具。

(3) 根据需要添加其他轨迹。

(4) 指定截面控制及水平、垂直方向的控制参照。

(5) 草绘截面。

(6) 预览尺寸并完成特征创建。

4.　选择轨迹

在【形状】工具组中单击 扫描 按钮，打开扫描设计工具，展开【参考】选项卡，如图 6-18 所示。首先向【轨迹】列表框中添加扫描轨迹，在添加轨迹时，同时按住 Ctrl 键可以添加多个轨迹。

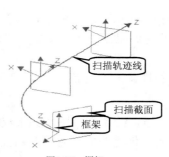

图6-17　框架

图6-18　【参考】选项卡

变截面扫描时可以选择使用以下几种轨迹类型。

- 【原始轨迹】：在打开扫描设计工具之前选择的轨迹，即基础轨迹线，具备引导截面扫描移动与控制截面外形变化的作用，同时确定截面中心的位置。选择的方法是在图 6-18 所示的【参考】选项卡中选择【N】复选项。
- 【法向轨迹】：在扫描过程中，扫描截面始终保持与法向轨迹垂直。选择的方法是在图 6-18 所示的【参考】选项卡中选择【T】复选项。
- 【X 轨迹】：沿 x 轴坐标方向的轨迹线。选择的方法是在图 6-18 中选择【X】复选项。

图 6-19 和图 6-20 所示是扫描轨迹选择示例。

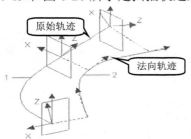

图6-19　扫描轨迹选择示例（1）

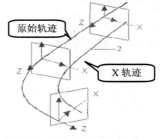

图6-20　扫描轨迹选择示例（2）

> **要点提示**
> 在图 6-18 中，选择【轨迹】列表框中的【X】复选项，使该轨迹成为 X 轨迹，但是第 1 个选择的轨迹不能作为 X 轨迹；选择【N】复选项可使该轨迹成为法向轨迹；如果轨迹存在一个或多个相切曲面，则选择【T】复选项。通常情况下，将原始轨迹始终设置为法向轨迹。

5.　对截面进行方向控制

在【参考】选项卡的【截平面控制】下拉列表中为扫描截面选择定向方法，对截面进行方向控制。其中 3 个选项的用法介绍如下。

- 【垂直于轨迹】：移动框架总是垂直于指定的法向轨迹。
- 【垂直于投影】：移动框架的 y 轴平行于指定方向，z 轴沿指定方向与原始轨迹的投影相切。

- 【恒定法向】：移动框架的 z 轴平行于指定方向。

6. 对截面进行旋转控制

在【参考】选项卡的【水平/竖直控制】下拉列表中设置如何控制框架绕草绘平面法向的旋转运动，主要有以下两项。

- 【自动】：截面的旋转控制由 x 轴、y 轴方向自动定向。由于系统能计算 x 向量的方向，这种方法能够最大限度地降低扫描几何的扭曲。对于没有参照任何曲面的原始轨迹，该选项为默认值。
- 【X 轨迹】：截面的 x 轴过指定的 X 轨迹和沿扫描截面的交点。

7. 绘制截面图

执行完上述步骤后，在【扫描】功能区中单击 按钮，绘制截面图。如果仅仅选择了原始轨迹，则绘制完草绘截面后如果马上退出草绘器，此时创建的曲面为普通扫描曲面，这显然没有达到预期的变截面的效果，如图 6-21 所示。

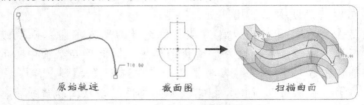

图6-21　创建普通扫描曲面

(1) 添加关系式。

用户可以通过使用关系式的方法来获得变截面。在【工具】功能区的【模型意图】工具组中单击 按钮，打开【关系】窗口，然后在模型上单击需要添加关系的尺寸代号，例如 sd6，为此尺寸添加关系式。

```
sd6=40+10*cos(10*360*trajpar)
```

通过关系控制该尺寸在扫描过程中按照余弦关系变化，最后创建的变截面扫描曲面如图 6-22 所示。

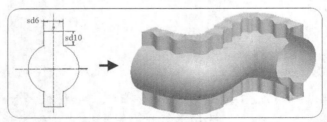

图6-22　变截面扫描曲面

(2) 参数 trajpar 的应用。

"trajpar"是一个轨迹参数，该参数为一个 0～1 的变量，在生成特征的过程中，此变量呈线性变化，表示扫描特征的长度百分比。开始扫描时，"trajpar"的值是 0，当完成扫描时，该值为 1。

例如，若有关系式"sd1=40+20*trajpar"，尺寸 sd1 受关系"40+20*trajpar"控制。开始扫描时，trajpar 的值为 0，sd1 的值为 40；结束扫描时，trajpar 的值为 1，sd1 的值为 60。

6.2.2　范例解析——创建把手曲面

本例将综合使用变截面扫描和边界混合等工具创建图 6-23 所示的把手曲面。

图6-23　把手曲面

1.　创建基准曲线 1。
(1)　新建文件。
(2)　在【基准】工具组中单击 ∿（草绘）按钮，打开草绘设计界面。
(3)　选择基准平面 FRONT 作为草绘平面，进入草绘模式。
(4)　在草绘平面内绘制图 6-24 所示的曲线，生成的基准曲线如图 6-25 所示。

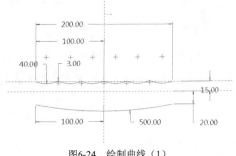

图6-24　绘制曲线（1）

图6-25　生成的基准曲线 1

2.　创建基准曲线 2。
(1)　在【基准】工具组中单击 ∿（草绘）按钮，打开草绘设计界面。
(2)　选取基准平面 TOP 作为草绘平面，进入草绘模式。
(3)　在草绘平面内绘制图 6-26 所示曲线，生成的基准曲线如图 6-27 所示，完成后退出草绘
　　模式。

图6-26　绘制曲线（2）

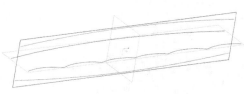

图6-27　生成的基准曲线 2

3.　创建扫描曲面 1。
(1)　在【形状】工具组中单击 扫描 按钮，打开扫描设计工具，单击 （曲面）按钮。
(2)　选择图 6-28 所示的曲线（波浪线上方的曲线）作为原始轨迹（其上有 "原点" 字
　　样），然后按住 Ctrl 键选择其余 3 条曲线作为辅助轨迹，如图 6-29 所示。

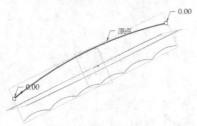

图6-28　选择原始轨迹

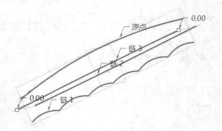

图6-29　选择辅助轨迹

(3) 单击 （草绘）按钮，进入二维草绘模式，绘制图 6-30 所示的截面图，完成后退出草绘模式。

(4) 单击 ✓（确定）按钮，创建的变截面扫描曲面如图 6-31 所示。

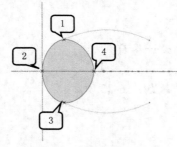

图6-30　绘制截面图（1）

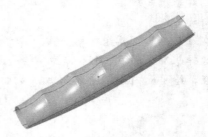

图6-31　创建的变截面扫描曲面（1）

> **要点提示**　此处绘制的是一个椭圆剖面，绘图时需要使用 ⌐重合 约束工具将 4 个曲线的端点（图 6-30 中的点 1、2、3、4）对齐到椭圆上。

4.　创建基准曲线 3。

(1) 在【基准】工具组中单击 ～（草绘）按钮，进入草绘设计界面。

(2) 选择基准平面 FRONT 作为草绘平面，进入草绘模式。

(3) 在草绘平面内绘制图 6-32 所示的曲线，结果如图 6-33 所示，完成后退出草绘模式。

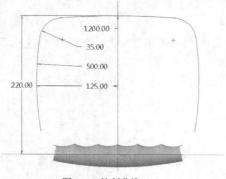

图6-32　绘制曲线（3）

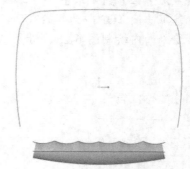

图6-33　创建的基准曲线 3

5.　创建基准曲线 4。

(1) 在【基准】工具组中单击 ～（草绘）按钮，进入草绘设计界面。

(2) 选择基准平面 FRONT 作为草绘平面，进入草绘模式。

(3) 在草绘平面内绘制图 6-34 所示的曲线，结果如图 6-35 所示，完成后退出草绘模式。

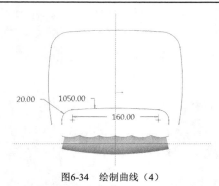

图6-34 绘制曲线（4）

图6-35 创建的基准曲线 4

> **要点提示**　此处基准曲线 3 和基准曲线 4 的形状读者可以自行设计，不必拘泥于图 6-32 和图 6-34 所示的尺寸标注。

6.　创建扫描曲面 2。

(1)　在【形状】工具组中单击 ⏚ 扫描 按钮，打开扫描设计工具。

(2)　选择图 6-36 所示的曲线作为原始轨迹（有 "原点" 字样），然后按住 Ctrl 键选择另一条曲线作为辅助轨迹。

(3)　单击 ✍（草绘）按钮，进入二维草绘模式，绘制图 6-37 所示的截面图，完成后退出草绘模式。注意，椭圆剖面必须经过曲线的两个端点。

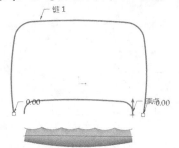

图6-36 选择原始轨迹

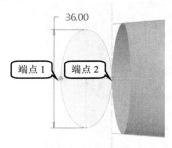

图6-37 绘制截面图（2）

(4)　单击 ✓（确定）按钮，创建的变截面扫描曲面如图 6-38 所示。

7.　创建基准曲线 5。

(1)　单击【基准】工具组，在弹出的下拉菜单中选择【曲线】/【通过点的曲线】选项。

(2)　依次选择图 6-39 所示的点 1 和点 2。

图6-38 创建的变截面扫描曲面（2）

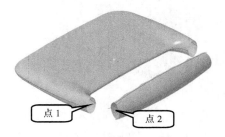

图6-39 选择参考点（1）

(3)　在【结束条件】选项卡中依次将【起点】和【终点】的【结束条件】均设置为【相切】，如图 6-40 和图 6-41 所示。

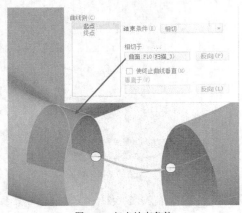

图6-40　起点结束条件

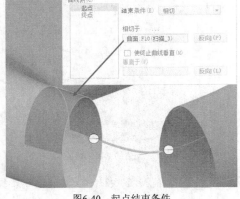

图6-41　终点结束条件

(4) 完成设置后单击 ✓ 按钮，最后创建的基准曲线如图 6-42 所示。

8. 创建基准曲线 6、7 和 8。

(1) 采用与创建基准曲线 1 类似的方法创建基准曲线 6，该基准曲线经过图 6-43 所示的点 3 和点 4，在起点、终点两端分别与曲面 1 和曲面 2 相切。

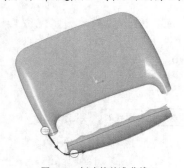

图6-42　创建的基准曲线 5

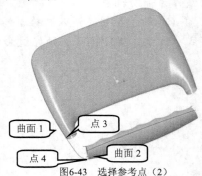

图6-43　选择参考点（2）

(2) 使用类似的方法在另一侧创建基准曲线 7 和基准曲线 8，结果如图 6-44 所示。

9. 创建边界混合曲面。

(1) 在【曲面】工具组中单击 (边界混合) 按钮，打开边界混合设计工具。

(2) 按住 Ctrl 键选择图 6-45 所示的曲线 1 和曲线 2 作为【第一方向】的边界曲线，如图 6-46 所示。

图6-44　创建的基准曲线 6、7、8

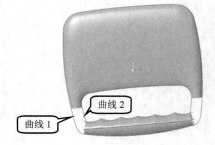

图6-45　选择曲线参照 1

(3) 激活【第二方向】列表框，按住 Ctrl 键选择图 6-47 所示的两条曲线作为参照曲线，最后创建的边界混合曲面如图 6-48 所示。

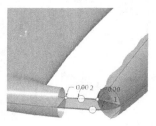

图6-46　选择曲线参照 2

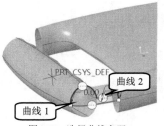

图6-47　选择曲线参照 3

(4)　选中刚创建的曲面，使用镜像的方法创建下部的边界混合曲面，结果如图 6-49 所示。

(5)　使用类似的方法在另一侧创建边界混合曲面，最终的设计结果如图 6-23 所示。

图6-48　创建的边界混合曲面

图6-49　镜像复制曲面

6.3　创建边界混合曲面特征

边界混合曲面的创建原理具有典型的代表性。首先构建曲线围成曲面边界，然后填充曲线边界构建曲面。

6.3.1　知识准备

设计时，可以在一个方向上指定边界曲线，也可以在两个方向上指定。此外，为了获得理想的曲面特征，还可以指定控制曲线来调节曲面的形状。

1.　设计工具

在【曲面】工具组中单击 （边界混合）按钮，打开图 6-50 所示的设计工具即可创建边界混合曲面。

图6-50　边界混合设计工具

2.　使用一个方向上的曲线创建边界混合曲面

在图 6-50 中，单击激活【第一方向】列表框后，按住 Ctrl 键依次选择图 6-51 所示的曲线 1、曲线 2、曲线 3 作为边界曲线，创建边界混合曲面。如果选中【闭合混合】复选项，则将曲线 1 和曲线 3 混合，生成封闭曲面。

不同的曲线选择顺序会生成不同的曲面，如图 6-52 所示。选中曲线后，单击【参数】选项卡中的 （向上）或 （向下）按钮，可使曲线向上或向下移动，从而调节混合连线的选择顺序。

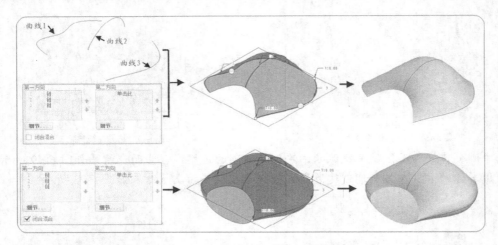

图6-51　使用一个方向上的曲线创建边界混合曲面示例（1）

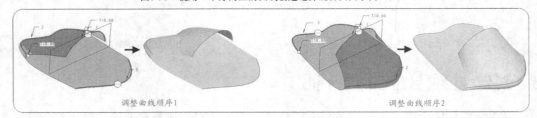

图6-52　使用一个方向上的曲线创建边界混合曲面示例（2）

3.　使用影响曲线来创建边界混合曲面特征

影响曲线用来调节曲面形状，当一条曲线被选作影响曲线后，曲面不一定完全经过该曲线，而是根据设定的平滑度值的大小逼近该曲线。展开【选项】选项卡，在其中设置以下参数。

- 选择影响曲线：激活【影响曲线】列表框，选择曲线作为影响曲线。
- 设置平滑度因子：该因子是一个 0～1 的实数。数值越小，边界混合曲面越逼近选定的拟合曲线。
- 设置第一方向和第二方向的曲面片数：控制边界混合曲面沿两个方向的曲面片数。曲面片数越多，曲面越逼近拟合曲线。若使用一种曲面片数构建曲面失败，则可以修改曲面片的数量重新构建曲面。曲面片的数量范围为 1～29。

选择曲线 1 和曲线 3 作为第一方向上的边界曲线后，在【选项】选项卡中激活【影响曲线】列表框，选择曲线 2 作为影响曲线，设置平滑度因子为"0.60"，第一方向和第二方向的曲面片数为"20"，最后创建的边界混合曲面如图 6-53 所示。

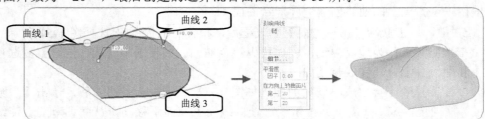

图6-53　使用影响曲线创建边界混合曲面

4. 创建双方向上的边界混合曲面

创建两个方向上的边界混合曲面时，除了指定第一方向的边界曲线外，还必须指定第二方向的边界曲线。如图 6-54 所示，按住 Ctrl 键选择曲线 1 和曲线 3 作为【第一方向】的边界曲线后，在设计面板上单击激活【第二方向】文本框，选择曲线 2 和曲线 4 作为第二方向的边界曲线，即可创建双方向上的边界混合曲面。

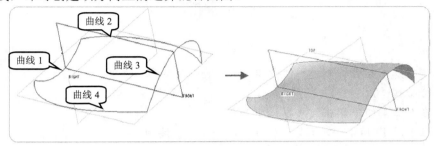

图6-54　创建双方向上的边界混合曲面

5. 设置边界条件

在创建边界混合曲面时，如果新建曲面与已知曲面在边线处相连，则可以通过设置边界条件的方法设置两曲面在连接处的过渡形式，以得到不同的连接效果。

展开设计面板中的【约束】下拉面板，可以在新建曲面的选定边线处设置边界条件，有以下 4 种边界条件。

(1) 自由。

新建曲面和相邻曲面间没有任何约束，完全为自由状态，在曲面交接处有明显的边界。

(2) 切线。

新建曲面在边线处与选定的参照（基准平面或曲面）相切，此时在曲面交接处通常没有明显的边界，为光滑过渡。

(3) 曲率。

新建曲面在边线处与选定的曲面曲率协调，在交接处没有明显的边界，为光滑过渡。

(4) 垂直。

新建曲面在边线处与选定的参照（基准平面或曲面）垂直。

图 6-55 所示是不同边界条件的示例。

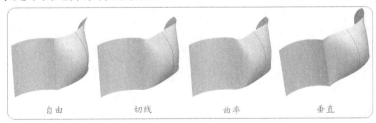

图6-55　不同边界条件示例

6.3.2　范例解析——创建伞状曲面

本例将使用边界混合曲面创建图 6-56 所示的伞状曲面。

图6-56　伞状曲面

1. 新建文件。

　　单击 ▯（新建）按钮，新建一个名为"umbrella"的零件文件。

2. 创建草绘曲线。

(1) 在【基准】工具组中单击 ▨（草绘）按钮。

(2) 选择基准平面 FRONT 作为草绘平面，单击 草绘 按钮，进入草绘模式。

(3) 在【草绘】工具组中利用 ⟍ 圆心和端点 工具绘制弧，如图 6-57 所示，最后创建的曲线如图 6-58 所示。

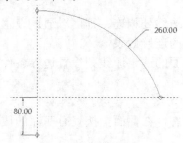

图6-57　绘制弧

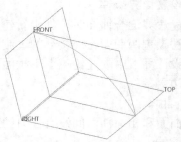

图6-58　创建的草绘曲线

3. 创建基准轴。

(1) 在【基准】工具组中单击 ∤轴 按钮，打开基准轴设计工具。

(2) 先选择基准平面 TOP，再按住 Ctrl 键选择图 6-59 所示的曲线终点。

(3) 单击 确定 按钮，创建基准轴 A_1，结果如图 6-60 所示。

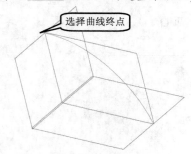

图6-59　选择曲线终点

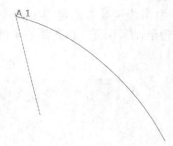

图6-60　创建基准轴 A_1

4. 复制曲线。

(1) 选中草绘曲线，单击【操作】工具组中的 ▯复制 按钮，复制特征。

(2) 单击 ▯粘贴 按钮右边的下拉按钮，打开下拉菜单，选择【选择性粘贴】选项，设置图 6-61 所示的参数，然后单击 确定(O) 按钮。

(3) 选择基准轴 A_1 为方向参照，设置【旋转】角度为"60.00"，复制结果如图 6-62 所示。

图6-61　设置参数（1）

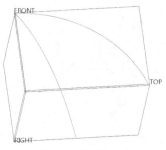

图6-62　复制曲线

5. 　创建草绘断面。

(1) 　在【基准】工具组中单击 （草绘）按钮。

(2) 　选择基准平面 TOP 作为草绘平面，随后进入草绘模式。

(3) 　在【设置】工具组中单击 参考 按钮，打开【参考】窗口，如图 6-63 所示，捕捉到两曲线的端点后单击添加点（创建参考点），然后单击 关闭 按钮创建参考点，结果如图 6-64 所示。

图6-63　【参考】窗口

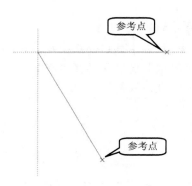

图6-64　创建参考点

(4) 　绘制图 6-65 所示的草绘截面，结果如图 6-66 所示。

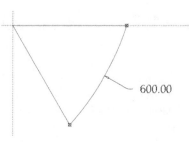

图6-65　绘制草绘截面

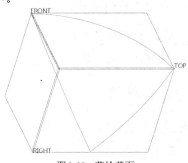

图6-66　草绘截面

6. 　创建边界混合曲面特征。

(1) 　单击 （边界混合）按钮，打开边界混合曲面设计工具。

(2) 　选择第一方向的曲线。按住 Ctrl 键依次选择曲线 1 和曲线 2，如图 6-67 所示。

(3) 　选择第二方向的曲线。激活【第二方向】列表框，选择曲线 3，如图 6-68 所示。

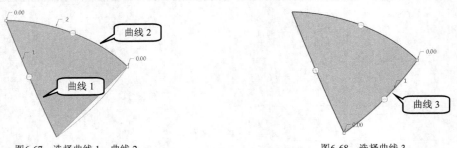

图6-67　选择曲线1、曲线2　　　　　　　　　图6-68　选择曲线3

(4)　单击 ✓（确定）按钮，创建边界混合曲面特征，结果如图 6-69 所示。

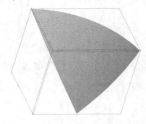

图6-69　创建的边界混合曲面特征

7.　创建阵列特征。

(1)　选中步骤 6 中创建的曲面后，单击 ⊞（阵列）按钮，打开阵列设计工具。

(2)　在【阵列】功能区的【类型】下拉列表中选择【轴】选项，选择 A_1 轴作为旋转轴。

(3)　其他参数设置如图 6-70 所示。

图6-70　设置参数（2）

(4)　单击 ✓（确定）按钮，创建阵列特征，结果如图 6-56 所示。

6.4　创建自由曲面

自由曲面工具功能强大、用法灵活，适合于在形状复杂的模型表面上进行设计，可以方便快速地创建自由曲线和自由曲面。

6.4.1　知识准备

在【曲面】工具组中单击 ▧（样式）按钮，进入自由曲面设计环境。

1.　设计工具

自由曲面可以在单视口模式中工作，窗口面积较大，如图 6-71 所示。

在视图工具栏中单击 ⊞（多视口）按钮，打开多视口模式，用户可以通过俯视图、主视图、右视图以及轴测图等视角显示模型，如图 6-72 所示。再次单击 ⊞（多视口）按钮，退出多视口模式。

要点提示 多视口模式具有很多设计优越性，它支持直接的三维建模和编辑功能，在一个视图中的设计和编辑结果会即时显示在其他视图中，激活任意一个视图后即可在其中创建和编辑图形。

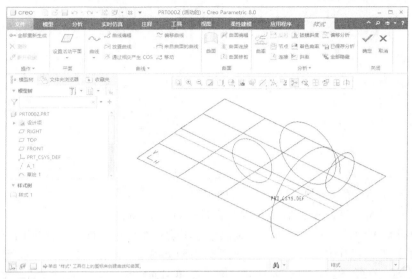

图6-71　自由曲面设计窗口

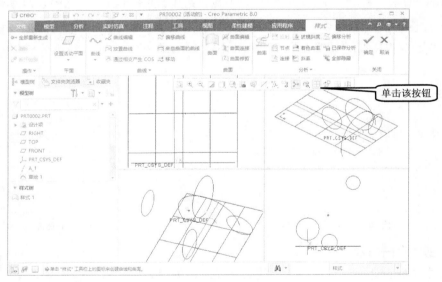

图6-72　多视口模式

2. 基本操作

在创建自由曲面时，主要有以下基本操作。

(1) 启用捕捉功能。

在创建曲线或曲面时，常需要选择曲线上的基准点、模型顶点及实体边线等作为曲线或曲面经过的参照，使用捕捉功能可以简单方便地选中这些参照。

选择对象时按住 Shift 键即可启用捕捉功能。当鼠标指针指向被捕捉对象时会变为十字光标，这时可以捕捉到离其最近的有效几何图元，被捕捉到的对象将会加亮显示。

(2) 设置活动平面。

活动平面是造型设计中的一种重要设计参照，在图形中用网格显示，如图 6-73 所示。

图6-73　设置活动平面

① 所有不受限制的点都将放置在活动平面上。

② 活动平面的定义比较灵活，可以在设计过程中重新设置。

③ 在进行造型设计之前，首先必须确保已经明确了哪个平面是当前所使用的活动平面。

在【平面】工具组中单击 ▱ （设置活动平面）按钮，然后选择一个基准平面，将其设置为活动平面。在绘图窗口中长按鼠标右键，在弹出的快捷菜单中选择【活动平面方向】命令后，活动平面将平行于屏幕，此时可以直观地看到其上的图形元素，如图 6-74 所示。

> 要点提示　在设计过程中，经常使用右键快捷菜单是一个良好的设计习惯。在不同的对象上长按鼠标右键，弹出的菜单内容也不同，示例如图 6-75 所示。

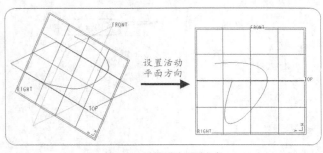

图6-74　设置活动平面方向

图6-75　右键快捷菜单示例

3. 创建自由曲线

在自由曲面设计中，曲面是由曲线来定义的，创建高质量的曲线是获得高质量曲面的基础。创建曲线的基本方法是依次定义两个以上曲线经过的参考点，然后将这些点光滑地连接起来。组成曲线的参考点主要有内部插值点和曲线的端点两种，如图 6-76 所示。

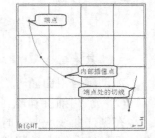

图6-76　曲线上的点

(1) 点的基本要素。

曲线上的每一个点都具有位置、切线和曲率 3 个要素，通过修改这些参数可以改变曲线的形状。

● 位置：点在空间的具体位置，例如位于曲面、曲线上或具有确定的坐标。

- 切线：该点处切线沿着曲线的方向，调整点的切线可以间接调整曲线的形状。
- 曲率：在该点处曲线的弯曲程度，圆上各点处的曲率为固定值（半径的倒数），直线的曲率为 0。

> **要点提示**　一般来说，设计时可以修改曲线端点处的切线，例如可以改变切线的方向和长度，但是曲线内部点的切线主要由软件系统创建和维护，不能随便更改。

(2)　点的类型。

曲线上的点有以下两种类型。

- 自由点：不受约束的点，在图形中以黑色小圆点的形式显示，如图 6-77 所示。默认情况下，自由点被放置在活动平面上。
- 约束点：受到某种方式约束的点。根据具体约束方式的不同，约束点又可分为固定点和软点两种类型。固定点是完全被约束的点，不能移动，如图 6-78 所示的放置在两边界曲线交点处的点；软点受到部分约束，可以在其所在的曲线、曲面及边线上移动，如图 6-79 所示的放置在边界曲线上的点。

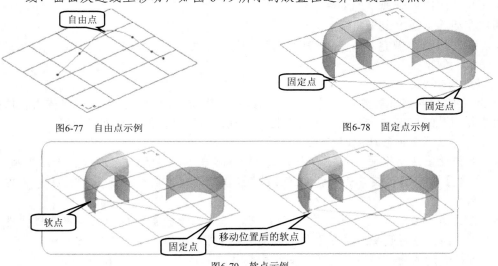

图6-77　自由点示例　　　　　　　　　　　　图6-78　固定点示例

图6-79　软点示例

> **要点提示**　用户可以通过捕捉的方法在已有的曲线、边或曲面等上面选择点来创建软点，创建完成后这些软点可以在这些参照上滑动，但是不能脱离这些参照，也就是具有部分约束。如果将软点捕捉到基准点或顶点上，则该点成为固定点。

(3)　创建曲线。

在造型设计中，可以使用以下 3 种方法来创建曲线。

- 自由曲线：位于三维自由空间中的曲线。
- 平面曲线：位于指定平面上的曲线。
- 曲面上的曲线（curve on surface，COS）：位于指定曲面上的曲线。

(4)　创建自由曲线。

自由曲线上的各点分布在三维空间中，其创建步骤如下。

①　在【平面】工具组中单击 ▱ （设置活动平面）按钮，再选择一个平面作为活动平面，输入的第 1 个点将位于该平面上。

② 在【曲线】工具组中单击～（曲线）按钮，打开【造型:曲线】功能区，再单击～（曲线）按钮，创建自由曲线。

③ 在活动平面上定义曲线上的点。

④ 按住鼠标中键旋转视图后，视图上也将出现一条垂直于活动平面的深度线，在该线上单击以指定点到活动平面的距离，如图 6-80 所示。

⑤ 单击鼠标中键完成一条曲线的创建，然后创建下一条曲线，最后单击✓（确定）按钮，完成造型特征的创建。

（5）创建平面曲线。

平面曲线上所有的点都位于同一个平面之内，且不允许在编辑过程中将其移出平面。创建平面曲线的基本步骤如下。

① 在【平面】工具组中单击 ▱ （设置活动平面）按钮，再选择一个平面作为活动平面。

② 在【曲线】工具组中单击～（曲线）按钮，打开【造型:曲线】功能区；再单击 ◠ （平面曲线）按钮，创建平面曲线。

③ 在活动平面上定义曲线上的点。

④ 单击鼠标中键完成一条曲线的创建，然后创建下一条曲线，最后单击✓（确定）按钮，完成造型特征的创建。

（6）创建 COS。

COS 上所有的点都被约束在曲面上，因此曲线也位于曲面上。用户可以依次在曲面上选择曲线要通过的点来创建曲线，也可以将已有曲线投影到曲面上来创建曲线。

可以使用以下 3 种方法创建 COS。

- 首先设置活动平面，在【曲线】工具组中单击～（曲线）按钮，打开【造型:曲线】功能区，再单击 ◠ （COS）按钮，在选定的曲面上选择点来创建 COS 即可。

- 在【曲线】工具组中单击 ◠放置曲线 按钮，选择需要投影到的曲面，再选择被投影曲线，最后选择基准平面作为投影方向参照（投影方向垂直于该平面），即可将选定的曲线沿着指定的方向投影到指定的曲面上，如图 6-81 所示。

- 在【曲线】工具组中单击 ◠通过相交产生 COS 按钮，然后选择两个相交曲面，即可在两者的交线处创建 COS。

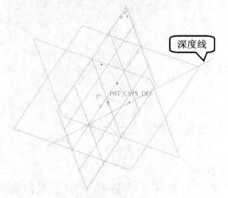

图6-80　显示深度线

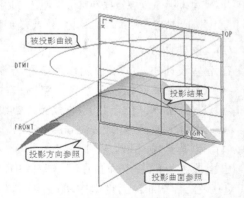

图6-81　使用投影法创建 COS

(7) 调整点的位置。

使用曲线编辑工具可以修改曲线上点的位置、约束条件及曲线的切线和方向等，从而改变曲线的形状。创建曲线后，在【曲线】工具组中单击 ✎曲线编辑 按钮，打开【造型:曲线编辑】功能区。

可以使用以下几种方法来调整点的位置，从而改变曲线的形状。

- 沿着曲线、边线或曲面拖动软点，改变点的位置，从而调整曲线形状。
- 沿着任意方向拖动自由点，使自由点在平行于活动平面的平面内移动，如图6-82所示。

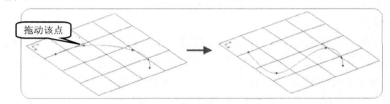

图6-82 调整自由点

- 按住 Alt 键可以垂直于活动平面拖动点，如图 6-83 所示。

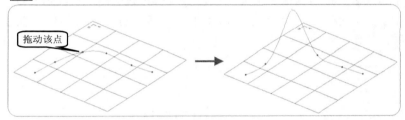

图6-83 垂直于活动平面拖动点

- 按住 Ctrl + Alt 组合键可以相对于视图垂直或水平移动自由点。

(8) 在曲线上增加或删除插值点。

在编辑曲线的过程中经常需要在曲线上添加新的插值点或删除已有插值点，相关的操作步骤如下。

① 在【曲线】工具组中单击 ✎曲线编辑 按钮，打开【造型:曲线编辑】功能区。

② 选中需要编辑的曲线。

③ 在曲线上拟增加插值点的地方长按鼠标右键，打开快捷菜单，选择【添加点】命令即可在单击的位置增加插值点，选择【添加中点】命令即可在单击位置的两个插值点中点处增加插值点。

④ 如果在已有的插值点上长按鼠标右键，在打开的快捷菜单中选择【删除】命令可以删除选定的插值点，选择【分割】命令可以在该点处将曲线分割。

(9) 按比例更新曲线。

如果在【选项】选项卡中选中【按比例更新】复选项，则在移动曲线上的软点时，可以使曲线上的自由点跟随软点按照一定比例移动，从而使曲线保持相对固定的形状。取消选中【按比例更新】复选项时，如果移动曲线上的软点，则其他位置上的自由点并不移动，曲线的形状变化较大。曲线上有两个以上的软点才能使用按比例更新曲线功能，如图 6-84 所示。

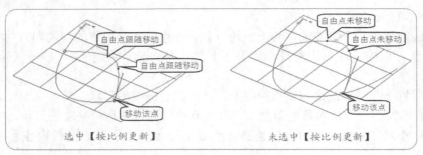

图6-84　按比例更新曲线

(10) 编辑曲线切线。

编辑曲线的切线可以改变曲线的形状，并实现与另一条曲线的连接和过渡。单击曲线的端点，系统将显示带有插值点的曲线切向量。单击并拖动切向量可以改变其大小（长度）和角度。在切向量上长按鼠标右键，打开图 6-85 所示的快捷菜单，其主要命令介绍如下。

- 【自然】：使用符合数学规律的自然切线。
- 【自由】：由用户指定切线。此时用户可以拖动切线，调整切线的长度和角度。
- 【固定角度】：保持切线的方向不变，拖动切线只能改变切线的长度。
- 【水平】：切线方向与活动平面的水平网格线平行，拖动切线只能改变切线的长度，如图 6-86 所示。

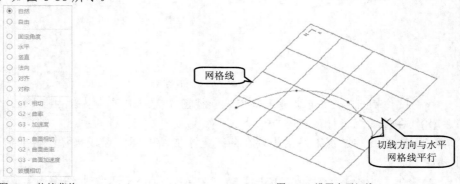

图6-85　快捷菜单

图6-86　设置水平切线

- 【竖直】：切线方向与活动平面的竖直网格线平行，拖动切线只能改变切线的长度。
- 【法向】：切线垂直于特定的基准平面，此时需要指定基准平面。
- 【对齐】：将切线与另一条曲线上的参照位置对齐。

4. 创建自由曲面

自由曲面沿袭了边界混合曲面的设计思路，使用两个方向上的边界曲线及内部控制曲线来构造曲面，前者围成曲面的边界，后者决定曲面的内部形状。

(1) 自由曲面对边界曲线的基本要求。

自由曲面对边界曲线的要求没有边界混合曲面那样严格，选择曲线时不用考虑顺序性，只要边界曲线封闭，都可以构建自由曲面。边界曲线通常需要满足以下条件。

- 同一方向的边界曲线不能相交。
- 相邻不同向的边界曲线必须相交，不允许相切。

边界曲线的示例如图 6-87 所示。

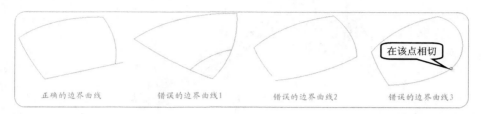

图6-87 边界曲线示例

(2) 自由曲面对内部控制曲线的基本要求。

内部控制曲线用于控制自由曲面的形状,常用于构建比较复杂的曲面,在选用内部控制曲线时要注意以下基本问题。

- 不能使用 COS 作为内部控制曲线。
- 内部控制曲线与边界曲线及其他内部控制曲线相交后在交点处具有软点,但是内部控制曲线不能与相邻的边界曲线相交。
- 穿过相同边界曲线的两条内部控制曲线不能在曲面内相交。
- 内部控制曲线必须与边界曲线相交,但与边界曲线的交点不能多于两点。

内部控制曲线的应用示例如图 6-88 所示。

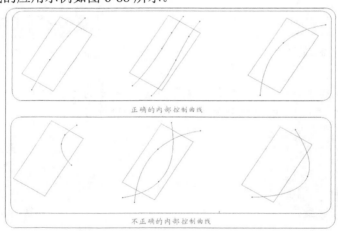

图6-88 内部控制曲线的应用示例

(3) 创建自由曲面的方法。

在创建一定数量的边界曲线和内部控制曲线后,就可以使用这些曲线来创建自由曲面,具体的操作步骤如下。

① 在【曲面】工具组中单击 （样式）按钮,打开自由曲面设计工具。
② 选择第 1 条边界曲线,然后按住 Ctrl 键选择其他边界曲线。
③ 如果需要,可以继续选择一条或多条内部控制曲线。
④ 使用选择的曲线围成边界和骨架来创建自由曲面。

6.4.2 范例解析——创建花洒模型

本例将通过一个花洒模型来介绍自由曲面的设计技巧,设计结果如图 6-89 所示。

图6-89　花洒模型

1.　新建文件。

新建名为"spray"的零件文件，进入三维建模环境。

2.　创建旋转曲面特征。

(1)　在【形状】工具组中单击 旋转 按钮，单击 （曲面）按钮，创建旋转曲面特征。

(2)　选择基准平面FRONT作为草绘平面，进入二维草绘模式。

(3)　在草绘平面内绘制图6-90所示的截面图，完成后退出草绘模式。

(4)　接受默认设计参数，最后创建的旋转曲面特征如图6-91所示。

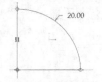

图6-90　绘制截面图（1）

图6-91　创建的旋转曲面特征

3.　创建倒圆角特征。

(1)　在【工程】工具组中单击 倒圆角 按钮，选择图6-92所示的边线作为倒圆角放置参照。

(2)　设置圆角半径为"3"，创建的倒圆角特征如图6-93所示。

图6-92　选择圆角参照

图6-93　创建的倒圆角特征

4.　创建曲面实体化特征。

(1)　选择曲面特征后，单击【编辑】工具组中的 加厚 按钮，打开加厚设计工具。

(2)　设置加厚方向朝内，如图6-94所示，厚度为"2"，创建图6-95所示的加厚特征。

图6-94　设置加厚方向

图6-95　创建的加厚特征

5.　创建拉伸特征。

(1) 在【形状】工具组中单击 ▣ （拉伸）按钮，打开拉伸设计工具；单击 ◢ （切减材料）按钮，创建减材料特征。

(2) 选择图 6-96 所示的平面作为草绘平面，进入二维草绘模式

(3) 在草绘平面内绘制图 6-97 所示的截面图，完成后退出草绘模式。

图6-96　选择草绘平面（1）

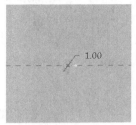

图6-97　绘制截面图（2）

(4) 设置拉伸终止条件为 ≡ （拉伸至下一曲面），退出后创建图 6-98 所示的拉伸特征。

6. 创建阵列特征。

(1) 在模型树窗口中选择步骤 5 中创建的拉伸特征，单击鼠标右键，在弹出的快捷菜单中单击 ▦ （阵列）按钮，进入阵列操作界面。

(2) 选择阵列【类型】为【填充】，在绘图窗口中长按鼠标右键，在弹出的快捷面板中单击 ▨ （定义内部草绘）按钮，打开【草绘】对话框。

(3) 选择图 6-99 所示的模型底面作为草绘平面，然后单击 草绘 按钮，进入草绘模式。

图6-98　创建的拉伸特征

图6-99　选择草绘平面（2）

(4) 在草绘平面内绘制图 6-100 所示的截面图，完成后退出草绘模式。

(5) 按照图 6-101 所示设置其余阵列参数，单击鼠标中键后得到图 6-102 所示的阵列结果。

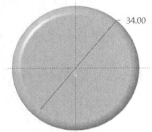

图6-100　绘制截面图（3）

图6-101　设置其余阵列参数

7. 创建基准平面特征。

(1) 启动基准平面工具，打开【基准平面】对话框。

(2) 按照图 6-103 所示将基准平面偏移指定距离，创建基准平面 DTM1，结果如图 6-104 所示。

图6-102　阵列结果

图6-103　设置参数

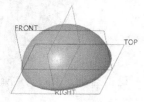

图6-104　创建基准平面 DTM1

8.　创建拉伸曲面特征。

(1)　在【形状】工具组中单击 （拉伸）按钮，单击 （曲面）按钮，创建拉伸曲面特征。

(2)　选择基准平面 DTM1 作为草绘平面，进入二维草绘模式。

(3)　在草绘平面内绘制图 6-105 所示的截面图，完成后退出草绘模式。

(4)　设置拉伸深度为"15"，创建图 6-106 所示的拉伸曲面特征。

图6-105　绘制截面图（4）

图6-106　创建的拉伸曲面特征

9.　创建自由曲线 1。

(1)　在【曲面】工具组中单击 样式 按钮，进入自由设计模式。

(2)　在【平面】工具组中单击 （设置活动平面）按钮，设置活动平面，选择基准平面 FRONT 作为参照，稍后绘制的曲线将位于该活动平面上。

(3)　单击【曲线】工具组中的 （曲线）按钮，打开曲线设计工具；单击 （平面曲线）按钮，创建平面曲线。

(4)　按住 Shift 键的同时把鼠标指针靠近旋转曲面的上表面，鼠标指针变为十字形状，选择沐浴喷头头部的表面作为参照，如图 6-107 所示。

(5)　在曲线上适当加入控制点，再次按住 Shift 键，把鼠标指针靠近拉伸曲面特征的表面，捕捉到曲面的一个顶点作为参照，创建的自由曲线如图 6-108 所示。

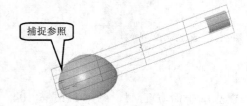

图6-107　选择参照

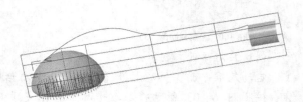

图6-108　创建的自由曲线 1

(6) 在【曲线】工具组中单击 曲线编辑 按钮，展开【相切】选项，设置【约束】属性为【曲面相切】，结果如图 6-109 所示，使用同样的方法使自由曲线与另一个曲面相切，结果如图 6-110 所示。

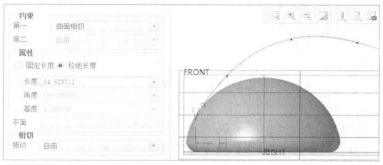

图6-109 设置端点属性（1）

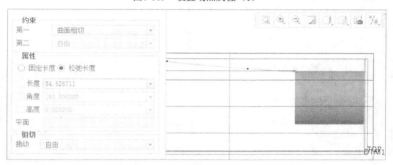

图6-110 设置端点属性（2）

(7) 在绘图窗口中长按鼠标右键，在弹出的快捷菜单中选择【活动平面方向】命令，使活动平面与屏幕平行，拖动自由曲线的控制点，编辑自由曲线，如图 6-111 所示，编辑结果如图 6-112 所示。

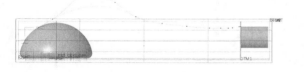

图6-111 编辑自由曲线

图6-112 编辑结果

10. 创建自由曲线 2。

(1) 仿照步骤 9 中的方法绘制第 2 条平面曲线，按住 Shift 键捕捉旋转特征的上表面作为参照，如图 6-113 所示。

(2) 在曲线上适当插入控制点，然后按住 Shift 键捕捉另一侧的曲面作为参照，创建图 6-114 所示的曲线。

图6-113 选择参照（1）

图6-114 选择参照（2）

(3) 在【曲线】工具组中单击 曲线编辑 按钮，对生成的自由曲线进行编辑，将曲线的两端分别设置相切于曲面，结果如图 6-115 所示。

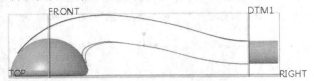

图6-115　创建的自由曲线 2

11. 创建自由曲线 3。

(1) 在【曲线】工具组中单击 ～（曲线）按钮创建自由曲线，再单击 ⊠（曲面上的曲线）按钮创建 COS。

(2) 按住 Shift 键分别捕捉到前两条曲线的端点，创建图 6-116 所示的曲线。

(3) 在【曲线】工具组中单击 ⊿曲线编辑 按钮，对刚才绘制的曲线进行编辑，在【约束】第 1 个下拉列表中为曲线的两个端点添加【自然】约束，参照平面为 FRONT，如图 6-117 所示。

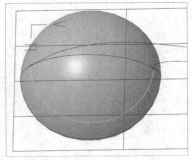

图6-116　创建的自由曲线 3

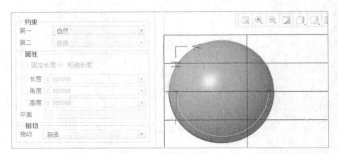

图6-117　设置约束方式

12. 创建自由曲线 4。

(1) 打开基准平面工具，将基准平面 RIGHT 平移 20 创建基准平面 DTM2，如图 6-118 所示。

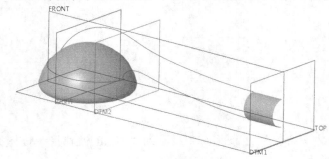

图6-118　创建基准平面 DTM2

(2) 在【曲面】工具组中单击 ⌐样式 按钮，在【平面】工具组中单击 ▱（设置活动平面）按钮，设置活动平面。选择基准平面 DTM2 作为活动平面，单击【曲线】工具组中的 ～（曲线）按钮，打开自由平面工具；单击 ⊠（平面曲线）按钮，创建平面曲线。

(3) 按住 Shift 键分别捕捉第 1 条、第 2 条曲线作为参照创建自由曲线，结果如图 6-119 所示。

(4) 在【曲线】工具组中单击 ⊿曲线编辑 按钮，对刚才生成的自由曲线进行编辑，设置曲线的两端垂直于基准平面 FRONT，结果如图 6-120 所示。

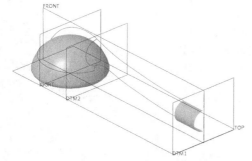

图6-119　创建的自由曲线 4

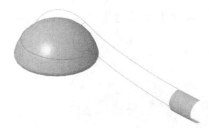

图6-120　设置曲线属性

13. 创建自由曲线 5。

(1) 打开基准平面工具，按照图 6-121 所示，将基准平面 DTM2 平移 25，创建基准平面 DTM3。

(2) 在【曲面】工具组中单击 样式 按钮，在【平面】工具组中单击 （设置活动平面）按钮，设置活动平面，选择基准平面 DTM3 作为参照，使用与步骤 12 类似的方法创建图 6-122 所示的自由曲线。

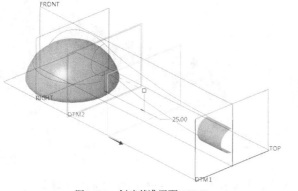

图6-121　创建基准平面 DTM3

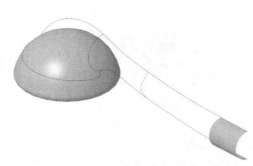

图6-122　创建的自由曲线 5

14. 创建自由曲面。

(1) 在【曲面】工具组中单击 （曲面）按钮创建自由曲面，在【曲面】工具组中单击 （主链）按钮，激活【主链】列表框，选择图 6-123 所示的曲线 1 和曲线 2 作为边界参照，再激活【内部链】列表框，选择图 6-124 所示的曲线 1、2、3 作为内部控制曲线。

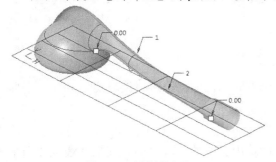

图6-123　选择边界参照

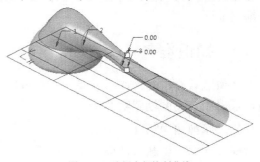

图6-124　选择内部控制曲线

(2) 单击鼠标中键退出，得到图 6-125 所示的自由曲面，完成后退出自由曲面模式。

15. 创建合并特征。

(1) 按住 Ctrl 键选择自由曲面和拉伸曲面作为合并对象。

(2) 在【编辑】工具组中单击 合并 按钮，进行合并操作，结果如图 6-126 所示。

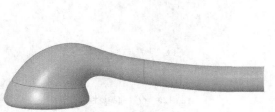

图6-125　创建的自由曲面　　　　　　　　　　图6-126　合并曲面结果（1）

16. 创建镜像特征。

(1) 选取合并后的面组作为参照，在【编辑】工具组中单击 镜像 按钮。

(2) 选择基准平面 FRONT 作为参照，镜像结果如图 6-127 所示。

(3) 按住 Ctrl 键选择步骤 15、步骤 16（2）创建的合并曲面和镜像曲面，在【编辑】工具组中单击 合并 按钮，进行合并操作，结果如图 6-128 所示。

图6-127　镜像曲面　　　　　　　　　　图6-128　合并曲面结果（2）

17. 加厚曲面。

(1) 选取合并后的曲面作为加厚对象，单击【编辑】工具组中 加厚 按钮，打开加厚设计工具。

(2) 设计加厚厚度为"2"，方向朝内，最终设计结果如图 6-89 所示。

6.5　编辑曲面特征

使用各种方法创建的曲面特征并不一定正好满足设计要求，这时可以采用多种操作方法来编辑曲面。

6.5.1　知识准备

就像裁剪布料制作服装一样，用户可以将多个不同的曲面特征进行编辑后拼装为一个曲面，最后由该曲面创建实体特征。

1.　修剪曲面特征

修剪曲面可以裁去曲面上多余的部分，既可以使用已有的基准平面、基准曲线或曲面来修剪，也可以使用拉伸、旋转等三维建模方法来修剪。首先选择需要修剪的曲面特征，然后在【编辑】工具组中单击 修剪 按钮，即可启动曲面修剪工具。

(1) 设置参照。

在设计面板中展开【参考】选项卡，在该选项卡中需要指定以下两个参照。

- 【修剪的曲线】：用于指定被修剪的曲面特征。
- 【修剪对象】：用于指定作为修剪工具的参照，如基准平面、基准曲线及曲面特征等。需要注意的是，该修剪参照应贯穿要修剪的曲面。

(2) 使用基准平面作为修剪工具。

如图 6-129 所示，选择被修剪的曲面特征，选择基准平面 FRONT 作为修剪对象，随后系统使用一个彩色箭头指示修剪后保留的曲面侧，另一侧将会被裁去，单击【修剪】功能区中的 ⊠（反向）按钮，可以调整箭头的指向，改变保留的曲面侧。

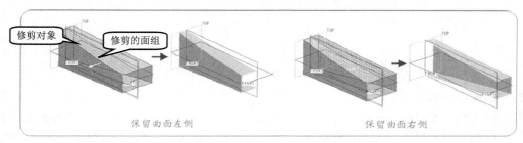

图6-129　使用基准平面作为修剪工具

(3) 使用一个曲面修剪另一个曲面。

可以使用一个曲面修剪另一个曲面，这时要求被修剪曲面能够被修剪曲面严格分割开，如图 6-130 所示。进行曲面修剪时，用户可以单击【修剪】功能区中的 ✎（调整方向）按钮，调整保留曲面侧，以获得不同的结果。

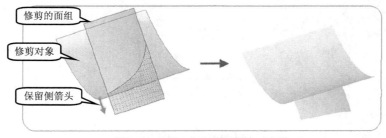

图6-130　使用一个曲面修剪另一个曲面

(4) 使用拉伸、旋转等方法修剪曲面特征。

使用拉伸、旋转、扫描和混合等三维建模方法都可以修剪曲面特征，其基本原理是首先使用这些特征创建方法创建一个三维模型，然后使用该模型作为修剪工具来修剪指定曲面。

2. 合并曲面特征

使用曲面合并的方法可以把多个曲面合并，生成单一曲面特征，这是曲面设计中的一个重要操作。当模型上具有多个独立曲面特征时，首先选择参与合并的两个曲面特征（在模型树窗口或模型上选择一个曲面后，按住 Ctrl 键再选择另一个曲面），然后在【编辑】工具组中单击 ⟳合并 按钮，打开曲面合并设计工具。

在合并设计工具面板上有两个 ⊠（反向）按钮，分别用来确定合并曲面时每一曲面上保留的曲面侧。

在图 6-131 中，选择合并的两个相交曲面后，分别单击 ✎保留的第一面组的侧 和 ✎保留的第二面组的侧 按钮调整保留的曲面侧，系统用彩色箭头指示要保留的曲面侧，可以获得 4 种不同的合并结果。

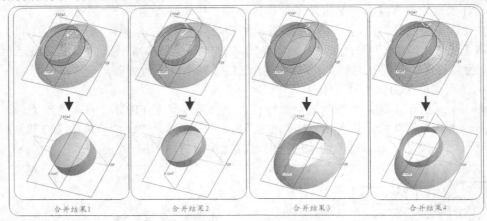

合并结果1　　　　合并结果2　　　　合并结果3　　　　合并结果4

图6-131　合并曲面特征

3. 曲面倒圆角

与创建实体特征类似，用户也可以在曲面过渡处的边线上创建倒圆角，从而使曲面之间的连接更顺畅，过渡更平滑。曲面倒圆角的设计工具和用法与实体倒圆角类似，首先在【工程】工具组中单击 倒圆角 按钮，然后选择放置圆角的边线，再设置圆角半径参数，即可创建曲面倒圆角，如图 6-132 所示。

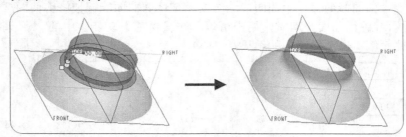

图6-132　曲面倒圆角

4. 曲面的实体化

曲面特征的重要用途之一就是由曲面围成实体特征的表面，然后将曲面实体化，这也是现代设计中对具有复杂外观结构的产品进行造型设计的重要手段。将曲面特征实体化时，既可以创建实体特征，也可以创建薄板特征。

(1) 使用曲面特征构建实体特征。

图 6-133 所示的是由 6 个独立的曲面特征经过 5 次合并后围成的闭合曲面。选择该曲面后，在【编辑】工具组中单击 实体化 按钮，打开图 6-134 所示的实体化设计工具。

图6-133　曲面特征

图6-134　实体化设计工具

通常情况下，系统选择默认的 ▢（填充实体）工具，用实体填充曲面内部。由于将该曲面实体化生成的结果唯一，因此可以直接单击设计面板上的 ✓（确定）按钮生成最终的结果。

> **要点提示**　这种将曲面实体化的方法只适合闭合曲面。另外，虽然曲面实体化后的结果和实体前的曲面在外形上没有多大区别，但是曲面实体化后已经彻底变为实体特征，这个变化是质变，这样所有针对实体特征的基本操作都适用于该特征。

对于位于实体模型外部的曲面，如果曲面边界全部位于实体特征的外表面或外部，则可以在曲面内填充实体材料来构建实体特征，如图 6-135 所示。

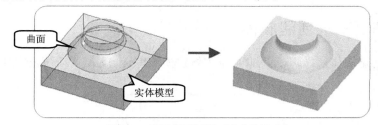

图6-135　使用曲面特征构建实体特征（1）

对于位于实体模型内部的曲面，如果曲面边界全部位于实体特征的外表面或外部，可以切除曲面对应部分的实体材料，如图 6-136 所示。

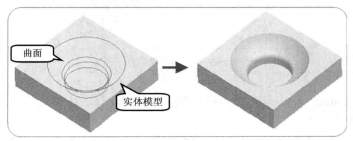

图6-136　使用曲面特征构建实体特征（2）

(2)　曲面的加厚操作。

除了使用曲面构建实体特征，还可以使用曲面构建薄板特征。任意曲面特征都可以构建薄板特征，当然对于特定曲面来说，不合理的薄板厚度可能导致构建薄板特征失败。

选择曲面特征后，在【编辑】工具组中单击 ▢加厚 按钮，打开加厚设计面板。使用设计面板上默认的 ▢（填充实体）工具加厚任意曲面特征，此时在【厚度】文本框中输入加厚厚度，系统使用彩色箭头指示加厚方向，单击 ⊠（调整方向）按钮可以调整加厚方向，如图 6-137 所示。

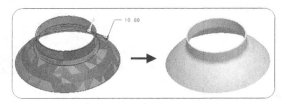

图6-137　加厚曲面示例

在设计面板上单击 ◁（移除材料）按钮，可以在实体内部进行薄板修剪。箭头指示薄板

233

修剪的方向，单击 ⊠（反向）按钮可以改变该方向，设置修剪厚度后，即可获得修剪结果，如图 6-138 所示。

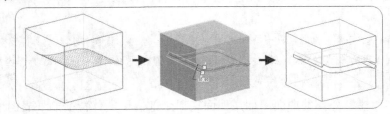

图6-138　修剪曲面示例

6.5.2　范例解析——创建瓶体

本例将通过创建瓶体来学习复杂曲面与实体建模的综合方法，最后创建的瓶体模型如图 6-139 所示。

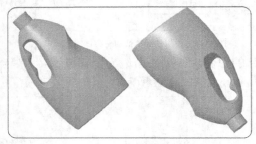

图6-139　瓶体模型

1.　新建文件。
　　新建名称为 "bottle" 的零件文件，使用默认设计模板进入三维建模环境。
2.　创建旋转曲面特征。
(1)　在【形状】工具组中单击 ✦ 旋转 按钮，打开旋转设计工具，单击 ▱（曲面）按钮。
(2)　选择基准平面 FRONT 作为草绘平面，其他保持默认设置，单击鼠标中键。
(3)　绘制图 6-140 所示的草绘截面，然后单击 ✓（确定）按钮，退出草绘环境。
(4)　单击鼠标中键，创建旋转曲面特征，结果如图 6-141 所示。

图6-140　绘制草绘截面（1）

图6-141　创建的旋转曲面特征

3.　草绘基准曲线。
(1)　单击 ⬚（草绘）按钮，打开草绘工具。

(2) 选择图 6-141 所示的下表面作为草绘平面，单击鼠标中键。

(3) 绘制图 6-142 所示的草绘截面，随后退出草绘环境。单击鼠标中键，创建基准曲线 1，结果如图 6-143 所示。

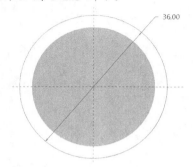

图6-142　绘制草绘截面（2）

图6-143　创建的基准曲线 1

(4) 创建基准曲线 2。选择基准平面 FRONT 作为草绘平面，绘制图 6-144 所示的草绘截面，结果如图 6-145 所示。

图6-144　绘制草绘截面（3）

图6-145　创建的基准曲线 2

(5) 创建基准曲线 3。选择基准平面 RIGHT 作为草绘平面，绘制图 6-146 所示的草绘截面，结果如图 6-147 所示。

图6-146　绘制草绘截面（4）

图6-147　创建的基准曲线 3

4.　绘制自由曲线组 1。

(1) 在【曲面】工具组中单击 样式 按钮，打开自由曲面设计工具。

(2) 在【平面】工具组中单击 □ （设置活动平面）按钮，选择基准平面 FRONT 作为活动平面。在【曲线】工具组中单击 ～ （曲线）按钮，打开【曲线:造型】功能区，单击

（平面曲线）按钮，绘制图 6-148 所示的两条曲线。

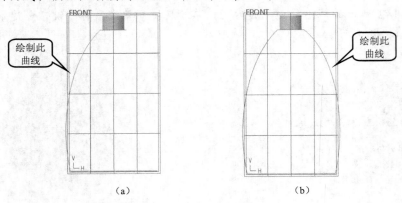

图6-148　绘制曲线草图（1）

> **要点提示**　两基准曲线需与前面创建的草绘曲线相接，可在单击　曲线编辑　按钮后，对曲线进行调整时需按住 Shift 键进行捕捉。

(3) 单击 ✔（确定）按钮，创建自由曲线，结果如图 6-149 所示。

图6-149　创建的自由曲线

(4) 使用类似的方法分别在基准平面 RIGHT 内绘制图 6-150（a）所示的曲线，在基准平面 TOP 内绘制图 6-150（b）所示的曲线，结果如图 6-151 所示。

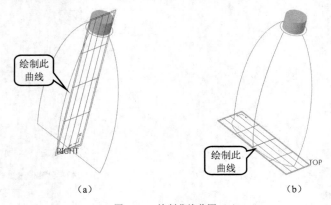

图6-150　绘制曲线草图（2）

5. 绘制自由曲线组 2。

(1) 在【基准】工具组中单击 ▱（基准平面）按钮，打开基准平面工具。选择基准平面 TOP

作为参照平面，设置平移值为"120"后单击鼠标中键，创建基准平面 DTM1，结果如图 6-152 所示。

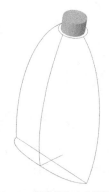

图6-151 创建的自由曲线组 1

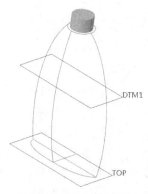

图6-152 创建的基准平面

(2) 按照步骤 4 绘制基准曲线的方法，在基准平面 FRONT 内绘制图 6-153 所示的曲线。

(3) 在 DTM1 内绘制图 6-154 所示的曲线，结果如图 6-155 所示。

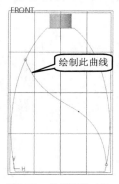

图6-153 绘制曲线（1）

图6-154 绘制曲线（2）

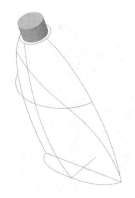

图6-155 创建的自由曲线组 2

6. 创建自由曲面。

(1) 在【曲面】工具组中单击 （曲面）按钮，打开自由曲面设计工具。

(2) 单击图 6-156 所示的①处，再按顺序选择图 6-157 所示的 4 条曲线。

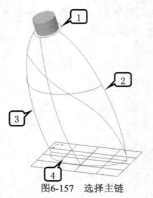

图6-156 设计工具面板

图6-157 选择主链

(3) 单击图 6-156 所示的②处，再按住 $\boxed{\text{Ctrl}}$ 键选择图 6-158 所示的两条曲线。

(4) 单击鼠标中键，创建曲面特征，结果如图 6-159 所示。

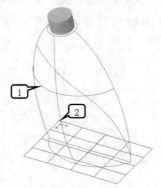

图6-158 选择内部链

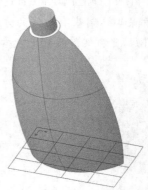

图6-159 创建的曲面特征

(5) 按照创建基准曲线的方法，在基准平面 FRONT 内绘制图 6-160 所示的曲线。

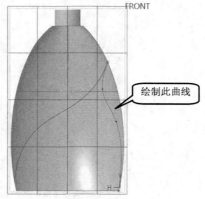

绘制此曲线

图6-160 创建的基准曲线

7. 创建投影曲线。

(1) 单击 放置曲线 按钮，打开投影曲线设计工具。

(2) 单击图 6-161 所示的①处，再选择图 6-162 所示的曲线。

(3) 单击图 6-161 所示的②处，再选择图 6-163 所示的曲面。

(4) 单击图 6-161 所示的③处，再选择基准平面 TOP。

图6-161　投影曲线设计工具面板

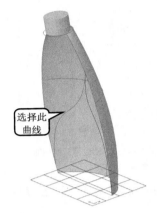

图6-162　选择曲线（1）

图6-163　选择曲面（1）

（5）单击鼠标中键，创建投影曲线，结果如图 6-164 所示。

8.　修剪曲面。

（1）单击 曲面修剪 按钮，打开修剪曲面设计工具。

（2）单击图 6-165 所示的①处，再选择图 6-166 所示的曲面。

图6-164　创建的投影曲线

图6-165　修剪曲面设计工具

（3）单击图 6-165 所示的②处，再选择图 6-167 所示的曲线。

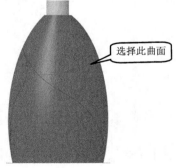

图6-166　选择曲面（2）

图6-167　选择曲线（2）

(4) 单击图 6-165 所示的③处，再选择图 6-168 所示的曲面。

(5) 单击鼠标中键，创建修剪曲面，结果如图 6-169 所示。

图6-168　选择曲面（3）

图6-169　创建的修剪曲面

9. 创建自由曲面。

(1) 在【主链】列表框中按住 Ctrl 键依次选择图 6-170 所示的两条曲线，在【内部链】列表框中选择图 6-171 所示的曲线，结果如图 6-172 所示。

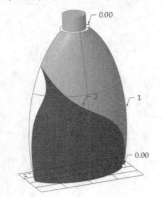

图6-170　选择曲线（3）

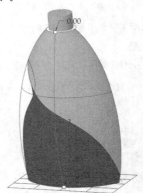

图6-171　选择曲线（4）

(2) 单击 ✓（确定）按钮，完成曲面特征的创建，结果如图 6-173 所示。

图6-172　创建的曲面

图6-173　创建的自由曲面

10. 创建镜像特征。

(1) 选择图 6-174 所示的曲面特征，在【编辑】工具组中单击 〕〔 镜像 按钮，打开镜像设计工具。

(2) 选择基准平面 FRONT 作为镜像平面。

(3) 单击鼠标中键，创建镜像特征，结果如图 6-175 所示。

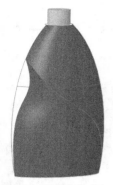

图6-174 选择曲面（4）

图6-175 创建的镜像特征

11. 创建草绘曲线。

(1) 在【基准】工具中单击 ⊿（草绘）按钮，打开草绘工具。选择基准平面 FRONT 作为草绘平面，绘制图 6-176 所示的草绘截面，然后退出草绘环境，最后创建的草绘曲线 1 如图 6-177 所示。

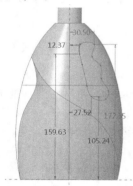

图6-176 绘制草绘截面（5）

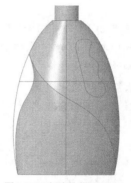

图6-177 创建的草绘曲线 1

(2) 继续创建草绘曲线。选择基准平面 FRONT 作为草绘平面，绘制图 6-178 所示的草绘截面，最后创建的草绘曲线 2 如图 6-179 所示。

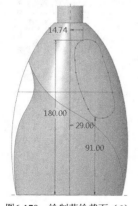

图6-178 绘制草绘截面（6）

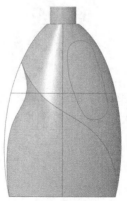

图6-179 创建的草绘曲线 2

12. 创建投影曲线。

(1) 选择步骤 11 中创建的草绘曲线 2。

(2) 在【编辑】工具组中单击 投影 按钮。

(3) 单击【曲面】列表框，选择图 6-180 所示的曲面，将【投影方向】设置为【沿方向】，选择基准平面 FRONT 作为方向参照。

(4) 单击鼠标中键，创建投影曲线，结果如图 6-181 所示。

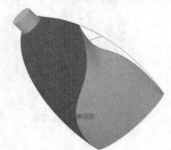

图6-180　选择曲面（5）

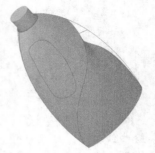

图6-181　创建的投影曲线

13. 创建镜像特征。

(1) 选择步骤 12 中创建的投影曲线，在【编辑】工具组中单击 镜像 按钮，打开镜像设计工具。

(2) 选择基准平面 FRONT 作为镜像平面。

(3) 单击鼠标中键，创建镜像特征，结果如图 6-182 所示。

14. 创建拉伸曲面特征。

(1) 在【形状】工具组中单击 （拉伸）按钮，打开拉伸设计工具，并单击 （曲面）按钮。

(2) 选择基准平面 FRONT 作为草绘平面。

(3) 单击鼠标中键，绘制图 6-183 所示的草绘截面，随后退出草绘环境。

图6-182　创建的镜像特征

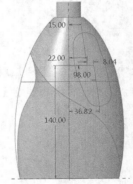

图6-183　绘制草绘截面（7）

(4) 在拉伸设计面板中设置参数，如图 6-184 所示。

图6-184　设置拉伸参数

(5) 单击鼠标中键，创建拉伸曲面特征，结果如图 6-185 所示。

15. 创建基准曲面。

(1) 在【基准】工具组中单击 ▱（基准平面）按钮，打开基准平面设计工具。

(2) 选择基准平面 TOP 作为偏移基准面，设置平移值为"115"。

(3) 单击鼠标中键，创建基准平面 DTM2，结果如图 6-186 所示。

(4) 创建另一个基准平面 DTM3。选择 DTM2 作为参照面，设置平移值为"30"，结果如图 6-186 所示。

图6-185 创建的拉伸曲面特征

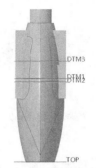

图6-186 创建的基准平面

16. 创建自由曲线。

(1) 在【曲面】工具组中单击 样式 按钮，打开自由曲面设计工具。

(2) 在【平面】工具组中单击 ▱（设置活动平面）按钮，再选择图 6-187 所示的平面作为活动平面。

(3) 单击 ～（草绘）按钮，绘制草图，然后单击 曲线编辑 按钮，调整绘制的曲线，结果如图 6-188 所示。

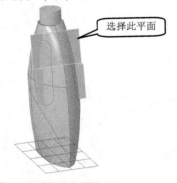

图6-187 选择活动平面（1）

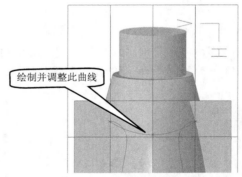

图6-188 绘制并调整曲线

(4) 单击鼠标中键，绘制自由曲线，结果如图 6-189 所示。

(5) 按上述方法选择图 6-190 所示的活动平面，创建图 6-191 所示的自由曲线。

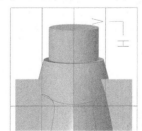

图6-189 绘制的自由曲线（1）

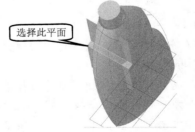

图6-190 选择活动平面（2）

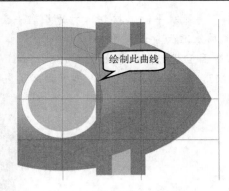

图6-191　绘制的自由曲线（2）

(6)　选择图 6-192 所示的活动平面，绘制图 6-193 所示的自由曲线。

图6-192　选择活动平面（3）

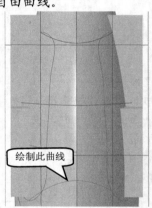

图6-193　绘制的自由曲线（3）

(7)　选择 DTM2 作为活动平面，绘制图 6-194 所示的自由曲线。

(8)　选择 DTM3 作为活动平面，绘制图 6-195 所示的自由曲线。

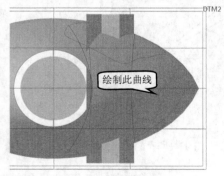

图6-194　绘制的自由曲线（4）

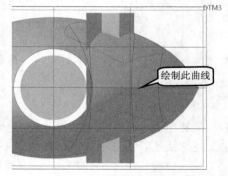

图6-195　绘制的自由曲线（5）

(9)　单击 ✓（确定）按钮，创建自由曲线，结果如图 6-196 所示。

17.　创建边界混合特征。

(1)　单击 ⬚（边界混合）按钮，打开边界混合设计工具。

(2)　在【第一方向】列表框中按住 Ctrl 键选择图 6-197 所示的 3 条曲线。

(3)　在【第二方向】列表框中按住 Ctrl 键选择步骤 16 创建的 5 条曲线。

图6-196 最后创建的自由曲线

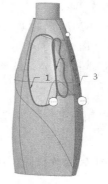

图6-197 选择曲线（5）

 由于部分曲线在实体内部，所以在选择时有一定的难度，这时可以将模型以线框的形式显示，这样再选择就简单很多。为便于观察，可以将前面创建的拉伸特征隐藏。

(4) 单击鼠标中键，创建边界混合特征，结果如图 6-198 所示。

18. 合并曲面特征。

(1) 按住 Ctrl 键选择步骤 17 中创建的边界混合特征和图 6-199 所示的曲面。

图6-198 创建的边界混合特征

选择此曲面

图6-199 选择曲面（6）

(2) 在【编辑】工具组中单击 合并 按钮。

(3) 单击鼠标中键，创建合并曲面特征，结果如图 6-200 所示。

(4) 在瓶身的另一曲面创建合并曲面特征，结果如图 6-201 所示。

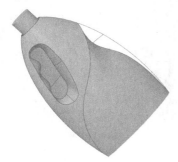

图6-200 创建的合并曲面特征（1）

图6-201 创建的合并曲面特征（2）

19. 创建填充曲面特征并合并曲面。

(1) 在【曲面】工具组中单击 填充 按钮，选择基准平面 TOP 作为草绘平面，以基准平面

RIGHT 为左参考。

(2) 绘制图 6-202 所示的草绘截面，然后退出草绘环境。单击鼠标中键，创建填充曲面特征，结果如图 6-203 所示。

 此曲线实质就是瓶底轮廓线，可用 □ 投影 工具进行绘制。

 如果零件特征较多，可以隐藏一些暂不需要的特征，这样零件更简洁，以便于后续操作。

(3) 对瓶身和瓶底进行合并，结果如图 6-204 所示。

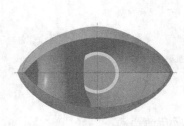 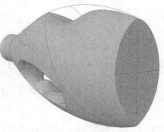 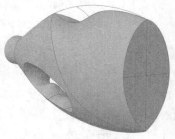

图6-202　绘制草绘截面（8）　　　图6-203　创建的填充曲面特征　　　图6-204　合并曲面（1）

20. 创建填充特征并合并曲面。

(1) 对瓶颈进行填充，创建填充特征。选择步骤 1 创建的旋转特征的上表面为草绘平面，以基准平面 RIGHT 作为顶参考，绘制图 6-205 所示的截面图，填充结果如图 6-206 所示。

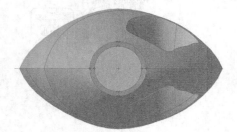 

图6-205　绘制草绘截面（9）　　　　　　　　　图6-206　填充结果

(2) 合并特征。将步骤（1）创建的填充特征与瓶身进行合并，结果如图 6-207 所示。

图6-207　合并曲面（2）

(3) 按住 Ctrl 键选中步骤 1 创建的旋转特征和步骤（2）创建的合并特征，将其合并，结果如图 6-208 所示。

21. 创建实体化特征。

(1) 选中步骤 20 中（3）创建的合并特征。

(2) 在【编辑】工具组中单击 实体化 按钮。

(3) 单击鼠标中键，创建实体化特征，结果如图 6-209 所示。

图6-208　合并曲面（3）

图6-209　实体化结果

22. 创建倒圆角特征。

(1) 在【工程】工具组中单击 倒圆角 按钮，打开倒圆角设计工具。

(2) 选择图 6-210 所示的两条边作为参照，设置倒圆角半径为 "1"，然后单击鼠标中键，创建倒圆角特征，结果如图 6-211 所示。

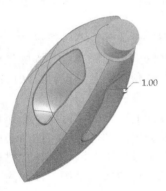

图6-210　选择参照（1）

图6-211　创建倒圆角特征（1）

(3) 选择图 6-212 所示的两条边作为参照，创建倒圆角特征，设置半径为 "1"，结果如图 6-213 所示。

图6-212　选择参照（2）

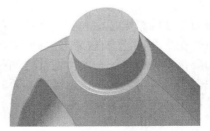

图6-213　创建倒圆角特征（2）

(4) 选择图 6-214 所示的边作为参照，创建倒圆角特征，设置半径为"3"，结果如图 6-215 所示。

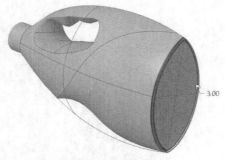

图6-214　选择参照（3）

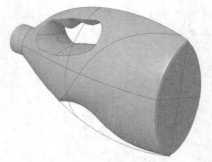

图6-215　创建倒圆角特征（3）

(5) 将不需要显示的线条隐藏，最终结果如图 6-139 所示。

6.6　小结

曲面是三维实体建模的一种理想设计材料。在现代复杂产品的造型设计中，参数曲面是有效的设计工具。曲面特征虽然在物理属性上没有质量，没有厚度，和实体模型有很大的差异，但是其创建方法和原理与实体特征的极其类似。在曲面特征和实体特征之间没有不可逾越的鸿沟，使用系统提供的方法，曲面特征可以很方便地转换为实体特征。

从生成方法来看，创建实体特征的所有方法都适合于曲面特征。创建曲面特征时，对截面的要求更加宽松，用户可以使用任意开放截面来构建曲面特征。曲面特征的创建方法比实体特征更丰富。

使用曲面进行设计是一项精巧而细致的工作。再优秀的设计师也不可能仅使用一种方法就构建出理想的复杂曲面，必须将已有曲面特征加以适当修剪、复制及合并等操作后才能获得令人满意的结果。另外还要注意，在实体建模中介绍的圆角、倒角等设计方法同时也适用于曲面特征。

一般来说，使用一定方法将曲面特征实体化是曲面设计的最终归宿，这项操作包括曲面实体化和曲面薄板化两项基本内容。曲面实体化时对曲面的要求非常严格，曲面必须自行封闭或与实体特征无缝结合。曲面与实体特征无缝结合时，可以使用曲面来创建加材料或减材料实体特征，也可以通过使用曲面来替换指定的实体表面来构建实体特征。曲面的薄板化对曲面要求很宽松，可以使用任意曲面创建指定厚度的薄板实体。

6.7　习题

1. 曲面特征的草绘截面和实体特征的草绘截面有何异同？
2. 可否在实体特征上直接构建曲面特征？
3. 简要说明曲面特征与实体特征之间的关系。
4. 曲面合并时，为什么需要调整必要的方向参数？
5. 曲面实体化的基本要求是什么？

第7章　组件装配设计

【学习目标】
- 了解装配设计的原理和用途。
- 了解组件装配的基本方法。
- 明确装配环境下的基本操作。
- 明确在装配环境下创建零件的方法。
- 了解装配体的分解方法。

生产中典型的机械总是被拆分成多个零件，分别完成每个零件的建模之后，再将其按照一定的装配关系组装为整机。组件装配是将复杂模型分成多个零件进行设计，可以简化每个零件的设计过程。本章将介绍组件装配的基本概念、基本装配工具和装配操作过程。

7.1　装配约束的应用

组件装配设计是指利用一定的约束关系，将各零件组合起来的过程。组合起来的整体就是装配体。在 Creo 8.0 的组件模式下，不但可以实现装配操作，还可以对装配体进行修改、分析和分解。

7.1.1　知识准备

组件装配时，需要依次指定约束类型和约束参照，将元件逐个装配到装配体中，通常情况下，每个零件需要完全确定其位置。对于大型机器，可以先将元件装配为结构相对完整的部件，然后将部件装配为整机。

1.　基本术语

在装配中常用到以下概念和术语。

(1)　组件。

组件是由零件按照一定的约束关系组合而成的零件装配集合。一个组件中往往包含若干个子组件，这些子组件通常称为部件。

(2)　元件。

元件是组成组件的基本单位，每个独立的零件在装配环境下通常作为一个元件来看待。

(3)　约束和约束集。

约束是指在两个元件之间或元件与组件之间添加的限制条件，用于限定两者之间的相对运动。由于两个物体在空间中具有多个运动自由度，因此需要添加多种约束才能限制全部运动，这时就需要创建约束集。

(4)　装配模型树。

在装配环境下，模型树窗口包括组件、元件等装配体的组成部分及他们之间的关系，如图 7-1 所示。

(5) 装配分解图。

装配分解图是装配体的分解视图，就是把元件分开来的视图。通过装配分解图可以更好地分析产品和指导生产。一般的产品说明书中都会附带有产品的装配分解图，用来说明各部件的作用和使用方法。图 7-2 所示为一个装配体的分解图。

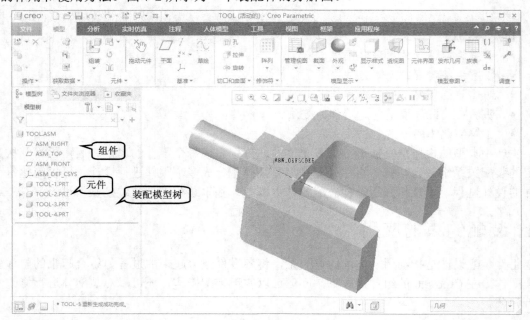

图7-1　装配环境

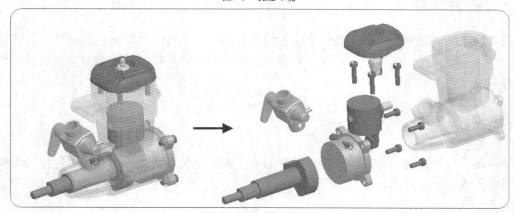

图7-2　装配体的分解图

2. 装配设计界面

单击 （新建）按钮，打开【新建】对话框，在【类型】分组框中选择【装配】单选项，在【子类型】分组框中选择【设计】单选项，创建组件文件，如图 7-3 所示，然后单击 确定 按钮，系统打开装配设计界面。

图7-3 【新建】对话框

(1) 导入元件。

在【元件】工具组中单击 （组装）按钮，打开【打开】对话框，从该对话框中选择零件作为装配元件进行装配设计。单击对话框右下方的 预览 按钮可以打开预览窗口预览模型，以方便选择元件，如图 7-4 所示。

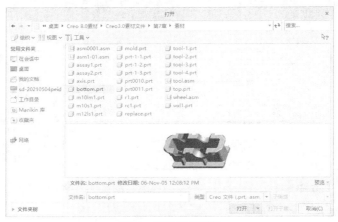

图7-4 【打开】对话框

(2) 工具面板。

导入元件后打开图 7-5 所示的【元件放置】功能区，在这里可以创建约束连接和机构连接。机构连接用来创建可以产生相对运动的连接（如转动和移动），主要用于机械运动仿真设计。本章仅介绍约束连接。

图7-5 【元件放置】功能区

(3) 【放置】参数。

展开【元件放置】功能区左下角的【放置】选项卡，在这里可以详细地为新装配元件指定约束类型和约束参照以实现装配过程，如图 7-6 所示。

设计时，首先在【放置】选项卡的【约束类型】下拉列表中为组件和新元件选择约束类型，然后为其指定约束参照，指定结果会显示在左侧的参数收集器中。完成一组约束设置后，在【放置】选项卡底部会提示当前的约束状态，如果模型尚未达到需要的约束状态，可以继续添加新的约束和参照。

图7-6 【放置】选项卡

（4）【移动】参数。

在装配过程中，为了在模型上选择确定的约束参照，有时需要适当地对模型进行移动或旋转操作，这时可以展开【移动】选项卡，如图 7-7 所示，设置参数后，即可重新放置选定的模型。

 导入新元件后，在模型上会显示一个坐标架，如图 7-8 所示。将鼠标指针移动到相应的移动或旋转坐标轴上后，即可沿指定方向移动元件或绕指定的轴线旋转元件。

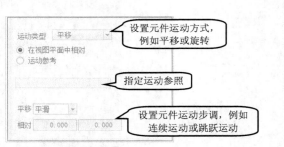

图7-7 【移动】选项卡

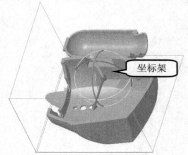

图7-8 显示坐标架

3. 两种装配模式

元件的装配主要有自底向上装配和自顶向下装配两种模式。

（1）自底向上装配。

自底向上装配时，首先创建好组成装配体的各个元件，然后按照一定的装配顺序依次将其装配为组件。

这种装配模式比较简单、初级，其设计思路清晰，设计原理也容易被广大用户接受，但是其设计理念不够先进，设计方法也不够灵活，还不能完全适应现代设计的要求，主要应用于一些已经比较成熟的产品的设计过程，可以获得较高的设计效率。

自底向上装配的主要操作步骤如下。

① 在【元件】工具组中单击 （组装）按钮，导入第 1 个元件。

② 为元件指定约束类型和约束参照，使其相对于参照坐标系或装配体具有正确的放置位置。

③ 继续导入元件，为其指定约束类型和约束参照，直到全部元件装配完毕。

（2）　自顶向下装配。

自顶向下的装配设计与自底向上的设计方法正好相反。设计时，首先从整体上勾画出产品的整体结构关系或创建装配体的二维元件布局关系图，然后根据这些关系或布局逐一设计出产品的元件模型。

在现代设计中，通常先设计出整个产品的结构和功能，再逐步细化到单个元件的设计，这种设计方法具有参数化设计的优点，能够方便地修改设计结果，还能够很容易地把对某一元件的修改反映到整个产品设计中。

自顶向下装配时，还可以利用已有的装配环境作为参照，根据已有元件的尺寸和空间位置关系"量身定做"地设计新元件。这种设计方法通常称为在装配环境下创建元件，其主要操作步骤如下。

①　在【元件】工具组中单击 （组装）按钮，进入元件创建模式。

②　依次确定元件的类型、子类型和创建方法等参数。

③　使用已有的元件作为参照（此时这些元件为半透明状态），使用建模工具创建元件。

4.　两种装配约束形式

约束是施加在各个元件间的一种空间位置的限制关系，从而保证参与装配的各个元件之间具有确定的位置关系。根据装配约束形式的不同，装配约束划分为以下两类。

（1）　无连接接口的装配约束。

使用无连接接口的装配约束的装配体上各元件不具有自由度，元件之间不能做任何相对运动，装配后的产品成为具有层次结构且可以拆卸的整体，但是产品不具有"活动"元件，这种装配连接称为约束连接。

（2）　有连接接口的装配约束。

大多数机器在装配完成后，元件之间还应该具有正确的相对运动，例如轴的转动、滑块的移动等。为此，在装配模块中引入有连接接口的装配约束，这种装配连接称为机构连接，是使用 Creo 进行机械仿真设计的基础。

5.　常用装配约束类型及其应用

为了在参与装配的两个元件之间创建准确的连接，需要依次指定一组约束来准确定位这两个元件，这些可用的约束类型共有 11 种。

（1）　自动约束。

用户直接在元件上选择装配的参考几何，由系统自动判断约束的类型和间距来进行元件的装配。这是一种比较快速的装配方法，通常只用于简单的装配情况。

（2）　距离约束。

距离约束用于将元件定位在距装配参考的设定距离处，如图 7-9 所示。

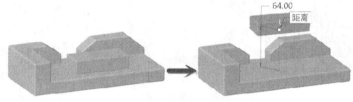

图7-9　距离约束

（3）　角度偏移约束。

角度偏移约束是将选定的元件以某一角度定位到选定的装配参考上，如图 7-10 所示。

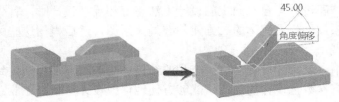

图7-10　角度偏移约束

(4) 平行约束。

平行约束主要使元件与装配参考平行，如图 7-11 所示。

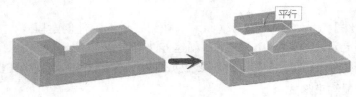

图7-11　平行约束

(5) 重合约束。

重合约束主要使元件与装配参考重合，如图 7-12 所示。

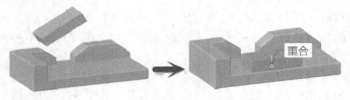

图7-12　重合约束

(6) 法向约束。

法向约束用于将元件定位与装配参考垂直，如图 7-13 所示。

图7-13　法向约束

(7) 共面约束。

共面约束主要用于将元件的边、轴、目的基准轴或曲面与装配参考共面，如图 7-14 所示。

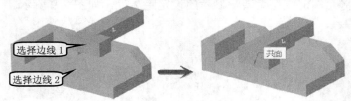

图7-14　共面约束

(8) 居中约束。

居中约束可用来使元件中的坐标系或目标坐标系的中心与装配中的坐标系或目的坐标系

的中心对齐，如图 7-15 所示。

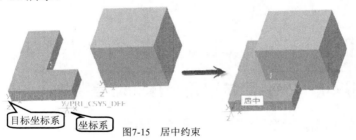

图7-15　居中约束

(9)　相切约束。

元件上的指定曲面以相切的方式进行装配，设计时只需要分别在两个元件上指定参照曲面即可，如图 7-16 所示。

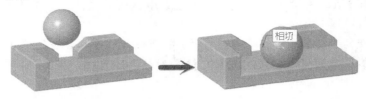

图7-16　相切约束

(10)　固定约束。

将新元件固定在当前位置，这时可以先打开【放置】选项卡，使用移动或旋转工具移动或旋转元件，使之相对于组件具有相对正确的位置后再将其固定。

(11)　默认约束。

使用默认装配坐标系作为参照，将元件的坐标系和组件系统的坐标系重合放置，从而将元件固定在默认位置。在装配第 1 个元件时，通常采用"默认"的方式实现元件的快速装配。

6.　零件的约束状态

在两个装配零件之间加入一个或多个约束条件以后，零件之间的相对位置就基本确定了。根据约束的类型和数量的不同，两个装配零件之间相对位置关系的确定度也不完全相同，主要有以下 3 种情况。

(1)　无约束。

两个零件之间尚未加入约束条件，每个零件都处于自由状态，这是零件装配前的状态。

(2)　部分约束。

在两个零件之间每加入一种约束条件，会限制一个方向上的相对运动，因此该方向上两个零件的相对位置确定，但是要使两个零件的空间位置全部确定，根据装配工艺原理，必须限制零件在 x 轴、y 轴、z 轴这 3 个方向上的相对移动和转动。如果两个零件还有某方向上的运动尚未被限定，这种零件约束状态称为部分约束状态。

(3)　完全约束。

当两个零件在 3 个方向上的相对移动和转动全部被限制后，其空间位置关系就完全确定了，这种零件约束状态称为完全约束状态。

要点提示　零件无约束或部分约束时，在模型树窗口中的对应零件标识前会有一个小方块，如图 7-17 所示，这时需要继续补充参照，使之完全约束，完全约束后小方块随之消失。

图7-17　未完全约束的显示状态

7.1.2　范例解析——装配减速器箱体和箱盖

下面将通过一个简单实例介绍组件装配的方法和步骤。

1. 新建文件。

单击 □（新建）按钮，新建一个名为"reduce"的装配文件。

2. 导入下箱体。

(1) 单击【元件】工具组中的 □（组装）按钮，导入素材文件"第 7 章\素材\bottom.prt"，该零件为减速器下箱体。

(2) 使用移动旋转坐标架（如图 7-18 所示）把下箱体放置在合适的位置，然后单击【元件放置】功能区中的 ✓（确定）按钮，结果如图 7-19 所示。

图7-18　移动旋转坐标架

图7-19　导入下箱体

3. 导入上箱盖。

(1) 单击 □（组装）按钮，导入素材文件"第 7 章\素材\top.prt"，该零件为减速器上箱盖。

(2) 为了便于选择参照，单击【元件放置】功能区中的 □（单独窗口）按钮，将其在独立窗口中显示，如图 7-20 所示。

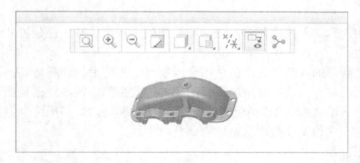

图7-20　单独显示模型

(3) 展开【移动】选项卡，调整元件的位置，使需要约束的两个面正面相对，以便于系统识别，如图 7-21 所示。

图7-21 移动元件

4. 添加装配约束。

(1) 在【放置】选项卡中设置【约束类型】为【自动】，然后选择图 7-22 所示的两个面，系统会自动添加重合约束，结果如图 7-23 所示。

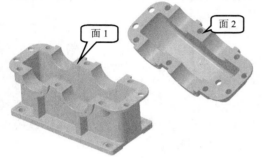

图7-22 选择参照（1）

图7-23 装配结果（1）

(2) 展开【放置】选项卡，单击【新建约束】，在右侧的【约束类型】下拉列表中选择【重合】选项，如图 7-24 所示，然后选择两个孔的内表面，如图 7-25 所示，装配结果如图 7-26 所示。

图7-24 设置参数

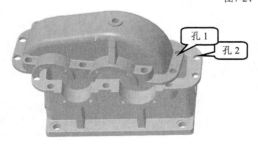

图7-25 选择参照（2）

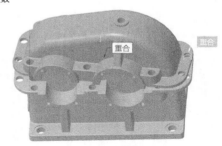

图7-26 装配结果（2）

(3) 新建一个距离约束，选择两个轴并设置距离为 0，如图 7-27 所示，装配完成后的结果如图 7-28 所示。

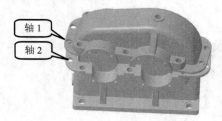

图7-27 选择参照（3）

图7-28 最终装配结果

7.2 常用装配方法

为了实现特殊的装配功能和提高设计效率，Creo 8.0 还提供了阵列装配，主要用于装配相同的元件。

7.2.1 知识准备

1. 阵列装配

使用阵列方式可以快速装配多个相同的元件。选择要阵列的元件后，在【修饰符】工具组中单击 ▦（阵列）按钮，打开阵列设计工具，其面板中各选项的使用方法与基础建模中的阵列操作相同，在设计中常用参照阵列来实现元件的快速装配。

2. 元件的替换

在设计过程中，有时需要替换组件中的某个元件，此时可以直接使用【替换】选项，而不必将先前的元件删除后再添加新的元件。

当某个组件元件被另一个元件替换后，系统会将新元件置于模型树中的相同位置。如果替换模型与原始模型具有相同的约束和参照，则会自动执行放置。如果参照丢失，则系统会进入装配界面，要求用户重定义约束条件。

（1）设计工具。

在模型树窗口中选择需要替换的元件，在其上单击鼠标右键，在弹出的快捷菜单中单击 ▣（替换选定元件或 UDF）按钮，此时模型树窗口中将出现替换界面，并打开图 7-29 所示的【替换】对话框。

图7-29 【替换】对话框

在【选择当前元件】列表框中列出了当前被替换的元件，在【替换为】区域中列出了 7
种替换方案。

- 【族表】：新元件按照族表关系放置在组件中，不需要重新定义装配约束条件。
- 【互换】：替换时，新元件与旧元件互换，不需要重新定义装配约束条件。
- 【模块或模块变型】：用通过模块装配关联的模型替换元件模型。
- 【参考模型】：用包含元件模型外部参照的模型来替换旧元件。
- 【记事本】：通过关联的模型来替换元件。
- 【通过复制】：用新创建模型的副本来替换元件。
- 【不相关的元件】：通过重新指定新元件的放置参照来替换旧元件。这种方法需要重新定义新元件的装配约束条件。

(2) 元件替换失败的处理。

在元件替换时常常会出现替换失败的情况，主要有以下原因。

① 选择了错误的替换方案。

元件的替换有 7 种选择方案，如果选择了错误的替换方案，将可能导致替换失败。例如，当选择了【参考模型】选项时，如果新元件和被替换的元件之间没有关联，则此时应该选择其他的替换方案。

② 元件替换后放置位置错误。

元件替换后，如果放置位置错误，还需要对其进行修改，修改后才可以重新定义装配约束条件。替换完成后单击【元件放置】功能区中的 ✓（确定）按钮，结束装配。

7.2.2 范例解析——常用装配方法的应用

下面将结合实例介绍阵列装配和元件替换的用法。

1. 阵列装配

1. 单击 □（新建）按钮，新建一个装配文件。
2. 使用默认方式装配下箱体。单击【元件】工具组中的 ▣（组装）按钮，导入素材文件"第 7 章\素材\assay1.prt"，为该元件设置约束类型为【自动】，然后单击 ✓（确定）按钮完成元件的装配，结果如图 7-30 所示。
3. 装配第 1 个元件。单击【元件】工具组中的 ▣（组装）按钮，导入素材文件"第 7 章\素材\assay2.prt"，设置约束类型为【重合】，然后选择两个轴，为其添加一个重合约束，约束参照如图 7-31 所示。

图7-30 自动装配元件

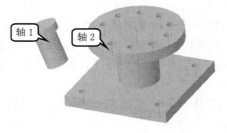

图7-31 选择参照（1）

4. 新建一个约束，设置【约束类型】为【重合】，然后选择图 7-32 所示的平面作为参照，装配结果如图 7-33 所示。

图7-32 选择参照（2）

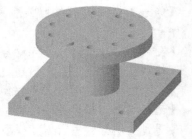

图7-33 装配结果

5. 阵列装配元件。如图 7-34 所示，选中刚装配完成的元件"assay2"，然后在【修饰符】工具组中单击 ▦（阵列）按钮，打开阵列设计工具，阵列设置参数如图 7-35 所示，接着单击 ✓（确定）按钮，完成阵列操作，结果如图 7-36 所示。阵列装配时通常不需要设置太多参数。

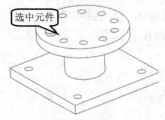

图7-34 选择对象

图7-35 设置参数

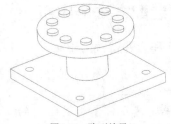

图7-36 阵列结果

 在阵列装配时，最好在两个元件之一上已经通过阵列方法创建了特征，例如本例的孔组就是采用轴阵列创建完成的，这样可以直接使用参照阵列来装配其余元件，提高设计效率。

2. 元件替换

1. 使用浏览方式打开素材文件"第 7 章\素材\tool.asm"。

2. 在模型树窗口中选择元件"TOOL_4.PRT"，在其上单击鼠标右键，在弹出的快捷菜单中单击 ⬚（替换）按钮，打开【替换】对话框。元件"TOOL_4.PRT"为当前被替换元件，设置替换方案为【不相关的元件】，在替换时需要重新设定元件的装配类型，如图 7-37 所示。

(1) 在【替换】对话框中单击 ⬚（打开）按钮，导入素材文件"replace.prt"，然后单击 应用(A) 按钮，在模型树窗口中可以看到元件"REPLACE"位于右侧的【替换】中，单击 确定(O) 按钮完成元件的替换，替换后的模型树窗口如图 7-38 所示。

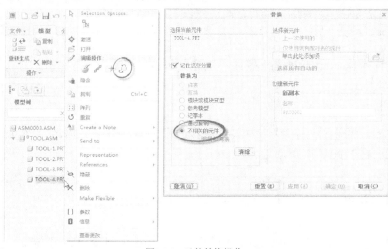

图7-37　元件替换操作　　　　　　　　　　图7-38　替换后的模型树窗口

(2) 调整元件。替换后的元件 "REPLACE" 放置的位置不正确，如图 7-39 所示，需要对元件的放置位置进行修改。

(3) 删除约束。展开【放置】选项卡，选中约束，单击鼠标右键，在弹出的快捷菜单中选择【删除】命令，删除所有约束，如图 7-40 所示。

图7-39　放置位置不正确　　　　　　　　　图7-40　删除约束

(4) 新建约束。展开【放置】选项卡，选择参照面，如图 7-41 所示，新建重合约束，将两个面重合；选择参照轴，如图 7-42 所示，新建重合约束，将两个轴重合，最终结果如图 7-43 所示。

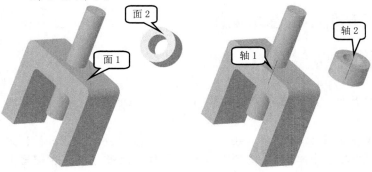

图7-41　选择参照（1）　　　　　图7-42　选择参照（2）　　　　　图7-43　装配结果

7.3 装配环境下的基本操作

在装配环境下可以进行多种操作，例如创建新零件和创建分解视图等。

7.3.1 知识准备

装配体是由多个元件组装而成的整体，在设计中需要对其进行编辑、删除、修改及替换等操作，有时根据设计需要还要在装配环境下新建零件。

1. X-截面视图

Creo 8.0 为装配图提供了剖分装配体后得到的 X-截面视图。

2. 零件的简化表示

对于结构复杂的装配体，可以采用简化表示形式将其中的次要零件省去，以简化装配结构。

3. 在装配环境下新建零件

在装配环境下可以依据已有元件的尺寸及空间相对位置来创建零件，其设计效率更高，还可以尽可能减少模型的修改次数。

4. 装配体的分解

装配体分解后可以创建分解图，以便查看模型的结构和装配关系。组件装配完成后，在【模型显示】工具组中单击 分解视图 按钮可以启动组件分解工具。

(1) 创建默认分解图。

在【模型显示】工具组中单击 分解视图 按钮可以启动组件分解工具，不过此时的分解图往往并不能让设计者满意，需要进一步编辑。

(2) 编辑位置。

单击 编辑位置 按钮，可以重新编辑定义各个元件的空间位置。

(3) 偏距线。

偏距线用来表示各个元件的对齐位置，一般由 3 条线组成，两端分别为两个元件的特征曲线；中线为在装配视图中添加的中间线。通过编辑偏距线可以重新定位元件。

(4) 取消分解视图。

取消对模型的分解，恢复到分解前的模型状态。

7.3.2 范例解析——装配环境下的基本操作

下面将结合实例介绍装配环境下的基本操作。

1. 创建 X-截面视图

1. 选择菜单命令【文件】/【打开】，打开素材文件 "第 7 章\素材\asm1-01.asm"，如图 7-44 所示。

2. 在【视图】功能区的【模型显示】工具组中单击 （截面）下拉按钮，选择【X 方向】，或者在【模型显示】工具组中单击 （管理视图）按钮，打开【视图管理器】对话框，如图 7-45 所示，单击 新建 按钮新建一个 X 方向的截面。

图7-44 素材文件

图7-45 【视图管理器】对话框

3. 在【截面】功能区中重新设置参考，选择图 7-46 所示的平面（ASM-TOP 平面）作为剖截面，最后创建的 X-截面如图 7-47 所示。

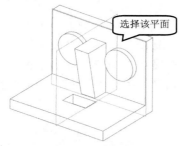

图7-46 选择剖截面

图7-47 创建的 X-截面

2. 创建零件的简化表示

1. 打开素材文件"第 7 章\素材\asm1-01.asm"。

2. 在【模型显示】工具组中单击 （视图管理）按钮，打开【视图管理器】对话框，进入【简化表示】选项卡，如图 7-48 所示。

3. 单击 新建 按钮，接受默认的剖面名称为"Rep0001"后单击鼠标中键。

4. 系统打开【编辑】对话框，如图 7-49 所示（部分显示），选择视图不需要显示的零件（本例选择零件"PRT-1-3.PRT"），然后单击 应用 按钮，此时视图上将不再显示零件"PRT-1-3.PRT"，结果如图 7-50 所示。

图7-48 【简化显示】选项卡

图7-49 【编辑】对话框（部分显示）

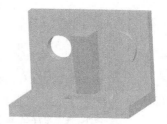

图7-50 简化表示结果

3. 在装配环境下新建零件

1. 单击 （新建）按钮，新建一个装配文件。

2. 利用"从现有项复制"的方法新建第 1 个元件。

(1) 在【元件】工具组中单击 按钮，打开【创建元件】对话框，参数设置如图 7-51 所示，然后单击 确定(O) 按钮，打开【创建选项】对话框，接受默认创建方法【从现有项复制】，如图 7-52 所示。

图7-51 【创建元件】对话框（1）

图7-52 【创建选项】对话框（1）

(2) 单击 浏览 按钮，导入素材文件"第 7 章\素材\ mold.prt"，然后单击 确定(O) 按钮。在【元件放置】功能区中指定约束类型为【默认】，如图 7-53 所示，最后单击 （确定）按钮，此时新元件就通过"从现有项复制"的方法创建成功，结果如图 7-54 所示。

图7-53 参数设置

图7-54 设计结果

3. 利用"定位默认基准"的方法新建元件。

(1) 在【元件】工具组中单击 按钮，打开【创建元件】对话框，参数设置如图 7-55 所示，单击 确定(O) 按钮，打开【创建选项】对话框，按照图 7-56 所示进行设置，最后单击 确定(O) 按钮。

图7-55 【创建元件】对话框（2）

图7-56 【创建选项】对话框（2）

(2) 系统提示"选择将同时用作草绘平面的第一平面"，选择 ASM-TOP 平面；系统提示"选择水平平面(当草绘时将作为'顶部'参考)"，选择 ASM-FRONT 平面；系统提示"选择用于放置的竖直平面"，选择 ASM-RIGHT 平面。

图 7-57 所示为操作完成后的模型树窗口，可以看到元件 "TOOL_2.PRT" 已经创建成功，并且处于激活状态。此时，主界面上的 "TOOL_1.PRT" 元件处于半透明状态，它可以作为新元件 "TOOL_2.PRT" 的设计基准。

（3）在【基准】工具组中单击 （草绘）按钮，打开草绘设计工具。选择 "ASM-TOP" 平面为草绘平面，接受默认参照进入草绘模式。选择孔曲面作为标注参照，如图 7-58 所示。在【草绘】工具组中单击 投影 按钮，选择孔边线为草绘截面，如图 7-59 所示，完成后退出草绘模式。

图7-57　模型树窗口及元件模型

图7-58　选择标注参照

（4）在【形状】工具组中单击 （拉伸）按钮，启动拉伸设计工具，设置拉伸方式为对称拉伸 ，拉伸深度为 "0.3"，最后创建的拉伸模型如图 7-60 所示。至此，新元件 "TOOL_2.PRT" 创建完成，并与元件 "TOOL_1.PRT" 装配完成。

图7-59　选择草绘截面

图7-60　创建的拉伸模型

4. 利用 "空" 的方法新建元件。

（1）在模型树窗口中的 "ASM0001.ASM" 上单击鼠标右键，在弹出的快捷菜单中单击 （激活）按钮，将顶级装配体设置为当前状态，以便创建新元件。

（2）在【元件】工具组中单击 创建 按钮，打开【创建元件】对话框，参数设置如图 7-61 所示，然后单击 确定(0) 按钮，打开【创建选项】对话框，按照图 7-62 所示设置参数，最后单击 确定(0) 按钮。

图7-61　【创建元件】对话框（3）

图7-62　【创建选项】对话框（3）

此时可以看到图 7-63 所示的模型树窗口中多了一个 "TOOL_3.PRT" 标识，只是绘图窗口中没有对应的元件，说明这里创建了一个空元件。用户可以选择用 "激活" 或 "打开" 的方法来完善该元件的设计。

5. 利用 "创建特征" 的方法新建元件。

(1) 在【元件】工具组中单击 按钮，打开【创建元件】对话框，参数设置如图 7-64 所示，然后单击 确定(O) 按钮，打开【创建选项】对话框，按照图 7-65 所示设置参数，最后单击 确定(O) 按钮。

图7-63 模型树窗口（1）　　　　图7-64 【创建元件】对话框（4）

(2) 在绘图窗口中的元件均为半透明状态。新建元件 "TOOL_4.PRT" 为激活状态，如图 7-66 所示。

图7-65 【创建选项】对话框（4）　　　　图7-66 模型树窗口（2）

(3) 在【基准】工具组中单击 （草绘）按钮，打开草绘设计工具，选择 "ASM-TOP" 平面作为草绘平面，接受默认参照进入草绘模式。按照图 7-67 所示选择标注参照。

(4) 在草绘平面中配合 矩形 和 投影 工具绘制图 7-68 所示的截面图，完成后退出草绘模式。

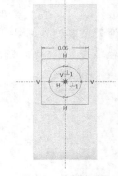

图7-67 选择参照　　　　图7-68 绘制截面图

(5) 在【形状】工具组中单击 （拉伸）按钮，启动拉伸设计工具，设置拉伸深度为 "0.03"，完成新元件 "TOOL_4.prt" 的创建和装配，结果如图 7-69 所示。激活顶级装配体，结果如图 7-70 所示。

图7-69 创建模型

图7-70 显示全部模型

4. 创建分解图

1. 使用浏览方式打开素材文件 "第 7 章\素材\tool\ tool.asm"。

2. 创建分解图。在【模型显示】工具组中单击 分解视图 按钮，将组件分解，对比分解前后的效果如图 7-71 所示。

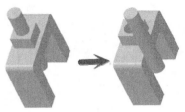

图7-71 创建分解图

(1) 编辑分解位置。在【模型显示】工具组中单击 编辑位置 按钮，在参数面板底部展开【选项】选项卡，单击 复制位置 按钮，打开【复制位置】对话框，如图 7-72 所示，依次选择元件 "TOOL_2.PRT" "TOOL_4.PRT"。按照元件 "TOOL_2.PRT" 的位置放置元件 "TOOL_4.PRT"，如图 7-73 所示。

图7-72 【复制位置】对话框

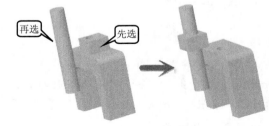

图7-73 选择参照

(2) 展开【参考】选项卡，如图 7-74 所示，选择轴 "A_2" 作为移动参考，如图 7-75 所示。先选择元件 "TOOL_1.PRT" 作为移动对象，将该元件向下平移，再选择元件 "TOOL_2.PRT"，将其向上平移，分解结果如图 7-76 所示。

图7-74 【参考】选项卡

图7-75 选择移动参考

(3) 创建分解线。单击【分解线】选项卡中的 (创建修饰偏移线）按钮，打开【修饰偏移线】对话框，选择轴线 "A_2" 为参考 1，如图 7-77 所示。选择元件 "TOOL_2.PRT" 的外圆面为参考 2，选择【垂直于曲面】复选项，如图 7-78 所示，创建第 1 条分解线，如图 7-79 所示。再次选择轴线 "A_2" 后，选择元件 "TOOL_4.PRT" 的一个侧面，如图 7-80 所示，创建第 2 条分解线，结果如图 7-81 所示。

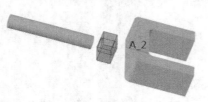

图7-76　分解结果

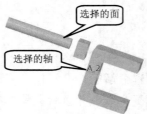

图7-77　选择参考 1

图7-78　【修饰偏移线】对话框

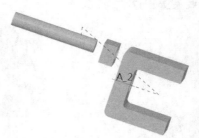

图7-79　创建第 1 条分解线

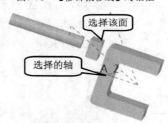

图7-80　选择参考 2

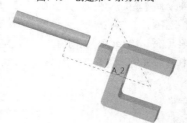

图7-81　创建第 2 条分解线

(4) 修改分解线。选择第 2 条分解线为修改对象，在【分解工具】功能区中展开【分解线】选项卡，单击 编辑线型 按钮，打开【线型】对话框，按照图 7-82 所示修改线型和颜色，结果如图 7-83 所示。

图7-82　修改线型和颜色

图7-83　修改结果

(5) 删除分解线。选择第 2 条分解线为修改对象，在【分解线】选项卡中单击 (删除选定的分解线）按钮，第 2 条分解线被删除，结果如图 7-84 所示。

(6) 取消分解视图。在【模型显示】工具组中再次单击 分解视图 按钮，撤销分解视图，回到分解前的状态，结果如图 7-85 所示。

图7-84　删除分解线

图7-85　取消分解视图

7.4　基本元件操作

在装配环境下，激活和打开元件是进行元件操作的基础，只有在激活或打开元件后，才可以编辑元件。在装配环境下，元件和顶级装配体的当前状态可以进行切换。

7.4.1　知识准备

元件的编辑操作包括激活、打开和包装等，下面分别进行介绍。

1.　激活元件

在图 7-86 中，顶级装配体处于激活状态，此时各元件前没有激活标志。当顶级装配体处于激活状态时，可以装配新元件及在装配环境下新建元件。

图7-86　装配模型树

在模型树窗口中选择顶级装配体，在其上单击鼠标右键，在弹出的快捷菜单中单击 （激活）按钮，将其激活。此时被激活的元件前有一个激活标志，同时模型上的其他实体元件处于透明状态，如图 7-87 所示。

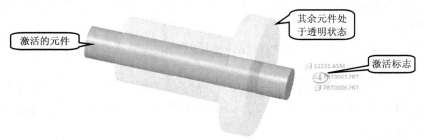

图7-87　激活元件

 要重新激活顶层装配体，可以在顶层装配体上单击鼠标右键，在弹出的快捷菜单中单击 ◇（激活）按钮。

2. 打开元件

在组件模式下也可以回到元件的绘图窗口，对元件的特征进行编辑和变更操作，这时首先需要打开元件。

在模型树窗口中选择需要编辑的元件，在其上单击鼠标右键，在弹出的快捷菜单中单击 (打开)按钮，随后会打开独立的绘图窗口，在这里可以对元件进行各种设计变更操作，其基本操作方法与在元件设计模式下完全相同。

3. 包装元件

在组件设计中，有时候需要把两个或多个元件的装配组合为一个整体进行操作。把这样的两个或多个元件组合的整体叫作组，而建立组的操作称为元件的包装。

在模型树中选择需要包装的元件，在【模型】功能区中展开【操作】下拉菜单，选择【分组】命令，新建一个组，展开组后可以看到其中包含的元件，如图 7-88 所示。

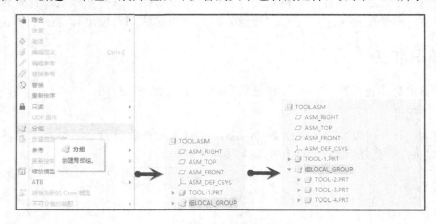

图7-88　包装元件

4. 删除元件

在模型树窗口中选择需要删除的元件，此时绘图窗口中的元件边框显示为绿色。在其上单击鼠标右键，在弹出的快捷菜单中选择【删除】命令，系统弹出【删除】对话框，确认后即可将元件删除。

> **要点提示** 在装配环境下的元件往往有主从关系，删去一个元件时，以该元件为参照的其他元件也会被删除，因此在删除元件时需要谨慎操作。

5. 修改元件

在装配环境下，对元件的修改包括对元件特征的修改和对元件装配条件的修改。修改元件特征的方法有以下两种。

(1) 打开元件。进入单独的元件设计界面，此时可以很方便地设计和修改元件。

(2) 激活元件。在该模式下，可以很好地利用其他的元件作为参照，更方便地修改元件。

6. 修改元件装配条件

在模型树窗口中，在需要修改装配条件的元件上单击鼠标右键，在弹出的快捷菜单中单击 (编辑定义)按钮，打开相应的设计工具重新定义或更正装配条件。

7.　隐藏元件

在装配体中，各个元件在装配空间中相互重叠，一个元件可能遮住了其他元件，为了更全面地观察元件的空间位置关系，可以隐藏或隐含选定的元件。

在模型树窗口中的选定元件上单击鼠标右键（或直接在模型上长按鼠标右键），在弹出的快捷菜单中单击 （隐藏）按钮，可以将该元件暂时隐藏起来，以便更好地观察被遮盖的元件，如图 7-89 所示。如果需要重新显示该元件，在快捷菜单中单击 （显示）按钮即可。

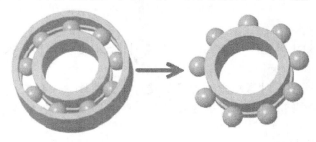

图7-89　隐藏元件

8.　隐含元件

隐含元件是将元件暂时从装配体中排除，从实际效果来看，它与删除操作相似，但是删除后的元件通常不可恢复，而隐含的元件可以通过单击模型树窗口顶部的 （设置）按钮，选择【树过滤器】，打开【模型树项】对话框，选择【隐含的对象】复选项，如图 7-90 所示，这样就将隐含的文件显示出来了。

图7-90　【模型树项】对话框

7.4.2　范例解析——组件装配综合训练

下面通过一个综合实例介绍组件装配设计的一般过程。

1.　打开文件"第 7 章\素材\wheel.asm"，如图 7-91 所示。

图7-91　素材文件（1）

2. 创建垫圈元件。

(1) 在【元件】工具组中单击 按钮，打开【创建元件】对话框，按照图 7-92 所示设置参数，完成后单击 确定(0) 按钮。

(2) 在打开的【创建选项】对话框中选择【创建特征】单选项，如图 7-93 所示，然后单击 确定(0) 按钮。此时原有的元件为半透明状态，可以作为新元件的设计参考。

图7-92　【创建元件】对话框（1）

图7-93　【创建选项】对话框（1）

(3) 在【基准】工具组中单击 （草绘）按钮，启动草绘工具，选择元件 "R1" 中心孔的外侧面作为草绘平面，如图 7-94 所示。使用默认参照放置草绘平面后进入草绘模式。

图7-94　选择草绘平面

(4) 补充选择模型的中心轴线和外边线作为标注参照，如图 7-95 所示。

图7-95　补充标注参照

(5) 在草绘界面上绘制图 7-96 所示的两个圆截面（小圆选择孔边线组成，大圆直径为 "20"），完成后退出草绘模式。

(6) 在【形状】工具组中单击 （拉伸）按钮，打开拉伸设计工具，设置拉伸深度为 "3"，创建的拉伸特征如图 7-97 所示。

图7-96　绘制圆截面

图7-97　拉伸特征

(7) 在模型树窗口中选择顶级装配体，在其上单击鼠标右键，在弹出的快捷菜单中单击 （激活）按钮，完成元件 "GASKIT.PRT" 的设计，结果如图 7-98 所示。

(8) 在模型树窗口中可以看到新元件 "GASKIT.PRT" 创建并装配完成，如图 7-99 所示。

图7-98　激活组件

图7-99　模型树窗口

3. 继续装配元件 "GASKIT.PRT"。

(1) 单击【元件】工具组中的 （组装）按钮，双击导入步骤 2 创建的元件 "GASKIT.PRT"。

(2) 展开【放置】选项卡，新建重合约束，将两个面重合，如图 7-100 所示；新建重合约束，将两个轴重合，如图 7-101 所示，最终结果如图 7-102 所示。

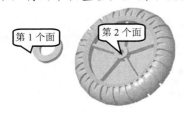

图7-100　选择参照（1）

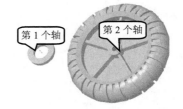

图7-101　选择参照（2）

4. 装配第 3 个元件。

(1) 单击【元件】工具组中的 （组装）按钮，双击导入素材文件 "第 7 章\素材\wxl1.prt"，如图 7-103 所示。

图7-102　装配结果（1）

图7-103　素材文件（2）

(2) 展开【放置】选项卡，新建重合约束，将两个面重合，如图 7-104 所示；新建重合约束，将两个轴重合，如图 7-105 所示，装配结果如图 7-106 所示。

图7-104 选择参照（3）

图7-105 选择参照（4）

5. 再次装配垫圈。

使用与步骤 3 装配垫圈相同的方法在支架外侧装配垫圈，结果如图 7-107 所示。

图7-106 装配结果（2）

图7-107 装配结果（3）

6. 新建元件。

(1) 在【元件】工具组中单击 按钮，打开【创建元件】对话框，按照图 7-108 所示设置参数，完成后单击 确定(0) 按钮。

(2) 在打开的【创建选项】对话框中选择【从现有项复制】单选项，然后单击 浏览... 按钮，打开素材文件 "第 7 章\素材\m10s1.prt"，将其加入装配环境，如图 7-109 所示，最后单击 确定(0) 按钮。

图7-108 【创建元件】对话框（2）

图7-109 【创建选项】对话框（2）

(3) 在【元件放置】功能区中展开【放置】选项卡，新建重合约束，将两个面重合，如图 7-110 所示；新建重合约束，将两个轴重合，如图 7-111 所示，装配结果如图 7-112 所示。

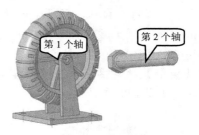

图7-110　选择参照（5）　　　　　　　　　　图7-111　选择参照（6）

要点提示　复制元件装配时，如果原始元件被修改，则装配结果不改变。直接调用该元件装配时，对元件的修改结果会反映到装配结果中。

7.　再次装配垫圈。

使用与步骤 3 装配垫圈相同的方法在支架外侧装配垫圈，装配结果如图 7-113 所示。

图7-112　装配结果（4）　　　　　　　　　　图7-113　装配结果（5）

8.　装配螺母。

(1)　单击【元件】工具组中的　（组装）按钮，双击导入素材文件"第 7 章\素材\m10lm1.prt"。

(2)　在【元件放置】功能区中展开【放置】选项卡，新建重合约束，将两个面重合，如图 7-114 所示；新建重合约束，将两个轴重合，如图 7-115 所示，装配结果如图 7-116 所示。

图7-114　选取参照（7）　　　　图7-115　选取参照（8）　　　　图7-116　装配结果（6）

9.　编辑模型。

(1)　在模型树窗口中选择元件"M10S1.PRT"，在其上单击鼠标右键，在弹出的快捷菜单中单击　（打开）按钮，打开该元件的建模环境，如图 7-117 所示。

(2)　在元件上使用　倒圆角　工具创建倒圆角特征（圆角半径自行设置），结果如图 7-118 所示。

图7-117　打开元件　　　　　　　　　　图7-118　创建倒圆角特征

(3) 单击 ▣ （保存）按钮，保存设计结果。

(4) 单击 ▣ （关闭）按钮关闭窗口，完善后的装配结果如图 7-119 所示。

10. 创建分解图。

(1) 在【模型】功能区中单击【模型显示】工具组中的 ▣ 分解视图 按钮，得到装配体的分解图，如图 7-120 所示。

图7-119　装配结果（7）

图7-120　分解图

(2) 在【模型显示】工具组中单击 ▣ 编辑位置 按钮，打开编辑设计工具。

(3) 在【分解】功能区中单击 ▣ （平移）按钮，在模型树窗口中选择要移动的元件，选择中心轴作为移动参考，拖动方向箭头移动元件，如图 7-121 所示。适当调整元件的布局顺序和位置，最终的分解结果如图 7-122 所示。

图7-121　方向参照

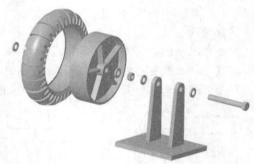

图7-122　分解结果

7.5　小结

组件装配是将使用各种方法创建的单一零件组装为大型模型的重要设计方法。在组件中，每一个零件作为组件的一个元件。

在进行组件装配之前，首先必须深刻理解装配约束的含义和用途，并熟悉系统所提供的多种约束方法的适用场合。同时，还应该掌握约束参照的用途和设定方法。

在组件装配时，首先根据零件的结构特征和装配要求选择合适的装配约束类型，然后分别在两个零件上选择相应的约束参照来限制零件之间的相对运动。两个零件的放置状态有"无约束""部分约束""完全约束"3 种类型，要使两个零件之间为完全约束状态，一般需要在零件上同时施加多个约束条件。

由于 Creo 8.0 使用全相关的单一数据库，因此在组件装配中可以分别在零件模块和组件模块中反复修改设计结果，直至满意为止。当然，这样操作不算十分简便。还可以直接在组件模块中设计新的零件并将其加入组件中。

在组件环境下创建新零件时，可以使用已有的零件布局作为参照，这样不但可以获得较高的设计效率，还能获得准确的设计结果，是目前广泛应用的一种设计方法。

7.6　习题

1. 简要说明约束的种类和用途。
2. 简要说明装配的基本工具有哪些，各有什么作用。
3. 在一个装配组件中，参与装配的两个零件必须为完全约束状态吗？
4. 如果在零件模块中修改了组件中某一元件的设计内容，在组件模块中该元件是否一定会更新设计？
5. 什么是阵列装配？在什么条件下可以使用阵列装配？

第8章　工程图

【学习目标】
- 掌握工程图的基本组成。
- 明确创建一般视图的方法。
- 明确创建投影视图、剖视图等的方法。
- 掌握在视图中标注各种图素的方法和技巧。

表达复杂零件时十分常用的方法是使用空间三维模型，简单且直观。但是在工程中，有时需要使用一组二维图形来表达一个复杂零件或装配组件，也就是使用工程图，例如在机械生产第一线常用工程图来指导生产过程。

8.1　创建视图

Creo 8.0 具有强大的工程图设计功能，在完成零件的三维建模后，使用工程图模块可以快速方便地创建工程图。

8.1.1　知识准备

在快速访问工具栏中单击 □（新建）按钮，在打开的【新建】对话框中选择【绘图】单选项，如图 8-1 所示。输入文件名后单击 确定 按钮，系统弹出图 8-2 所示的【新建绘图】对话框，选择参照模型和图纸格式后，单击 确定(O) 按钮，即可创建一个工程图文件。

图8-1　【新建】对话框

图8-2　【新建绘图】对话框

1.　使用模板设置图纸

设置图纸格式包括设置图纸的大小、摆放方向、有无边框及有无标题栏等。模板是系统经过格式优化后的设计样板，当新建一个绘图文件时，用户可以从系统提供的模板列表中选择某一模板进行设计。图纸的设置工作在【新建绘图】对话框中完成。

(1)　【默认模型】分组框。

在创建工程图时，必须指定一个三维零件或组件作为设计原型。单击该分组框中的 浏览... 按钮，打开【打开】对话框，在该对话框中找到欲创建工程图的模型文件后双击，将其导入系统。

> 要点提示　在创建工程图文件时，用户只可以选择一个参照文件，但这并不代表整个工程图中就只能包含一个文件。在进入工程图模式后，用户可以根据具体情况再次导入其他的参照模型，这在系统化地创建一个组件的工程图纸时非常有用。

(2)　【指定模板】分组框。

在该分组框中可以选择采用何种模板创建工程图，其包含以下 3 个单选项。

- 【使用模板】：使用系统提供的模板创建工程图。
- 【格式为空】：使用系统自带的或用户自己创建的图纸格式创建工程图，单击【格式】分组框中的 浏览... 按钮，打开【打开】对话框，如图 8-3 所示，从该对话框中导入需要的文件（".frm" 文件），示例如图 8-4 和图 8-5 所示。

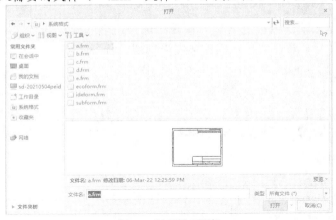

图8-3　【打开】对话框

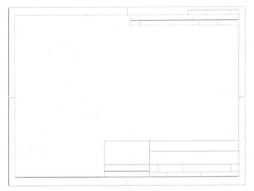

图8-4　图纸格式示例（1）

图8-5　图纸格式示例（2）

- 【空】：如图 8-6 所示，图纸不含任何格式，设置好图纸的方向和大小后即可创建一个空的工程图文件。当用户单击 （可变）按钮时，可以根据实际情况自定义图纸的大小，如图 8-7 所示。

图8-6 【新建绘图】对话框（1）

图8-7 【新建绘图】对话框（2）

(3) 【模板】分组框。

以列表的形式显示默认模板的名称，在其中选择适当的模板即可。单击其中的 浏览... 按钮，还可以利用【打开】对话框导入模板文件来创建工程图。

> **要点提示** 使用模板创建工程图时，系统会自动创建模型的一组正交视图，从而简化设计过程。在 3 种图纸设置方式中，【使用模板】的智能化程度最高，指定设计模板后系统可以自动创建模型的三视图；选择【格式为空】单选项后，用户必须自行指定视图的投影方向才能创建必要的视图；选择【空】单选项后，很多工作都需要用户自己完成。

2. 工程图的组成

一张完整的工程图应该包括以下内容。

- 一组数量适当的视图：用来表达零件的结构和形状。
- 必要的尺寸：对于单个零件，必须标出主要的定形尺寸；对于装配组件，必须标出必要的定位尺寸和装配尺寸。
- 必要的文字标注：视图上剖面的标注、元件的标识及装配的技术要求等。
- 元件明细栏：对于装配组件，还应该使用元件明细栏列出组件上各元件的详细情况。

3. 视图的类型

工程图使用一组二维平面图形来表达一个三维模型，每一个二维平面图形称为一个视图。在确保将零件表达清楚的前提下，要尽可能减少视图数量，因此视图类型的选择是关键。

Creo 8.0 中的视图类型非常丰富，根据视图使用目的和创建原理的不同，可以分为以下几类。

(1) 一般视图。

一般视图是系统默认的视图类型，是为零件创建的第 1 个视图，是按照一定投影关系创建的独立正交视图，如图 8-8 所示。通常将创建的第 1 个一般视图作为主视图，并将其作为创建其他视图的基础和依据，根据一般视图可以创建辅助视图、左视图和俯视图等。

要点提示 由同一模型可以创建多个一般视图，这与选定的投影参照和投影方向有关。通常，用一般视图来表达零件最主要的结构，通过一般视图可以直观地看出模型的形状和组成。

(2) 投影视图。

在创建一般视图后，用户还可以在正交坐标系中从其余角度观察模型，从而获得和一般视图符合投影关系的视图，这些视图通常是从已存在视图的水平或垂直方向投影生成的，称为投影视图。投影视图的父视图可以是一般视图，也可以是其他视图，并与其父视图对齐。

图 8-9 所示是在一般视图上添加投影视图的结果，这里添加了 4 个投影视图，但在实际设计中，仅添加设计需要的投影视图即可。

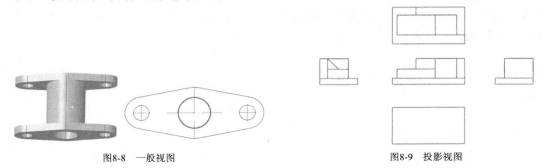

图8-8　一般视图　　　　　　　　　　　　　图8-9　投影视图

(3) 辅助视图。

辅助视图是对某一视图进行补充说明的视图，通常用于表达零件上的特殊结构。辅助视图是沿着所选视图的一个斜向或某一基准平面的法线方向生成的视图。如图 8-10 所示，为了看清主视图在箭头指示方向上的结构，使用了辅助视图。

(4) 详细视图。

详细视图是使用细节放大的方式来展示零件上的重要结构。如图 8-11 所示，图中使用详细视图展示了齿轮齿廓的形状。

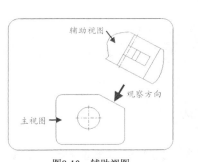
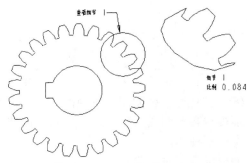

图8-10　辅助视图　　　　　　　　　　　　图8-11　详细视图

(5) 全视图和部分视图。

根据零件表达细节的方式和范围的不同，视图还可以进行以下分类。

① 全视图。

全视图以整个零件为表达对象，视图范围包括整个零件的轮廓。例如，对于图 8-12 所示的模型，使用全视图表达的结果如图 8-13 所示。

图8-12　三维模型

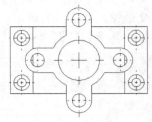

图8-13　全视图

② 半视图。

对于关于对称中心完全对称的模型，只需要使用半视图表达模型的一半即可，这样可以简化视图的结构。图 8-14 所示是使用半视图表达图 8-12 所示模型的结果。

③ 局部视图。

如果一个模型的局部结构需要表达，可以为该结构专门创建局部视图。图 8-15 所示是图 8-12 所示模型上部的突台结构的局部视图。

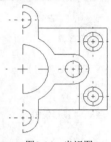

图8-14　半视图

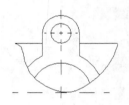

图8-15　局部视图

④ 破断视图。

对于结构单一且尺寸较长的零件，可以根据设计需要使用水平线或竖直线将零件剖断，舍弃部分雷同的结构以简化视图，这种视图就是破断视图。图 8-16 所示为将长轴零件从中部剖断，创建的破断视图。

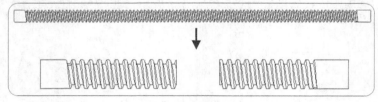

图8-16　破断视图

(6) 剖视图、断面图和三视图。

剖视图和断面图用于表达零件的内部结构和断面形状。

① 剖视图。

创建剖视图时，首先沿指定剖截面将模型剖开，然后创建剖开后模型的投影视图，在剖面上用阴影线显示实体材料部分。剖视图又分为全剖视图、半剖视图和局部剖视图等类型。

在实际设计中，常常将不同的视图类型进行结合来创建视图。例如，图 8-17 所示是将全视图和全剖视图结合的示例，图 8-18 所示是将全视图和半剖视图结合的示例，图 8-19 所示是将全视图和局部剖视图结合的示例。

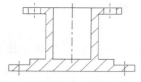

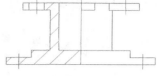

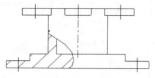

图8-17 全视图和全剖视图结合　　图8-18 全视图和半剖视图结合　　图8-19 全视图和局部剖视图结合

② 断面图。

断面图用于表达零件的断面形状。例如，图 8-20 所示的轴类零件用断面图来重点表达键槽的断面形状。

> 要点提示：注意剖视图和断面图的区别，断面图仅表达使用剖截面剖切模型后模型断面的形状，而不考虑投影关系，如图 8-20 所示。

③ 三视图。

三视图用于从 3 个不同方向来表达模型的形状，如图 8-21 所示。

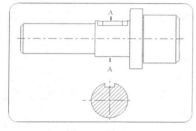

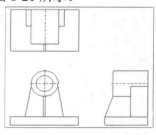

图8-20 断面图　　　　　　　　　　　　　　图8-21 三视图

4. 创建一般视图

一般视图是工程图上的第 1 个视图。如果在【新建绘图】对话框的【指定模板】分组框中选择了【格式为空】或【空】单选项，系统不会自动创建任何视图，这时需要用户自己创建第 1 个视图。

(1) 设计工具。

在【布局】功能区中的【模型视图】工具组中单击 （普通视图）按钮，在绘图窗口中选择一点，打开图 8-22 所示的【绘图视图】对话框，并依次设置参数来创建工程图。

图8-22 【绘图视图】对话框

在【绘图视图】对话框左侧的【类别】列表框中可以设置以下参数。

① 视图类型。

选择【视图类型】选项，可以设置视图名称、视图类型、视图方向等，然后指定参照正确放置视图。

② 可见区域。

选择【可见区域】选项，可以选择创建全视图、半视图、局部视图和破断视图等。

③ 比例。

选择【比例】选项，可以设置实物模型的缩放比例，如果实物模型的尺寸较大，为了在图纸幅面内容纳绘图内容，应该设置小于 1 的绘图比例。

④ 截面。

选择【截面】选项，可以选择或临时创建截面，剖截模型创建全剖、半剖及局部剖等各种剖视图，以及断面图。

⑤ 视图状态。

选择【视图状态】选项，可以设置【组合状态】【分解视图】【简化表示】等 3 项参数。

⑥ 视图显示。

选择【视图显示】选项，可以设置视图上的边线、骨架及剖面线的显示方式和线型。

⑦ 原点。

选择【原点】选项，可以设置视图的默认原点，从而控制视图在图纸上的放置位置。

⑧ 对齐。

选择【对齐】选项，可以设置参照将选定的视图对齐。

(2) 设计步骤。

新建绘图文件时，如果在【新建绘图】对话框的【指定模板】分组框中选择了【格式为空】或【空】单选项，系统将打开一张空白图纸。用户可以按照以下步骤创建视图。

① 在图纸上选择一点来定位视图。

这个位置点不必特别准确，随后介绍的移动视图工具可以用来移动选定的视图。

② 确定模型的投影方向，创建视图。

为视图选择放置参照和定位方向，以便确定视图的视角。

③ 设置【可见区域】参数。

如有必要，可以将视图设置为全视图、半视图或局部视图等类型。

④ 创建剖视图。

如有必要，在模型上创建各类剖视图。

⑤ 设置其他参数。

设置模型比例、显示状态及原点等参数。

(3) 移动视图。

在图纸上放置视图后，有时需要移动视图来获得最佳的视觉效果。

通常情况下，为了防止误操作，系统锁定了视图的移动功能。如果要锁定视图，在选定的视图上单击鼠标右键，在弹出的快捷菜单中取消选择【锁定视图移动】选项，视图就不能随意移动了。

创建一般视图后，用户可以随意移动视图，但是在一般视图的基础上创建的其他视图不能在图纸平面内任意移动，这些视图和其他视图之间必须满足确定的投影关系，因此只能在特定方向上移动。建议一般情况下锁定视图的移动功能，以方便进行其他视图的操作。

5.　创建其他视图

创建一般视图后，即可在此基础上创建其他视图。

(1)　创建投影视图。

投影视图和主视图之间符合严格的投影关系。创建投影视图的方法比较简单，在主视图周围的适当位置选择一点后，系统将在该位置自动创建与主视图符合投影关系的投影视图。

(2)　创建辅助视图。

辅助视图也是一种投影视图，用于表达模型在其他视图上尚未表达清楚的结构。设计时需要选定一个视图作为辅助视图的父视图，然后在父视图上选择一个垂直于屏幕的曲面或平行于屏幕的轴线作为参照进行投影。

图 8-23 中采用了辅助视图来表达支架模型的结构。创建辅助视图时，可以创建全视图，也可以创建局部视图来表达零件的部分结构，如图 8-24 所示。

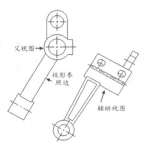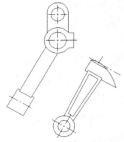

图8-23　创建辅助视图（1）　　　　图8-24　创建辅助视图（2）

创建辅助视图的基本步骤如下。

①　在父视图周围选择一点作为辅助视图的放置中心。

②　在父视图上选择一个垂直于屏幕的曲面或平行于屏幕的轴线作为参照，系统将以垂直于该平面或平行于该轴线的投影方向创建辅助视图。

③　如果选择了半视图、局部视图或剖视图等其他视图类型，则用户可以根据系统提示选择相应的参照继续创建视图。

④　使用移动工具适当地调整各视图的布置位置，使之整齐有序。

(3)　创建详细视图。

详细视图也叫局部放大视图，用于以适当比例放大模型上的某一细节结构，以便看清该结构的构成及完成尺寸标注。图 8-25 所示的轴类零件，为了表达清楚砂轮越程槽结构，使用了详细视图。

创建详细视图的基本步骤如下。

①　在父视图周围选择一点作为详细视图的中心点。

②　在父视图上指定放大部位的中心，然后使用草绘的方式在该中心处绘制一放大区域，完成后单击鼠标中键。

③　在绘图窗口中的适当位置单击以放置视图。

④　双击生成的详细视图，在打开的【绘图视图】对话框中根据具体情况修改视图的相

应参数，一般情况下接受默认设置。

    （4）创建断面图。

创建断面图时，可以选择三维模型中的已有剖截面作为剖切平面，也可以在放置视图时临时创建一个切割平面。图 8-26 所示的支架零件使用断面图来表达支架的截面形状。

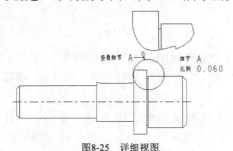

图8-25　详细视图　　　　　　　　　　　　　　　　　　　　图8-26　断面图

创建断面图的基本步骤如下。

①　为断面图选择父视图。

②　在父视图上选择一点作为断面图的中心点。

③　选择或创建剖截面，在【绘图视图】对话框中设置剖截面的参数。如果先前创建了剖截面，则单击选项框右侧的下拉按钮，选择相应的剖截面作为参照来创建断面图。

④　如果要创建新的剖截面，可以打开【剖截面创建】菜单。其中【平面】选项用于指定模型上的基准平面作为切割平面来创建剖截面，而【偏距】选项则可以创建临时基准平面作为切割平面创建剖截面。

⑤　指定断面图的中心轴线位置。

⑥　使用移动工具适当调整各视图的布置位置，使之整齐有序。

    （5）创建半视图。

半视图常用于表达结构对称的零件。与创建全视图不同的是，半视图必须指定一个平面来确定其分割位置，还需要指定一个视图创建方向。

创建半视图的基本步骤如下。

①　指定视图的放置中心，如果创建的半视图为主视图，按照一般视图的创建方法放置视图；如果创建的是投影视图，则按照投影关系在该放置中心创建视图。

②　在视图上选择一个参照平面为半视图的分割平面，一般来说，该平面必须经过模型的对称中心。

③　系统用箭头指示半视图的创建方向，在【方向】菜单中设置该方向，示例如图 8-27 和图 8-28 所示，图中采用基准平面 RIGHT 作为分割平面。

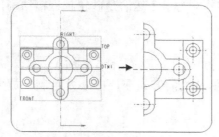 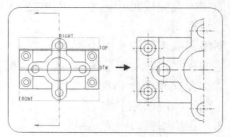

图8-27　创建半视图（1）　　　　　　　　　　　　　　　　图8-28　创建半视图（2）

(6)　创建局部视图。

局部视图用于表达零件上的局部结构。

创建局部视图的基本步骤如下。

①　在图纸上选择适当的位置放置视图。

②　选择零件上需要局部表达部分的中心，系统将在该位置显示一个"×"。

③　使用草绘样条曲线的方法确定局部表达的范围后，创建局部视图，如图 8-29 所示。

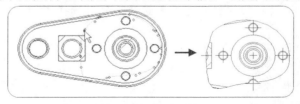

图8-29　创建局部视图

(7)　创建剖视图。

剖视图是一种重要的视图类型，常用于表达模型内部的孔及内腔结构。剖视图的类型众多，表达方式灵活多样。创建剖视图时，首先在【绘图视图】对话框中选择【截面】选项，然后设定剖截面的详细内容。

8.1.2　范例解析——创建视图

下面通过一个综合实例来介绍创建视图的一般方法。

1.　创建一般视图。

(1)　单击 （新建）按钮，新建名为 "draw1" 的绘图文件。

(2)　在打开的【新建绘图】对话框中单击 浏览... 按钮，打开素材文件 "第 8 章\素材\draw1.prt"，如图 8-30 所示。

图8-30　素材文件

(3)　在【指定模板】分组框中选择【空】单选项，其余参数设置如图 8-31 所示，然后单击 确定(O) 按钮，进入图 8-32 所示的绘图环境。

图8-31　【新建绘图】对话框

图8-32　绘图环境

(4)　在【布局】功能区的【模型视图】工具组中单击 （普通视图）按钮，在弹出的【选择组合状态】对话框中单击 确定(O) 按钮。然后在设计界面中选择一点，打开【绘图视图】对话框，依次设置以下参数。

- 在左侧的【类别】列表框中选择【视图类型】选项，此时视图类型默认为常规，用于创建一般视图。
- 在【视图方向】分组框中选择零件的定向方法为【几何参考】。
- 在【参考 1】下拉列表中选择【前】选项，然后选择图 8-33 所示的平面作为参照。
- 在【参考 2】下拉列表中选择【右】选项，然后选择图 8-34 所示的平面作为参照。

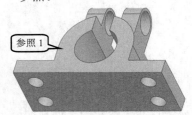

图8-33　选择参照 1

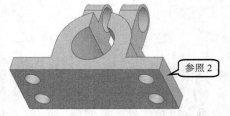

图8-34　选择参照 2

- 完成参数设置的【绘图视图】对话框如图 8-35 所示，此时创建的一般视图如图 8-36 所示。

图8-35　参数设置

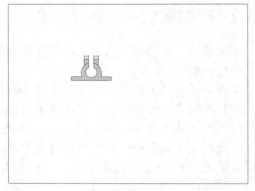

图8-36　创建的一般视图

要点提示 确定参照前，出现在图纸上的默认视图是一个平面图形，并非三维模型，用户只能移动和缩放视图，不能旋转视图。

(5) 设置比例。
- 在【绘图视图】对话框的【类别】列表框中选择【比例】选项。
- 在【比例和透视图选项】分组框中选择【自定义比例】单选项，设置比例为 "0.014"，如图 8-37 所示，放大一般视图。
- 在新建的视图上长按鼠标右键，在弹出的快捷菜单中取消选择【锁定视图移动】命令，取消对视图的锁定，然后适当移动视图，结果如图 8-38 所示。

(6) 设置视图显示方式。
- 在【绘图视图】对话框的【类别】列表框中选择【视图显示】选项。
- 在【显示样式】下拉列表中选择【消隐】选项。
- 在【相切边显示样式】下拉列表中选择【无】选项，如图 8-39 所示。

图8-37 设置比例

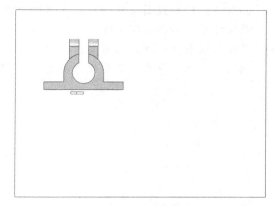

图8-38 移动视图

(7) 设置原点。

- 在【绘图视图】对话框的【类别】列表框中选择【原点】选项。
- 按照图 8-40 所示设置坐标系原点为(6,12)。

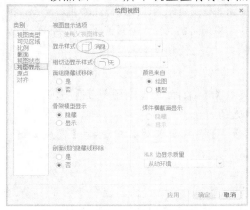

图8-39 设置视图显示方式

图8-40 设置原点

其他按系统默认设置，单击 确定 按钮关闭对话框，创建的视图如图 8-41 所示。

2. 创建投影视图。

(1) 在已经创建的主视图上长按鼠标右键，在弹出的快捷菜单中单击 ▣▫ (投影视图) 按钮。

(2) 移动鼠标指针，在适当的位置单击，放置投影视图，结果如图 8-42 所示。

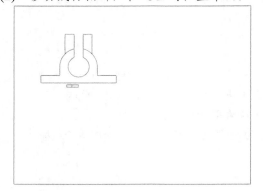

图8-41 创建的视图

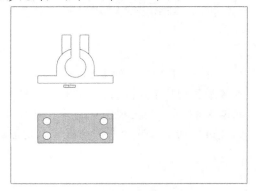

图8-42 创建投影视图（1）

(3) 在新建的投影视图上双击，打开【绘图视图】对话框，设置投影视图的相关参数，参考设计结果如图 8-43 所示。

(4) 在投影视图上长按鼠标右键，在弹出的快捷菜单中单击 [▣]（投影视图）按钮，在其右侧的适当位置单击，放置投影视图，然后设置视图参数，参考结果如图 8-44 所示。

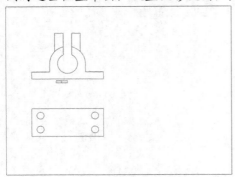

图8-43　创建投影视图（2）

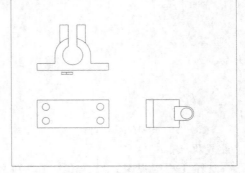

图8-44　创建投影视图（3）

要点提示　在投影视图中不能修改视图的比例。此外，本例创建视图时采用的是国际上常用的第三角画法，而我国通用的机械图样通常采用第一角画法，即采用主视图、俯视图和左视图的配置方式。关于第一角画法的设置方法参考后面的实例。

3.　创建局部剖视图。

(1) 双击主视图，打开【绘图视图】对话框，在【类别】列表框中选择【截面】选项。

(2) 在【截面选项】分组框中选择【2D 横截面】单选项。

(3) 单击 [＋]（添加）按钮，在弹出的【菜单管理器】/【横截面创建】中选择【完成】选项，如图 8-45 所示。

(4) 在弹出的文本框中输入截面名称"A"，然后单击 [✓]（确定）按钮。

(5) 在【菜单管理器】/【横截面创建】中选择【平面】选项，在视图工具栏中单击 [⅛]（基准平面）按钮，显示基准平面，然后在俯视图中选择基准平面 DTM2，如图 8-46 所示。

图8-45　菜单操作

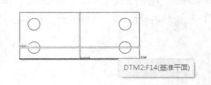

图8-46　选择基准平面

(6) 在【绘图视图】/【剖切区域】下拉列表中选择【局部】选项，如图 8-47 所示。

(7) 在图 8-48 所示的主视图中的位置单击，将该点作为剖切中心。

(8) 围绕该剖切中心草绘封闭曲线（剖切区域）作为局部剖视图的范围，如图 8-49 所示。

图8-47　【绘图视图】对话框

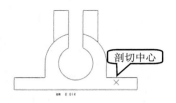

图8-48　选择剖切中心

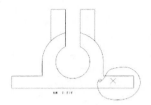

图8-49　绘制剖切区域

(9)　在【绘图视图】对话框中单击 确定 按钮，最终创建的视图如图 8-50 所示。

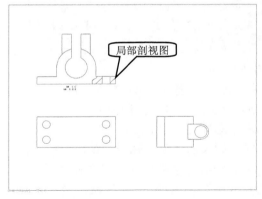

图8-50　创建的局部剖视图

8.2　视图的操作

创建各种基本视图后，还需要进行各种视图操作才能得到最终的设计效果。

8.2.1　知识准备

一张完整的工程图还应该包括各项视图标注，例如必要的尺寸标注、必要的符号标注及必要的文字标注等。另外，在创建视图后还需要进一步修改视图上的设计内容。

1.　标注尺寸

由于 Creo 8.0 在创建工程图时使用已经创建的三维模型作为信息原型，因此在创建三维

291

模型时的尺寸信息也将在工程图中被继承下来。完成各种视图绘制后，可以重新显示需要的尺寸并隐藏不需要的尺寸。

（1）自动生成尺寸。

在【注释】功能区的【注释】工具组中单击 （显示模型注释）按钮，打开【显示模型注释】对话框，该对话框包括 6 个选项卡，如图 8-51 所示，分别对应显示模型尺寸、几何公差、模型注解、表面粗糙度、模型符号、模型基准等基本功能。

图8-51 【显示模型注释】对话框

> **要点提示** 在设置某些项目显示的过程中，用户可以根据实际情况设置其显示类型。例如，在设置显示尺寸的过程中，可以从【类型】下拉列表中选择【全部】【驱动尺寸注释元素】【所有驱动尺寸】【强驱动尺寸】【从动尺寸】等选项。

自动生成尺寸的基本步骤如下。

① 在【注释】工具组中单击 （显示模型注释）按钮，打开【显示模型注释】对话框。

② 进入 （显示模型尺寸）选项卡，标注模型尺寸。

③ 在【类型】下拉列表中选择【全部】选项。

④ 选择显示尺寸的视图。如果选择多个视图，则需要按住 Ctrl 键。

⑤ 单击 （选择全部）按钮选择全部尺寸，将在列表框中显示全部尺寸。

⑥ 取消选择不需要的尺寸标注，单击 应用(A) 按钮，确认无误后单击 确定 按钮。示例如图 8-52 所示。

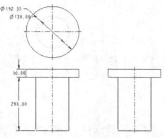

图8-52 自动生成尺寸

选择视图中不规范和重复的尺寸，当其变成红色时，按 Delete 键可将其删除。

（2）使用绘图树。

在工程图环境下，在模型树窗口上方会显示绘图树窗口，绘图树窗口中显示当前创建的各个视图，如图 8-53 所示。

在视图上创建尺寸标注等注释内容后，在绘图树中会增加【注释】组，展开后可以看到其下的尺寸等内容，如图 8-54 所示。在任一注释上单击鼠标右键，在弹出的快捷菜单中可以对选定的对象进行操作，如图 8-55 所示。

图8-53 绘图树窗口

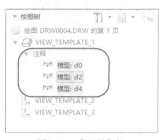

图8-54 【注释】组

图8-55 快捷菜单

(3) 调整尺寸标注。

使用【显示模型注释】对话框创建的尺寸常常不理想，这时可以进一步调整指定的尺寸标注。

- 按住 Ctrl 键选择要对齐的多个尺寸，单击鼠标右键，在弹出的快捷菜单中选择【对齐尺寸】命令。
- 单击尺寸，使之变为红色，同时弹出尺寸编辑面板，单击 （反向箭头）按钮可以调整尺寸箭头的方向，单击 （移动到视图）按钮可以将该尺寸移动到别的视图上，单击 （拭除）按钮可以拭除该尺寸，单击 （删除）按钮可以删除该尺寸。
- 双击要编辑的尺寸，在弹出的尺寸文本框中可以修改尺寸数值。
- 单击尺寸，沿着尺寸界线方向拖动鼠标指针，可以移动尺寸标注的位置，沿着尺寸线移动尺寸数字，可以调整尺寸数字放置的位置。

> **要点提示** 拭除操作不仅可以针对尺寸还可以针对视图，对象被拭除后暂时处于不可见状态，在绘图树窗口中的该尺寸上单击鼠标右键，在弹出的快捷菜单中单击 （取消拭除）按钮，可以使之重新显示出来。删除尺寸操作可以删除图样上多余的尺寸或错误的标注，可以在【显示模型注释】对话框中重新显示被删除的尺寸。

(4) 增加新的尺寸标注。

如果需要在视图上添加新的尺寸标注，可单击 （尺寸）按钮标注新的尺寸。在工程图中标注尺寸的方法与在二维草图中的类似。标注尺寸时，系统将弹出【选择参考】对话框，如图 8-56 所示，可以选择图元、切线、中点、交点等要素来标注尺寸。

图8-56 【选择参考】对话框

在对话框中选择适当的选项来确定尺寸的参考方式。

- （选择图元/选择曲面/选择参考）：这是创建常规尺寸的方法，将该尺寸附着在选定的图元/曲面/参考上，单击选中对象后，拖动鼠标指针即可创建尺寸。
- （选择圆弧或圆的切线）：将尺寸附着到所选图元的圆弧或圆的切线上。
- （选择边或图元的中点）：通过捕捉对象的边或中点来标注尺寸。
- （选择由两个对象定义的相交）：通过捕捉两个图元的交点来标注尺寸。

- （在两点之间绘制虚线）：创建引出线来附着尺寸。

2. 标注尺寸公差

(1) 显示尺寸公差。

要在图样上标注尺寸公差时，首先需要显示尺寸公差，其步骤如下。

① 选择菜单命令【文件】/【准备】/【绘图属性】，打开【绘图属性】窗口，单击【细节选项】右侧的【更改】选项，如图 8-57 所示。

图8-57 【绘图属性】窗口

② 打开【选项】对话框，在右侧的【排序】下拉列表中选择【按字母顺序】选项，然后从列表框中选择【tol_display】（显示尺寸公差），在下方的【值】下拉列表中选择【yes】选项，然后单击 添加/更改 按钮，如图 8-58 所示，这样就可以显示尺寸公差。

图8-58 【选项】对话框

(2) 设置尺寸公差格式。

在【选项】对话框的列表框中选择【default_tolerance_mode】（设置尺寸公差默认模式），在【值】下拉列表中选择【nominal】选项，尺寸以公称值的形式显示；选择【limits】选项，尺寸以最大极限偏差和最小极限偏差的形式显示；选择【plusminus】选项，以上极限偏差和下极限偏差的形式显示公差；选择【plusminussym】选项，以对称的形式显示公差；选择【plusminussym_super】选项，以对称的形式显示公差，且公差位于公称值的左上角。各选项如图 8-59 所示。设置完成后单击 确定 按钮。

图8-59　【选项】对话框

(3)　编辑尺寸公差。

在视图中双击需要标注公差的尺寸，打开【尺寸】功能区，如图 8-60 所示。

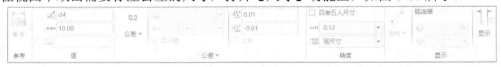

图8-60　【尺寸】功能区

①　若在【公差】下拉列表中选择【公称】选项，则显示该尺寸的公称尺寸，如图 8-61 所示。

②　若在【公差】下拉列表中选择【基本】选项，则显示该尺寸的公称尺寸，尺寸上带有方框，如图 8-62 所示。

③　若在【公差】下拉列表中选择【极限】选项，则显示该尺寸的最大极限尺寸和最小极限尺寸，如图 8-63 所示，具体尺寸数值可以在【公差】工具组中的文本框中输入。

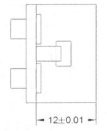

图8-61　显示公称尺寸（1）

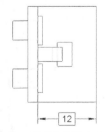

图8-62　显示公称尺寸（2）

图8-63　显示极限尺寸

④　若在【公差】下拉列表中选择【正负】选项，则显示该尺寸及其上极限偏差和下极

限偏差，如图 8-64 所示，上下极限偏差数值可以在【公差】工具组中的文本框中输入。

⑤ 若在【公差】下拉列表中选择【对称】选项，则以对称公差形式进行标注，如图 8-65 所示，具体尺寸数值可以在【公差】工具组中的文本框中输入。

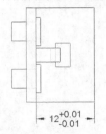

图8-64 显示极限偏差

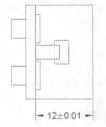

图8-65 标注对称公差

3. 标注几何公差

几何公差包括形状公差（直线度、圆度等）和位置公差（平行度、垂直度等），用来约束零件上指定要素的形状和位置精度。

(1) 标注形状公差。

标注形状公差时，不需要指定基准。

① 在【注释】功能区的【注释】工具组中单击 （几何公差）按钮，将鼠标指针移动到绘图窗口，鼠标指针上将出现一个几何公差框格，移动框格到标注几何公差要素的附近。

② 系统自动激活当前能放置几何公差框格的要素，高亮显示选定的对象（显示为彩色），当将鼠标指针靠近该对象时，将生成引线和箭头指向对象，单击即可将其放置到选定的对象上。

③ 拖动鼠标指针调整引线的角度和长度，确定后单击鼠标中键完成标注。

④ 打开图 8-66 所示的【几何公差】功能区，在【符号】工具组的【几何特性】下拉列表中选择形状公差的类别，在【公差和基准】工具组中设置公差的数值，在 右侧的文本框中可以为该公差输入名称，输入的名称将显示在绘图树窗口中，如图 8-67 所示，结果如图 8-68 所示。

图8-66 【几何公差】功能区

图8-67 在绘图树中显示公差名称

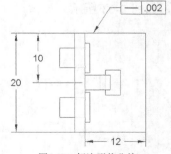

图8-68 标注形状公差

(2) 标注位置公差。

标注位置公差的基本方法与标注形状公差的相似，只是位置公差具有基准，标注前需要创建基准。

① 在【注释】功能区的【注释】工具组中单击 ⚏ 基准特征符号 按钮，在需要创建基准的要素上单击放置基准符号，拖动鼠标指针调整基准符号的形态，确定后单击鼠标中键，示例如图 8-69 所示。

② 在【注释】工具组中单击 ▤IM（几何公差）按钮，按照上述方法添加几何公差标注，示例如图 8-70 所示。

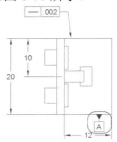

图8-69 创建基准

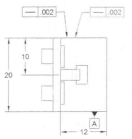

图8-70 添加几何公差标注

③ 修改公差符号和公差数值。将公差符号修改为位置公差后，框格中将出现一根横线，表示该标注不完整，因为此处缺少基准，如图 8-71 所示。

④ 在【公差和基准】工具组中单击上方的 ⚏（从模型中选取基准参考）按钮（如果要设置多个基准，则依次单击下面的 ⚏（从模型中选取基准参考）按钮选择基准），弹出【选择】对话框，选择前文创建的基准 A，然后单击 确定 按钮，结果如图 8-72 所示。

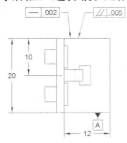

图8-71 出现横线

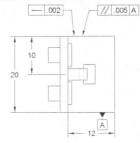

图8-72 标注位置公差

如果要修改标注的公差，可以双击公差符号，重新打开【几何公差】功能区，对参数进行修改。

4. 标注注释

在【注释】工具组中单击 A≣注解 按钮，打开图 8-73 所示的【选择点】对话框，选择相应的注释项目后，在视图上标注位置，即可通过系统的提示文本框输入注释内容，其间还可以通过图 8-74 所示的【文本符号】面板插入特殊的注释符号。

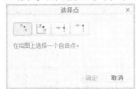

图8-73 【选择点】对话框

图8-74 【文本符号】面板

5. 标注表面粗糙度

在【注释】工具组中单击 ³²√ 表面粗糙度 按钮，打开【打开】对话框，选择"machined"文件夹中的"standard1.sym"文件，如图 8-75 所示。

图8-75　选择配置文件

随后打开【表面粗糙度】对话框，如图 8-76 所示，在【定义】分组框中单击 浏览(B)... 按钮，从打开的【打开】对话框中选择粗糙度符号类别，然后单击 选择模型... 按钮，选择在模型上放置表面粗糙度符号，完成后单击鼠标中键，结果如图 8-77 所示。

图8-76　【表面粗糙度】对话框

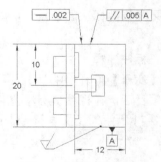

图8-77　标注表面粗糙度

6. 插入表格

在【表】功能区的【表】工具组中单击 ▦（表）按钮，在弹出的下拉面板中选择【插入表】选项，打开【插入表】对话框，如图 8-78 所示。

下面介绍对话框中各选项的功能。

图8-78　【插入表】对话框

在【方向】分组框中有以下 4 个选项。

- ↘ 【降序】：从表的顶部开始向下创建表格，表的增长方向为向右且向下。
- ↗ 【升序】：从表的底部开始向上创建表格，表的增长方向为向左且向下。
- ↗ 【右对齐】：表格中的各单元格右对齐，表的增长方向为向右且向上。
- ↖ 【左对齐】：表格中的各单元格左对齐，表的增长方向为向左且向上。

创建表格的步骤如下。

① 选择表格的第一点。如果以升序方式创建表格，则选择表格的右上角点；如果以降序方式创建表格，则选择表格的左上角点。

② 在行上划分单元格，可以以行和列确定单元格。在【行】和【列】分组框中分别输入【高度】和【宽度】尺寸，创建表格，结果如图 8-79 所示。使用类似的方法确定列单元格，单击鼠标中键后创建表。

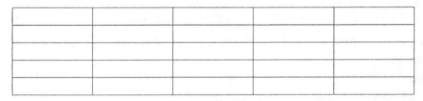

图8-79　创建表格

③ 使用【表】下拉面板中的工具调整表的结构，例如合并单元格等。

④ 双击某一单元格，可以向单元格中输入文本。在文本框中添加文本内容，在【格式】功能区中设置文本的格式。

7. 修改视图

创建视图后，如果还需要进一步修改视图，可以双击需要修改的视图，此时系统弹出【绘图视图】对话框，利用该对话框定义视图上的各项内容。

如果要删除某一视图，则选择该视图后，在弹出的工具栏中单击 × （删除）按钮即可。此外，如果双击剖视图，则可以在弹出的【修改剖面线】菜单中修改剖面线的基本内容，例如剖面线的间距、角度等。

8.2.2 范例解析——创建阀座工程图

下面通过一个综合实例说明工程图的设计方法和技巧。

1. 新建绘图文件。

(1) 单击 □（新建）按钮，新建名为"bearing_seat"的绘图文件。

(2) 在打开的【新建绘图】对话框中单击顶部的 浏览 按钮，打开素材文件"第 8 章\素材\bearing_seat.prt"，在【指定模板】分组框中选择【格式为空】单选项，在【格式】分组框中单击 浏览 按钮，打开素材文件"第 8 章\素材\format.frm"，如图 8-80 所示，单击 确定(O) 按钮，进入图 8-81 所示的绘图环境。

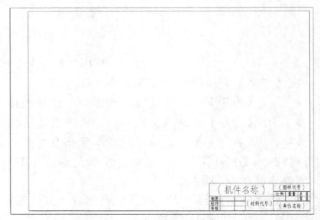

图8-80 【新建绘图】对话框　　　　　　　　　图8-81 绘图环境

2. 设置第一角画法。

(1) 选择菜单命令【文件】/【准备】/【绘图属性】，打开【绘图属性】窗口，在【细节选项】的右侧单击【更改】选项。

(2) 打开【选项】对话框，在【选项】文本框中输入"projection_type"，将其值修改为"first_angle"，然后单击 添加/更改 按钮，将第三角画法修改为我国通用的第一角画法，最后单击 确定 按钮。

3. 创建一般视图。

(1) 在【布局】功能区的【模型视图】工具组中单击 □（普通视图）按钮，在绘图区中单击一点放置模型，同时打开【绘图视图】对话框，在左侧的【类别】列表框中选择【视图类型】选项。

(2) 视图类型默认为【常规】。在【视图方向】分组框中选择零件的定向方法为【几何参考】，在【参考 1】下拉列表中选择【前】选项，然后选择图 8-82 所示的平面作为参照。

(3) 在【参考 2】下拉列表中选择【右】选项，然后选择图 8-83 所示的平面作为参照。完成参数设置的【绘图视图】对话框如图 8-84 所示，创建的一般视图如图 8-85 所示。

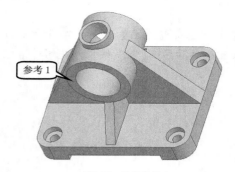

图8-82　选择参考 1

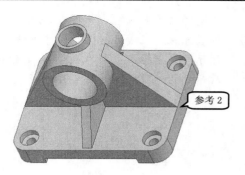

图8-83　选择参考 2

图8-84　参数设置

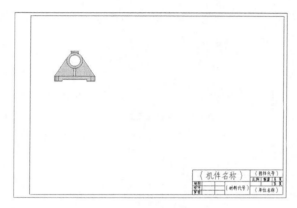

图8-85　创建的一般视图（1）

(4) 设置可见区域。在【绘图视图】对话框的【类别】列表框中选择【可见区域】选项，设置【视图可见性】为【全视图】，如图 8-86 所示，为一般视图创建全视图。

(5) 设置比例。在【绘图视图】对话框的【类别】列表框中选择【比例】选项，在【比例和透视图选项】分组框中选择【自定义比例】单选项，设置比例为"0.014"，如图 8-87 所示。

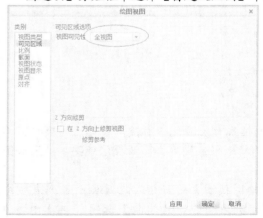

图8-86　设置可见区域

图8-87　设置比例

(6) 设置视图显示方式。在【绘图视图】对话框的【类别】列表框中选择【视图显示】选项，在【显示样式】下拉列表中选择【消隐】选项，在【相切边显示样式】下拉列表中选择【无】选项，如图 8-88 所示。

(7) 设置原点。在【绘图视图】对话框的【类别】列表框中选择【原点】选项，按照图 8-89 所示设置坐标系原点为(5,8.5)，其他按系统默认设置，然后单击 确定 按钮，关闭对话框 后得到的一般视图如图 8-90 所示。

图8-88　设置视图显示方式　　　　　　　　　　图8-89　设置原点（1）

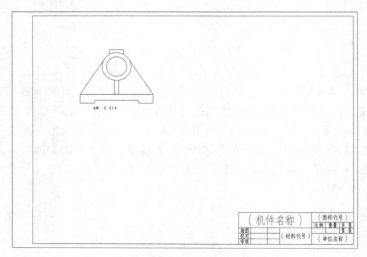

图8-90　创建的一般视图（2）

4. 创建俯视图。

(1) 插入投影视图。选择创建的主视图，待出现边框线时长按鼠标右键，在弹出的快捷菜单 中单击 （投影视图）按钮，在一般视图下部的适当位置单击，放置俯视图，结果如图 8-91 所示。

(2) 设置视图显示。双击创建的俯视图，打开【绘图视图】对话框，在【类别】列表框中 选择【视图显示】选项，在【显示样式】下拉列表中选择【消隐】选项，在【相切边 显示样式】下拉列表中选择【无】选项。

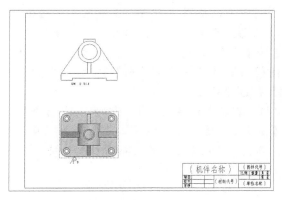

图8-91 创建俯视图（1）

(3) 设置原点。在【绘图视图】对话框的【类别】列表框中选择【原点】选项，按照图 8-92 所示设置坐标系原点为(5,3.5)，最后得到的俯视图如图 8-93 所示。

图8-92 设置原点（2）

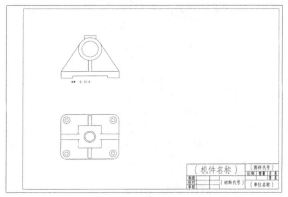

图8-93 创建俯视图（2）

5. 创建剖视图。

(1) 插入投影视图。选择创建的主视图，待出现边框线时长按鼠标右键，在弹出的快捷菜单中单击 （投影视图）按钮，在一般视图右侧的适当位置单击，放置剖视图，结果如图 8-94 所示。

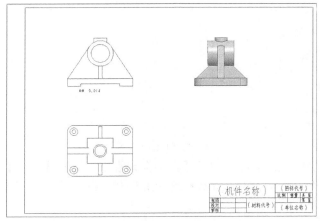

图8-94 创建剖视图

(2) 设置视图显示。双击创建的剖视图，在【绘图视图】对话框的【类别】列表框中选择【视图显示】选项，在【显示样式】下拉列表中选择【消隐】选项，在【相切边显示样式】下拉列表中选择【无】选项。

(3) 设置截面。在【绘图视图】对话框的【类别】列表框中选择【截面】选项，在【截面选项】分组框中选择【2D 横截面】单选项。

(4) 单击 ✚ （增加）按钮，在其下的【名称】下拉列表中选择截面名【A】，拖动对话框底部的滑动条，在【箭头显示】栏下激活文本框，如图 8-95 所示，选择俯视图为剖切符号的放置视图后，单击 应用 按钮，其上将增加剖切符号，如图 8-96 所示，创建的剖视图如图 8-97 所示。

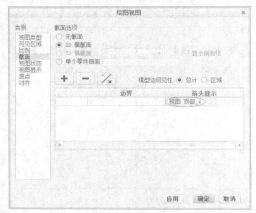

图8-95 设置剖切参数

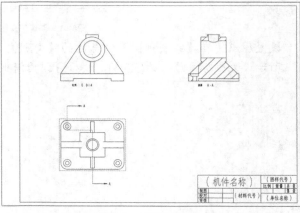

图8-96 显示剖切符号

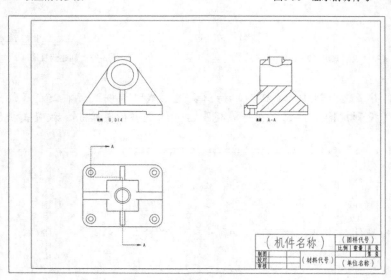

图8-97 创建的剖视图

(5) 设置原点。在【绘图视图】对话框的【类别】列表框中选择【原点】选项，按照图 8-98 所示设置坐标系原点为(11,8.5)，最后创建的阶梯剖视图如图 8-99 所示。

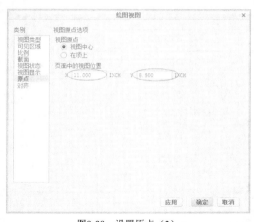

图8-98　设置原点（3）

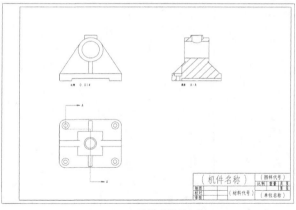

图8-99　创建的阶梯剖视图

6.　创建轴测图。

(1)　设置视图类型。在【布局】功能区的【模型视图】工具组中单击 🔲 （普通视图）按钮，在绘图区中单击一点放置模型，此时系统打开【绘图视图】对话框。

(2)　设置比例。在【绘图视图】对话框的【类别】列表框中选择【比例】选项，在【比例和透视图选项】分组框中选择【自定义比例】单选项，设置比例为"0.014"。

(3)　设置视图显示。在【绘图视图】对话框的【类别】列表框中选择【视图显示】选项，在【显示样式】下拉列表中选择【消隐】选项，在【相切边显示样式】下拉列表中选择【无】选项。

(4)　设置原点。在【绘图视图】对话框的【类别】列表框中选择【原点】选项，按照图 8-100 所示设置坐标系原点为(11,4)，最后创建的轴测图如图 8-101 所示。

图8-100　设置原点（4）

图8-101　创建的轴测图

7.　标注和调整尺寸。

(1)　显示和移动尺寸。选择创建的主视图，待出现框线时在【注释】功能区的【注释】工具组中单击 📐 （显示模型注释）按钮，打开【显示模型注释】对话框。

(2)　单击对话框中的 🔲 （尺寸）选项卡，显示该视图的所有线性尺寸。在尺寸前面的框格中选择需要显示的尺寸，单击 确定 按钮完成设置。依次单击另外两个视图，重复以上操作，最后得到的工程图如图 8-102 所示。

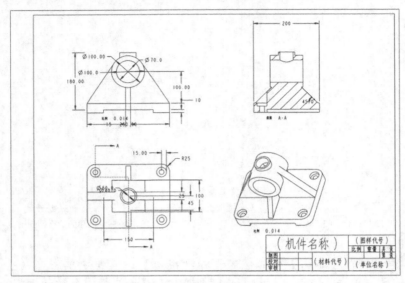

图8-102　显示尺寸

(3) 移动尺寸。选择尺寸，使之变为绿色，当鼠标指针形状变为 ⊕ 后，将位置重叠的尺寸移开，结果如图 8-103 所示。

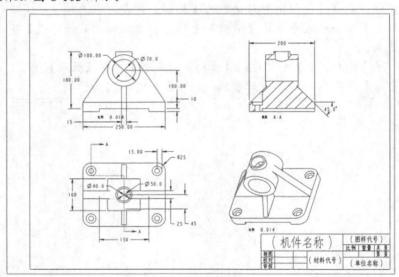

图8-103　移动尺寸

(4) 删除不规范和重复标注的尺寸。选择视图中不规范和重复标注的尺寸，当其变为绿色时，按 Delete 键删除。

(5) 移动尺寸在视图上的位置。选中俯视图中的沉孔尺寸，在其上长按鼠标右键，在弹出的快捷菜单中单击 ⌐ （移动到视图）命令，如图 8-104 所示，选择剖视图为放置尺寸的视图，移动结果如图 8-105 所示。

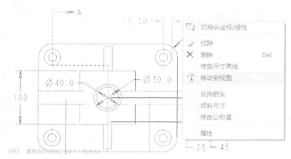

图8-104　快捷菜单操作

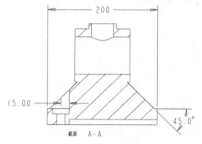

图8-105　移动结果

(6) 对齐尺寸。按住 Ctrl 键选择要对齐的多个尺寸，长按鼠标右键，在弹出的快捷菜单中选择【对齐尺寸】命令，结果如图 8-106 所示，对齐全部尺寸后的结果如图 8-107 所示。

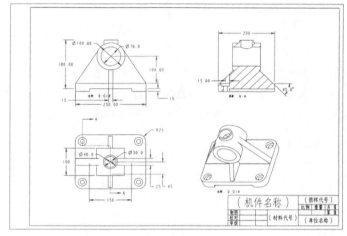

图8-106　对齐尺寸结果

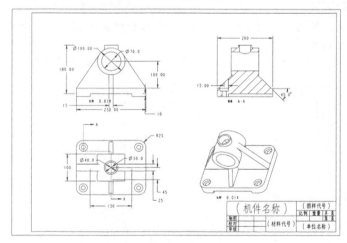

图8-107　对齐全部尺寸结果

8. 编辑尺寸。

(1) 选择菜单命令【文件】/【准备】/【绘图属性】，打开【绘图属性】窗口，在【细节选项】的右侧选择【更改】，打开【选项】对话框，在【选项】文本框中选择

【tol_display】选项，修改【值】为【yes】，显示尺寸公差，结果如图 8-108 所示。

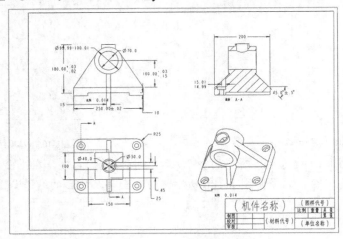

图8-108　显示尺寸公差

(2)　单击要编辑的尺寸，如图 8-109 所示，在界面顶部的【尺寸】功能区中可以编辑尺寸，设置尺寸公差、尺寸文本的小数位数及角度尺寸的标注方式，如图 8-110 所示。可以单击【显示】分组框中的 ⬚⬚（显示）按钮，在【箭头方向】中单击 ⬚反向⬚ 按钮，调整尺寸的箭头方向。

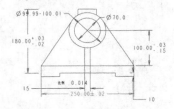

图8-109　选择编辑对象

图8-110　【尺寸】功能区

(3)　使用类似的方法编辑其余尺寸，调整全部尺寸后的视图如图 8-111 所示。完成尺寸编辑后的结果如图 8-112 所示。

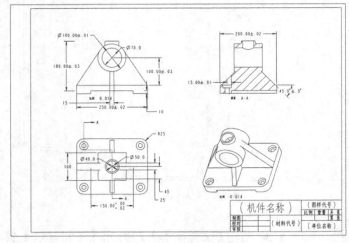

图8-111　调整全部尺寸后的视图

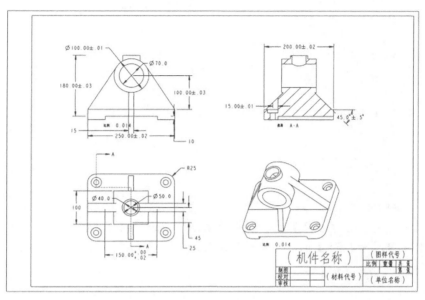

图8-112　编辑尺寸后的结果

9.　编辑注释。

(1)　编辑文本内容。双击剖视图下部的"截面 A-A"字样，如图 8-113 所示，删掉"截面"两字，结果如图 8-114 所示。

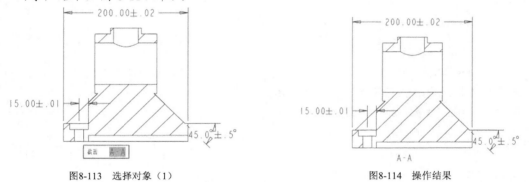

图8-113　选择对象（1）　　　　　　　　　　　　　　图8-114　操作结果

(2)　编辑文本样式。双击剖视图下部的"A-A"字样，在【格式】功能区中单击【样式】下拉按钮，选择【文本样式】选项，打开【文本样式】对话框，在【注释/尺寸】分组框的【水平】下拉列表中选择【中心】选项。

> **要点提示** 当设置为"no"（默认）时，将把绘图中创建的所有新模型尺寸（非草绘尺寸）保存在相关零件或组件中，绘制尺寸依然保存到绘图中；设置为"yes"时，将在绘图中创建的所有新尺寸仅保存在绘图中。

10.　标注几何公差。

(1)　设置基准轴。在【注释】工具组中单击 ⊞（显示模型注释）按钮，打开【显示模型注释】对话框，单击 ⊞（显示模型基准）按钮，选择图 8-115 所示的剖视图，系统自动创建基准轴。选择创建的基准轴，如图 8-116 所示，最后创建的基准轴如图 8-117 所示。

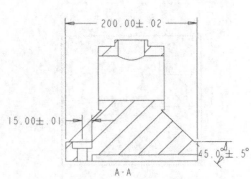

图8-115　选择对象（2）

图8-116　设置参数

(2) 设置几何公差。在【注释】工具组中单击 ⚏ （几何公差）按钮，在图 8-118 所示的边上放置公差符号后打开【几何公差】功能区。

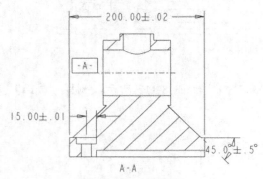

图8-117　创建的基准轴

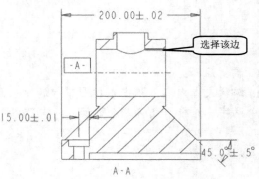

图8-118　选择参照（1）

(3) 完善公差标注内容，结果如图 8-119 所示。

(4) 修改公差值，结果如图 8-120 所示。

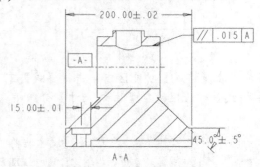

图8-119　公差标注结果

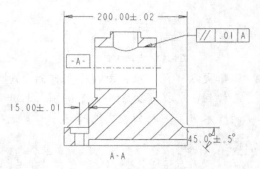

图8-120　修改公差值

(5) 继续标注工程图的其他几何公差，结果如图 8-121 所示。

11. 标注表面粗糙度。

(1) 在【注释】工具组中单击 ⚏ 表面粗糙度 按钮，打开【打开】对话框，打开 "machined" 文件夹中的 "standard1.sym" 文件，此时系统打开【表面粗糙度】对话框，在【可变文本】选项卡中设置粗糙度值为 "3.2"。

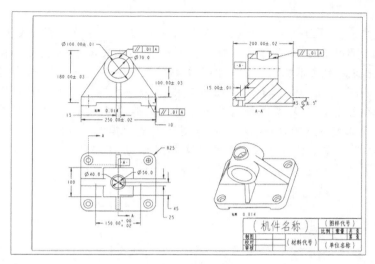

图8-121　标注其他几何公差

(2)　选择图 8-122 所示的面作为参照，完成表面粗糙度的标注，结果如图 8-123 所示。

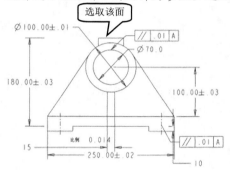

图8-122　选择参照（2）

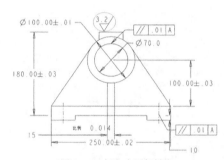

图8-123　标注表面粗糙度

(3)　依照同样的方法标注其他的表面粗糙度，结果如图 8-124 所示。

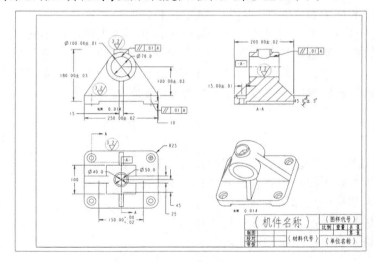

图8-124　标注其他的表面粗糙度

12. 添加注释。

(1) 插入注释文本。在【注释】工具组中单击 注解 按钮，打开【选择点】对话框，移动鼠标指针在视图区中单击一点作为注释放置的位置，在文本框中输入文本为"其余"，按两次 Enter 键完成文本输入，在【格式】功能区中将其高度设置为"0.5"。

(2) 插入粗糙度符号。在【注释】工具组中单击 ∛ 表面粗糙度 按钮，打开【表面粗糙度】对话框，在【模型】下拉列表中选择【绘图】选项，在【定义】分组框的【符号名】下拉列表中选择【STANDARD1】选项，在绘图区文字"其余"右侧单击，放置并设置粗糙度值为"12.5"，完成其他注释，最终结果如图 8-125 所示。

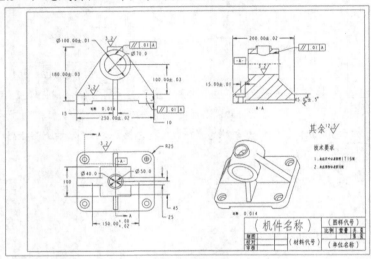

图8-125　最终完成的工程图

8.3　小结

　　工程图是以投影的方式创建一组二维平面图形来表达三维模型，它在机械加工的生产第一线用作指导生产的技术语言文件，有着重要的地位。

　　工程图包含一组不同类型的视图，这些视图分别从不同视角、以不同方式表达模型在特定方向上的结构。应该深刻理解各种视图的特点及其应用场合。创建第 1 个视图时，一般视图是唯一的选择。一般来说，对于复杂的三维模型，仅使用一个一般视图表达零件是远远不够的，这时可以添加投影视图，以便从不同角度来表达零件。

8.4　习题

1. 什么是一般视图？在工程图中一般视图有何重要作用？
2. 什么情况下需要使用剖视图来表达零件？
3. 什么情况下需要使用局部视图来表达零件？
4. 使用系统提供的模板创建工程图有何优点？
5. 在工程图上通常需要标注哪些设计内容？